应急装备技术与工程专业系列教材

应急装备概论

主　编　罗建国　张志强
参　编　李　攀　王续明

应急管理出版社

·北　京·

图书在版编目（CIP）数据

应急装备概论 / 罗建国，张志强主编. -- 北京：
应急管理出版社，2024. --（应急装备技术与工程专业
系列教材）. -- ISBN 978-7-5237-0619-0

Ⅰ．X92

中国国家版本馆 CIP 数据核字第 2024ER4147 号

应急装备概论（应急装备技术与工程专业系列教材）

主　　编	罗建国　张志强
责任编辑	郭玉娟
责任校对	李新荣
封面设计	解雅欣
出版发行	应急管理出版社（北京市朝阳区芍药居 35 号　100029）
电　　话	010-84657898（总编室）　010-84657880（读者服务部）
网　　址	www.cciph.com.cn
印　　刷	三河市中晟雅豪印务有限公司
经　　销	全国新华书店

开　　本　787mm×1092mm$\frac{1}{16}$　印张　16　字数　377 千字
版　　次　2024 年 8 月第 1 版　2024 年 8 月第 1 次印刷
社内编号　20240457　　　　　定价　48.00 元

在人类社会发展过程中，常常会出现各种突发事件，对人类生存和环境造成预想不到的灾难性后果和危害。随着工业化进程的迅猛发展，生产规模不断扩大，新工艺、新材料、新技术、新设备也得到广泛使用，但随之而来的重大事故也不断发生，特别是危及社会安全造成多人死亡的重特大突发事件时有发生，对人民的生命、财产安全及其周围环境构成了重大威胁。恶性事故不仅造成经济上的巨大损失，而且给人们的心理造成创伤，形成难以抹去的阴影。

伴随我国城市化进程的日益加快，公共安全问题日益突出。由于城市中人口密度的迅速增加，现代城市建筑物高度密集，各种公共基础设施星罗棋布，社区、校园、广场、超市、车站、机场、码头、地铁等人口稠密的公共场所也越来越多；城市中人们还大量使用易燃、易爆、有毒、有害、放射性物质等危险物质，且分布范围广泛，由于缺少规划、管理不善，各类意外事故屡屡发生，令人触目惊心，造成严重的安全与环境问题，已经严重影响和制约了城市经济的发展和社会进步。

应急装备是涉及城市中人们生产、生活和生存各个领域的重要基础设施。良好、有针对性的应急装备可以增强人们对重大事故和突发事件的处理能力，一旦发生，人们可以根据预先制定的应急处理方法和准备好的应急装备，高效、迅速地做出应急反应，临危不乱，尽可能降低事故造成的危害和损失。先进的应急装备，能有效提高应急救援能力，避免、减少人员伤亡和财产损失，能有效维护环境安全和社会稳定，充分体现了珍爱生命、科学发展的时代理念。在全社会的全面、科学、规范开展应急救援工作，必将大大减少事故造成的人员伤亡和经济损失。

大力发展应急装备，是提升我国应急救援能力的必然要求。对其展开研究，符合我国在应急救援方面的宏观布局，也是提高我国复杂灾害条件下抢险救援效率的必要手段之一。应急装备的高新技术突破以及产业化推广，势必会增强我国应急救援产业的自主创新能力，提升我国应急装备的附加值和国际品牌竞争力，实现由制造大国向制造强国的历史跨越。

为增强全民安全意识，增强安全技能，培养学习能力，提升高等院校师生的应急管理素养，由应急管理大学（筹）应急装备学院牵头，组织专家开展了《应急装备概论》一书的论证和编写工作，以期通过本书的教学使用和推广，为各行业培养应急装备技术和管理方面的优秀人才提供帮助。

本书以应急装备为主线，首先对应急装备的概念、分类、作用和使用进行系统性描述，以期让读者对应急装备的基本状况有一个全面了解。在此基础上，分别对典型应急装备的应用场景、结构组成和工作原理等方面的基本理论知识等进行详细介绍。最后，对应急装备以及产业发展过程中存在的问题、影响因素和发展建议进行分析总结。附录"国外应急装备及标准体系"可以作为基础素材提供一定的参考。

本书可以作为各级政府、大学、科研单位、企业的参考用书，同时希望引起相关单位及部门对应急装备的生产、发展配备、使用与维护等方面和全寿命周期予以高度重视，做到配备到位、维护到位、使用到位，能在应对突发事件、开展应急救援活动中全过程大幅提升救援能力，避免在救援过程中造成更大的损伤，更大程度地保护人民群众生命财产安全。

本书编写过程中，参考了大量专家学者及科研单位的成果和研究资料，在此谨对原作者表示感谢，其中特别感谢徐州徐工养护机械有限公司李勇、徐工消防安全装备有限公司高志刚和江苏徐工机械研究院有限公司薛艳杰给予的大力支持和帮助，以及黄佩瑶、宋沣珂等同学在图片、文字校对方面的工作。

本书涉及面广，鉴于时间仓促和编者水平有限，书中不当之处在所难免，恳请广大读者朋友批评指正并提出宝贵意见（zhangzq1979@126.com）。

编　者

2024 年 3 月

目 录

1　绪　　论

安全，自古以来就是人类追求的目标，是人类社会活动的前提和基础，人们安居乐业的基本保证，经济和社会发展的重要条件，国家安全和社会稳定的基石。工欲善其事，必先利其器。应急装备是救援人员在各种复杂环境下实施救援工作的重要工具，它的产生伴随着各种突发事件，其中以火灾、地震、水患最为典型，相应的消防装备、地震应急装备、水上救援装备的发展历史也最为久远。早期的应急装备大多为手动式的破拆、搬运设备，救援人员的工作强度大、救援效率低，难以满足救援需求，大量被困人员因救援不及时或受到次生伤害而丧生。许多国家在应急装备方面做了大量的研究工作，以提高救援效率，随着历史的发展，应急装备正以前所未有的速度发展壮大。

1.1　应急装备相关概念

1. 应急

应急是指应对突然发生的需要紧急处理的事件，其包含两层含义：客观上，事件是突然发生的；主观上，需要紧急处理。国外钱伯斯词典中把应急定义为：突然发生并被要求立即处理的事件。突然发生的需要紧急处理的事件通常被人们简称为"紧急事件"或者"突发事件"。"紧急"是人的主观感受，"突发"是事件发生过程的客观描述。我国颁布的《国家突发公共事件总体应急预案》，对"突发公共事件"作了定义，指突然发生、造成或者可能造成重大人员伤亡、财产损失、生态环境破坏和严重社会危害，危及公共安全的紧急事件。

2. 救援

救援是指个人或人们在遭遇灾难或自然灾害、意外事故、突发危险事件等非常情况时，获得实施解救行动的整个过程。救援事业是指能够长久完善地准备和随时随地能够及时实施解救行动的事务；而救援产业是指一个以完善的体系、系统或链条为平台，以自身的系统化、规模化、模式化等为基础，能够长久完善地准备、随时随地实施解救行动并能够最终实现各方应有受益和收益的实业经济。

3. 应急救援

应急救援是指针对突发、具有破坏力的紧急事件采取预防、预备、响应和恢复的活动与计划。根据紧急事件的不同类型，分为消防应急、地震应急、厂矿应急、交通应急、卫生应急等救援领域。

4. 装备

装备是指为实现特定目的而配备的工具、器具、机器或系统，如给军队配备的武器、军装、器材和技术力量等，给工矿企业配备的各种机器、机电设施和技术力量等。

5. 救援装备

救援装备是指在突发事件发生后用于救援的工程机械、搜索定位和侦检设备、救援机器人、运送装备以及辅助工具等。

6. 应急装备

应急装备是指在突发事件等紧急情况下，为了有效预防和减轻损失，迅速开展救援和应对而准备的各类物资、设备和技术，包括预防与应急准备、监测与预警、处置与救援过程所需要的工具、器材、服装、技术力量等资源。

1.2　应急装备的分类

应急装备可以按照救援环境和用途、适用性和功能性等进行分类。

1. 按照救援环境和用途分类

根据救援环境和用途不同，可分为陆地救援装备、水下救援装备、空中救援装备和通用救援装备。陆地救援装备研究成果较多，水下与空中救援装备的研发起步较晚，通用救援装备应用最为广泛。

（1）陆地救援装备：主要包括应用于发生在陆地的地震、矿山塌方、火灾、电力等绝大部分灾难场景救援的装备，其中地震救援装备包括液压扩张钳、开缝器、钢筋切断器、破碎机、水泥切割机、液压钻孔机、电弧切割机、无齿锯、切割链锯、双轮异向锯、液压顶杆、边缘抬升器、高压起重气垫、手动液压泵等；矿山救援装备包括大型钻机、排水机、潜水泵、深水泵、瓦斯断电仪、矿用遥控器、传感器、有害气体检测仪器仪表、防降尘设备及测尘仪表、防隔爆装置等；火灾救援装备包括消防炮、消防车等；电力救援装备包括电力抢修车辆、抢修器材工具、发电车、燃油发电机组等。

（2）水下救援装备：主要包括应用于水域灾难场景救援的巡逻艇、海巡艇、医疗救生船（艇）、气垫船、汽车轮渡、登陆艇、救捞船等装备。

（3）空中救援装备：主要包括应用于空中侦察监测、空中救援场景的无人机、各类飞机等装备。

（4）通用救援装备：主要包括具有一定共性并可以应用于不同场景的装备，如个体防护装备、通信与信息处理装备等。

2. 按照适用性分类

应急装备类别繁多，有的适用性很广，有的则具有很强的专业性，按照适用性可以分为通用应急装备和特殊应急装备。

（1）通用应急装备：具有一定适应性和多功能性，能够在不同的环境和条件下广泛使用的设备和工具，包括个体防护装备，如呼吸器、护目镜、安全带等；通信与信息处理装备，如固定电话、移动电话、对讲机等装备。

（2）特殊应急装备：因专业不同而各不相同，可以分为灭火抢险装备、医疗急救装备等，其中灭火抢险装备包括消防炮、消防车等；医疗急救装备包括医疗救护车、特种医疗救护装备等。

3. 按照功能性分类

应急装备不同的功能适用于处理突发性事件有不同的针对性，根据功能性可以分为监测预警装备、个体防护装备、通信与信息处理装备、灭火抢险装备、医疗急救装备、应急交通装备、危险化学品救援装备、工程救援装备、应急技术装备等九大类及若干小类。

（1）监测预警装备：用于实时监控各种风险因素和潜在隐患，以便在事故或灾害发生前发出预警，为应急响应提供宝贵的时间，如红外探测器、生物传感器、生命探测仪、可燃气体浓度检测仪、数字式粉尘测定仪、多功能超声频谱仪、气象监测仪等监测报警与分析装备等。

（2）个体防护装备：用于保护人员免受伤害或患病而穿戴的装备，如人体呼吸器官、头面部、眼睛、听力防护装备等。

（3）通信与信息处理装备：用于传输、处理和交换信息的技术和设备，如移动通信指挥车、海事卫星电话、电台、广播车、电视转播台（车）等。

（4）灭火抢险装备：用于火灾扑救、事故抢险和紧急救援的设备和工具，如灭火器、灭火弹、消防车、消防登高云梯车等。

（5）医疗急救装备：用于挽救生命、稳定伤情、实施初步治疗的设备和工具，如医疗救护车、隔离救护车、监测仪器、医疗器械、氧气机、高压氧舱、洗胃设备、输液设备、输氧设备、特种医疗救护等。

（6）应急交通装备：用于运输人员和货物的机械设备和工具，如自卸车、越野车、危险化学品槽罐车、运输船、舟桥、吊桥等。

（7）危险化学品救援装备：用于危险化学品泄漏、火灾、爆炸、中毒、腐蚀等紧急情况下的救援和应急处置的设备和工具，如高压泡沫车、高压喷水车、液体抽吸泵、清污船、工业毒气侦毒箱、危险化学品堵漏器具等。

（8）工程救援装备：用于自然灾害、事故灾难等紧急情况下的救援、抢险和恢复重建的设备和工具，如岩土设备和工具：推土机、挖掘机、铲运机、压路机、打桩机、平整机、翻土机等；通风设备和工具：通风机、鼓风机、强力风扇等；起重设备和工具：吊车、叉车等；气象设备和工具：灭雹高射炮、气象雷达等；牵引设备和工具：牵引车、拖船、拖车等；通用设备和工具：炊事车、供水车、宿营车、移动房屋、消毒车（船）、垃圾箱（车、船）等。

（9）应急技术装备：用于监测、预警、救援、应急处置和后期恢复重建的技术产品和工具，如应急指挥调度系统（HDS）、地理信息系统（GIS）、无线射频识别技术（RFID）、人工智能（AI）等。

1.3　应急装备在应急救援中的作用

应急装备是应急救援的有力武器与重要保障，要提高应急救援能力，保障应急救援工作高效开展，迅速化解险情，控制事故，就必须为应急救援人员配备专业化的应急装备。

每一次的成功救援无一不凸显了先进的救援技术和应急装备在应急救援工作中极为重要的作用，主要体现在以下几个方面。

1. 高效处置事故

高效处置事故，化险为夷，尽可能地避免、减少人员伤亡和经济损失，是应急救援的核心目标，而应急装备是高效处置事故的重要保障。

在事故发生时，面对各种复杂的危险性，必须使用相应的应急装备。如发生火灾，要使用灭火器、消防车；发生毒气泄漏，要使用空气呼吸器、防毒面具；发生停电事故，要使用应急照明设施；易燃易爆物质泄漏，必须立即使用专业器材进行堵漏等。如果没有专业的应急装备，火灾将得不到扑灭，泄漏将无法控制，抢险人员的生命将得不到保障，低下的应急救援能力将使事故不断升级恶化，造成难以估量的恶果。在险情突发之时，如果监测装备、控制装备能够及时投用，消除险情，避免事故，可有效避免人员伤亡。

2. 保障生命安全

在事故险情突发时，如果监测装备、控制装备能够及时启动，消除险情，避免事故，就可以从根本上消除对相关人员的生命威胁，避免出现人员伤亡情况。如油气管线泄漏，若可燃气体监测仪能及时监测报警，就可以在泄漏初期及早处置，避免火灾爆炸事故发生。

同样，事故发生后，及时启用相应的应急装备，也可以有效控制事故，避免事故恶化或扩大，从而有效避免、减轻相关人员的伤亡。如果救援装备配备不到位，功能不到位，一起小事故可能恶化成一场群死群伤的灾难。震惊中外的克拉玛依"12·8"火灾事故就是一个典型案例。

3. 减少财产损失

高效的应急装备，能将事故尽快予以控制，避免事故恶化。在避免、减少人员伤亡的同时，也会有效避免财产损失。如成功处置了易燃易爆管线、容器的泄漏，避免了火灾爆炸事故的发生，不仅能避免人员伤亡，也会使设备、装备免受损害，避免造成重大财产损失，避免企业赖以生存的物质基础受到破坏。

许多事故发生之后，都会对水源、大气造成污染，如运输甲苯、苯等危险化学品的车辆翻进河流，发生泄漏，就会直接对水源造成污染；运输液氨、液氯、硫化氢等危险化学品的车辆发生泄漏，就会直接对大气造成污染。如果应急救援不及时，就会造成非常严重甚至不可估量的后果。即便没有造成人员伤亡，直接或间接的处理、善后费用，往往都是一个惊人的数字。

《中华人民共和国突发事件应对法》把突发事件分为自然灾害、事故灾难、公共卫生事件和社会安全事件等四大类。面对突发事件，公共安全科学界的学者提出了公共安全体系"三角形"理论模型（图1-1）。

公共安全体系"三角形"理论模型由突发事件、承灾载体、应急管理、灾害要素等四大要素共同组成，前三者形成一个三角形闭环框架结构。其中，突发事件是灾害事故本身；灾害要素是诱发突发事件发生的因素；承灾载体

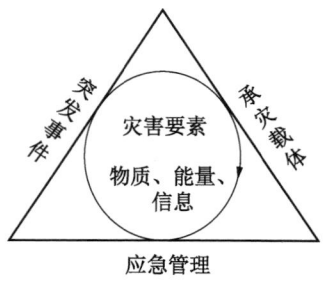

图1-1　公共安全体系
"三角形"理论模型

指的是突发事件发生时受突发事件作用的人、物或者系统等对象；应急管理包含对突发事件进行预防准备、监测监控、预测预警、救援处置、恢复重建的过程。而应急装备作为最基础的工具，在上述每个环节都适用。通过对突发事件、承灾载体、灾害要素的分析，能够把控突发事件从发生、发展到造成灾害以及采取应急措施的全过程，从而能够采取更有针对性的应急措施。

综上所述，应急装备的发展对应急救援的工作效率起着至关重要的作用，必须从论证、研发、配备、使用维护等方面予以高度重视，做到有效配备、有效使用、有效维护。

1.4　应急装备的运用

应急救援对象及其发生事故情形的多样性、复杂性，决定了应急救援中要用到各种各样的应急装备，根据需要组合使用发挥其最大作用和效能。但是有了先进的应急装备，却不能根据实际需求正确运用、发挥其最大的功效，再好的应急装备其功能也会大打折扣，甚至严重影响救援效果。因此，必须加强装备选择与使用维护培训，做到会选择、会使用、会维护，特别是在特殊情况下仍能高效使用，充分发挥应急装备的应急救援保障作用。

1.4.1　应急装备种类的选择

应急装备的种类很多，同类产品在功能、使用、重量、价格等方面也存在很大差异，因此正确选择应急装备至关重要。

（1）根据法规要求进行选择，对法律法规明文要求配备的，必须配备到位。随着应急法治建设的推进，相关的专业应急救援规程、规定、标准逐步实施，对于这些规程、规定、标准要求配备的装备必须依法配备到位。

（2）根据预案要求进行选择，应急预案是应急准备与行动的重要指南，因此，应急装备必须依照应急预案的要求进行选择配备。应急预案中需要配备的装备，有些可能已经明确列出，有些可能只是列出通用性要求。对于明确列出的装备直接照方抓药即可，而对于没有列出具体名称，只列出通用性要求的设备，则要根据要求以及所需要的功能与用途进行认真选定，不能有疏漏，以满足应急救援的实际需要。

（3）根据订购流程进行选择，首先要明确需求，从功能上正确选购；其次要考虑使用方便，从实用性上科学选购；再次要保证性能稳定、质量可靠，从耐用性、安全性上择优选购；最后要兼顾价格成本，在满足需要的前提下，从经济性上坚持最低价选购。

（4）根据地域环境进行选择，应急装备有使用温湿度范围等限制，特别是在条件恶劣的特殊环境下，如在高温潮湿的南方，在寒冷干燥的北方，装备还能否正常工作。因此，要特别注重环境适应性功能要求，要求必须能完成特殊环境条件下的任务预案。

（5）严禁采用已被淘汰的产品，避免因采用设计不合理甚至存在严重缺陷被淘汰的产品而降低救援效率，甚至引发不应发生的次生灾难。

1.4.2 应急装备数量的确定

应急装备的配备数量，应坚持依法、合理、双套配备三个原则，确保应急装备的配备数量到位。

1. 依法配备

对法律法规明文要求必备数量的，必须依法配备到位。

2. 合理配备

对法律法规没有明文要求的，按照预案要求和企业实际，合理配备。

3. 双套配备

对于一些特殊的应急装备，必须进行双套配备，一旦设备出现故障不能正常使用，立即启用备用设备。任何设备都有可能损坏，一旦发生故障，不能正常使用，应急救援就会被迫中断。如总指挥的手机电量耗尽，不能正常使用，指挥通信中断，就会使应急救援处于等待指示的中断状态。但也不能一概双套配备，造成过度投入，浪费资源。应根据实际情况全面考量，以保证救援不出现严重中断、不受到严重影响为准则。

（1）如有能力，尽可能双套配备，对一些关键设备如通信话机、电源、事故照明装置等必须双套配备。

（2）如能力不足或设备性能稳定性高，可单套配备，加强维护，并预想设备损坏情况下的应急对策，如通过互助协议寻求支援。

1.4.3 应急装备的储备与调度

应急装备的储备与调度是物资装备保障的重要内容，能够进一步完善应急救援物资与装备储备，加强对应急物资与装备的管理，为预防和处置各类突发安全事故提供重要保障。

1. 应急装备的储备

当灾害发生时，要保证所有必要物资能够在 24 小时之内集齐运往灾区，这需要大量的人力、物力和运力储备，临时调动车辆、组织人员、分配需用物资根本来不及。为使突发事件带来的损失减至最少，必须建立应急响应机制和合理的物资储备，保障突发事件中应急救援物资及人员能第一时间到达现场。救援物资调度也需要统筹协调、科学安排，否则就会效率低下，造成人力、物力的浪费。

2. 应急装备的调度

灾难事件的发生总是伴随着大量的物资需求，有效地调度应急物资进行救援在应急管理中起着非常重要的作用，直接决定救灾工作的成效。应急装备调度是应急管理体系建设的重要内容，是有效应对突发事件、保障国民经济正常运行和维护社会稳定的重要基础。要从加强顶层制度设计、提升储备效能、建立集中生产调度机制、优化产能布局等方面健全我国的应急装备调度体系，提升应急保障能力。面对突如其来的灾难性事件，各级机构必须通过建立必要的反应机制，及时对灾区实施一系列救助，综合运用科学技术和运筹管理等手段，以人为本，保障人民的生命和财产安全。只有做到快速准确反应，分级联动协调，有效整合资源，才能最大限度减少事故造成的危害和影响。

应急救援初期，各类应急物资储备往往根据灾种分散到各个系统和部门管理，在应对重大突发事件等复杂局面时，可能因信息不对称、缺乏沟通造成各部门应急救援物资重复调运，造成大量资源浪费，影响应急反应效率，延误抗灾救灾物资到达指定位置的最佳时机。我国应急装备调度的特点有：

（1）事故突发性。通过对我国当前的应急装备安全保障制度进行分析，发现该制度中的应急装备适用于突发性、灾难性事故。事故具有不可预见性，所以应急装备必须在短时间内进行准备和调度，以节约时间，减少安全事故造成的损失和伤害。近年来，自然灾害事件在我国各地频繁出现。如2008年汶川地震、2015年天津滨海特大火灾爆炸事故等各种典型的重大事故都导致了严重后果，对救援装备和物资的质量要求也愈加严格，而救援装备必须能够在最短的时间内起到最大作用，实现装备的高效合理利用。救援工作往往争分夺秒，应急装备必须尽早到位才能保证救援行动顺利进行，灾民得到及时救助，因此应急装备调度必须以用时最短为首要目标。

（2）需求总量大。由于灾区范围广，灾民对物资的需求量庞大，当面临重大的安全事故时，对于应急装备的需要也随之增长，所以必须从各个方面入手，选用航空、工程、建筑、健康医疗等装备，同时做好分配工作，各司其职，共同为应对重大安全事故不断努力。在发生重大事故的救援现场，救援装备数量巨大、品类繁多，是满足人民群众安全应急处置的需要，可以保障人民的生命财产安全。

（3）种类繁多。综观以往各种重大事故救援现场可以清楚发现，应急装备的种类繁多，且呈现出许多复杂的特征。根据需要救援的对象和目标不同选择相应的救援装备，导致了装备种类的多样化。通过对突发事故的分析，待保护救援的对象相对分散，指挥工作难度也较大，所以要求救援装备指挥员必须具备高度的专业素质：冷静面对，做好救援装备合理调配；把握大局，做好统筹协调和规划；加强装备，保障指挥体系的有效建设。

（4）路线不确定。应急装备储备点分散，各储存单位拥有的物资数量不确定，导致调度过程的运输路线具有不确定性。

（5）应急装备管理效率低。现有应急物资的管理大多采用人工方式进行管理，部分采用条形码实现对物资的识别。现有应急物资管理主要借助传统的人工管理方法和手段，数据的采集和录入采取手工操作，效率低下、差错率高，且物资实物信息与管理系统信息无法实时同步，数据共享困难。

为保证我国应急救援工作更加科学、高效地进行，提高物资统一调配和保障能力，必须建立统一的应急装备储备与调度管理体系。装备智慧管理决策指挥系统是综合装备性能评估技术、装备故障诊断技术、装备和物资应用技术、灾害事故应急救援技术、地理信息技术，集成现代通信、大数据、云计算、物联网等最新技术建立的智慧型管理平台，为装备资源的日常管理、维护、修理、性能评估、远程调度选用等提供指挥平台。利用装备基础数据库，建立装备智慧管理决策指挥系统平台，为装备维护修理、综合性能快速评估与应用调度提供直观的智能化帮助，辅助解决应急装备使用与维护技术经验不足问题。装备基础数据库是根据应急装备专家、装备生产厂商、装备售后服务机构和相关应用研究单位等，对装备的数据资料及时整理汇集而成，不仅应包括每台装备的型号、采购、配置、安装测试、技术参数、配件构成等关键原始数据，还应包括装备运用过程中的性能状态规律、维护保养、故障处理等动态技术信息，装备基础数据库不仅是对装备信息的数量统计，其重要功能是为装备应用、维护、修理、管理提供基础数据，还能够对装备综合性能的检测与科学评估、故障诊断与修复提供翔实的数据支撑。

当前，应急装备信息化管理还存在较大发展空间，建立装备智慧管理决策指挥系统平台，平时有利于对装备进行科学使用与维护，当有灾害发生时，能够根据灾害类型、灾害方位和应急救援任务特点等，智能推荐装备调度方案和维护管理建议。例如，在参与应急救援行动前，装备智慧管理决策指挥系统平台可从基础数据库调取数据，对所需装备进行综合性能评估，确定被评估装备能否投入使用及优先选用顺序，并给出多种调度方案，方案中包含所需装备选择类型、数量、输送路线和方式、装备协同配置、应急救援使用技术、装备维护、防护保障措施等，可为应急救援提供综合保障技术支撑。

1.4.4　应急装备的使用与维护

应急装备的使用与维护主要是指为防止应急装备性能劣化，或为降低装备故障的概率，在规定的技术条件下，对救援装备采取的技术性使用与维护活动的总称。为完善应急管理体系，保证应急救援物资装备发挥其应有作用，有效应对各种突发事件，应制定应急救援物资装备管理及维护制度。

应急装备专业性强、功能多样，科技含量越来越高，为保证装备性能，必须加强和改进装备的使用与维护工作。应急救援物资质量合格是最基本的要求，是保证救援时救援人员安全、救援顺利进行的基础。如危险化学品单位配备的物资必须是合格的产品，严禁使用不符合标准、检验不合格、无安全标识的产品。同时，应持续加强大中型救援装备使用与维护能力建设，只有保持适度规模的装备维护设施、设备和人员配备，才能确保装备性能良好，满足应急救援需求。

确保应急装备性能良好，应注重应急装备的系统性管理，增强其承受恶劣环境条件的能力。要把编配的所有应急装备作为一个系统，只有保证每一台装备的技术性能，才能提高整个装备系统的救援能力。同时，要把每台应急装备都看成一个子系统，每个子系统都是由若干个零部件组成的，其中任何一个零部件失灵，都可能影响到整台装备的工作性能，因此对每一台装备、每一个零部件，都应该树立系统观念，实行全寿命管理，综合利用机械、电子、电气、液压、防化、计算机、人工智能等系统知识，科学维护、精细管理，降低装备故障率，使其时刻处于良好的技术状态。

【本章重点】

1. 应急装备是指在突发事件等紧急情况下，为了有效预防和减轻损失，迅速开展救援和应对而准备的各类物资、设备和技术，包括预防与应急准备、监测与预警、处置与救援过程所需要的工具、器材、服装、技术力量等资源。

2. 应急装备可以按照救援环境和用途、适用性差异和功能性不同等进行分类，其中按照救援环境和用途的不同，可分为陆地救援装备、水下救援装备、空中救援装备和通用救援装备；按照适用性差异，可分为通用应急装备和特殊应急装备；按照功能性不同，可分为监测预警装备、个体防护装备、通信与信息处理装备、灭火抢险装备、医疗急救装备、应急交通装备、危险化学品救援装备、工程救援装备、应急技术装备等九大类及若干小类。

3. 应急装备是应急救援的有力武器与重要保障，作用主要体现在高效处置事故、保障生命安全、减少财产损失、维护社会稳定、应对突发事件等方面。

4. 应急装备的选择包括应急装备种类的选择、数量的确定、储备与调度、使用与维护等方面。

【本章习题】

1. 为什么应急装备的产生伴随着各种突发事件，有哪些应用场景最为典型？哪些装备的发展最为历史久远？

2. 复述应急装备的概念和含义。

3. 总结应急装备的分类方法，以及各种类型。

4. 谈谈应急装备在应急救援工作中的作用。

5. 如何对应急装备的种类和数量进行选择与确定？

2 监测预警装备

监测预警装备是指用于实时监控特定对象或环境，并能及时发出预警信号的技术设备，从而实现对风险因素的早预警、早控制、早应对。

2.1 监测装备

在石油、石化行业，用于应急救援的监测装备，主要包括环境监测仪器、有毒有害气体监测仪、红外热成像仪、红外烟雾探测仪、漏电探测仪、地下管线与电缆影像仪、生命探测器、核放射探测仪、侦检机器人、无人机等。

2.1.1 环境监测仪器

1. 应用场景

环境监测仪器主要用于大气环境、水环境、土壤环境、声环境、辐射环境、生态系统、农田环境和工业排放等监测。其中，石油化工行业对环境影响较大，可能对周围的大气、水源造成或轻或重的污染。如果监测不到位或处理不及时，就会引发次生伤害，如饮用水源污染导致人群集体中毒，造成不可估量的后果。2005 年 11 月 13 日，吉林某双苯厂苯胺装置硝化单元发生着火爆炸事故，不仅造成 60 多人伤亡，而且造成松花江严重污染，哈尔滨全市停水 4 天，并跨越国境影响到了俄罗斯。对石油化工突发性环境污染事故监测，一般使用便携式现场应急监测仪器，其主要特点为小型、便于携带和快速监测。

2. 分类与用途

1）红外测温仪

红外测温仪（图 2-1）主要用于测量火场上建筑物、受辐射的液化石油气储罐、油罐及其他化工装置的温度，测温范围一般可从零下数十摄氏度到上千摄氏度。

2）便携式分光光度计

便携式分光光度计（图 2-2）用于现场水源检测，测试组件一般包括氰化物、氨氮、酚类、苯胺类、砷、汞及钡等毒性强的项目。

3）简易快速检测管

简易快速检测管（图 2-3）是用于快速定量或半定量检测水中有害成分的现场用简易装置，主要检测项目有 CO、Cl_2、H_2S、SO_2、可燃气、氨氮、酚、六价铬、氟、硫化物及 COD 等。

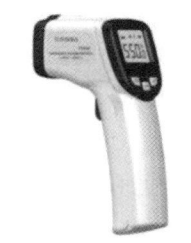

图 2-1 红外测温仪

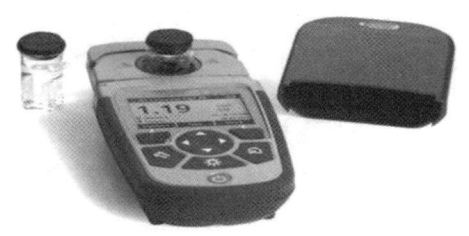

图 2-2 便携式分光光度计

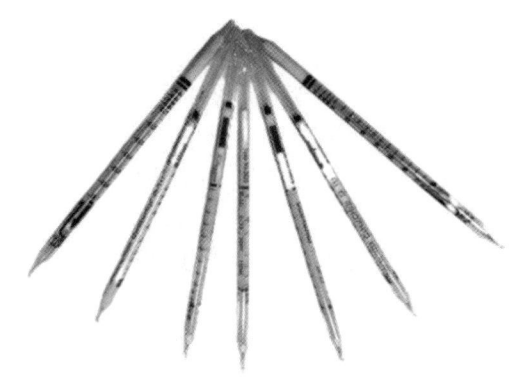

图 2-3 简易快速检测管

图 2-4 小型有毒有害气体监测仪

4）小型有毒有害气体监测仪

小型有毒有害气体监测仪（图 2-4）是用于现场有毒有害气体监测的小型便携式仪器，主要监测项目有 CO、Cl_2、H_2S、SO_2 等。

5）环境遥感监测系统

环境遥感监测系统可用于大范围的环境污染与生态环境状况的监测，如监测河上、海上溢油；各排污口排污状况；远距离监测污染源烟尘、烟气排放情况以及发生赤潮的面积、程度等，从而实现环境预报监测。系统朝着高质量、多功能、集成化、自动化、系统化和智能化，物理、化学、生物、电子、光学等技术综合应用的高技术领域发展。

2.1.2 有毒有害气体监测仪

1. 应用场景

在石油化工生产过程中，主要对常见有毒有害气体进行监测，有毒有害气体包括有毒气体与可燃性气体两大类。

1）有毒气体

有毒气体根据对人体不同的作用机理分为刺激性气体、窒息性气体和导致急性中毒的有机气体三大类。

刺激性气体包括氯气、光气、双光气、二氧化硫、氮氧化物、甲醛、氨气、臭氧等，它对机体作用的特点是对皮肤、黏膜有强烈的刺激作用，其中一些同时具有强烈的腐蚀作用，对机体的损伤程度与其在水中的溶解度及作用部位有关。一般来说，水溶性大的化学物质，如氯气、氨气、二氧化硫等会对眼睛和上呼吸道迅速产生刺激作用；水溶性较小的化学物质，如光气、二氧化氯等，对下呼吸道及肺泡的作用较明显。它造成的病变的严重程度除与化学物质本身的性质有关外，还与接触化学物质的浓度和时间密切相关，短期接触高浓度刺激性气体，可引起严重急性中毒，而长期接触低浓度刺激性气体则可造成慢性损伤。

窒息性气体包括一氧化碳、硫化氢、氰化氢、二氧化碳等气体。这些化合物进入机体后导致组织细胞缺氧的机理各不相同。一氧化碳进入体内后主要与红细胞的血红蛋白结合，形成碳氧血红蛋白，以致红细胞失去携氧能力，组织细胞得不到足够的氧气。氰化氢进入机体后，氰离子直接作用于细胞色素氧化酶，使其失去传递电子的能力，导致细胞不能摄取和利用氧，引起细胞内窒息。二氧化碳本身对机体无明显的毒害，其造成的组织细胞缺氧，实际是由于吸入空气中氧浓度降低所致的缺氧性窒息。硫化氢进入机体后的作用是多方面的，硫化氢可与氧化型细胞色素氧化酶中的三价铁结合，抑制细胞呼吸酶的活性，导致组织细胞缺氧；硫化氢还可与谷胱甘肽的巯基结合，使谷胱甘肽失活，加重组织细胞的缺氧；另外，高浓度硫化氢通过对嗅神经、呼吸道黏膜神经及颈动脉窦和主动脉体的化学感受器的强烈刺激，可导致呼吸麻痹，甚至猝死。

导致急性中毒的有机气体有正己烷、二氯甲烷等，这些有机挥发性化合物同以上无机有毒气体一样，也会对人体的呼吸系统与神经系统造成危害，有时致瘤。由于有机化合物大多为可燃的物质，所以对于有机化合物，以前大多检测它的爆炸性，但有机化合物的最低爆炸极限远远大于它的MAC（最高容许浓度）的值。也就是说，对有机化合物的毒性进行检测是必要的。

急性刺激性气体中毒通常表现为先出现眼睛及上呼吸道刺激症状，如眼结膜充血、流泪、流涕、咽干、咳嗽、胸闷等症状，随后这些症状可减轻或消失，经过几小时至几天不等的潜伏期后症状突然重现，很快加重，严重者可发生化学性支气管肺炎、肺水肿，表现为剧烈咳嗽、咯白色或粉红色泡沫样痰、呼吸困难、发绀等，可因肺水肿或并发急性呼吸窘迫症等导致残疾。

　　2）可燃性气体

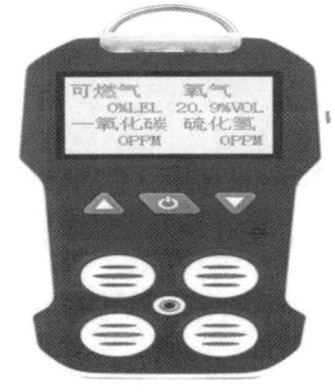

图 2-5　有毒有害气体监测仪

可燃性气体的危害主要是气体燃烧引起爆炸，从而对人的生命财产造成危害。发生爆炸必须具备一定量的可燃气体、足够的助燃气体与点火能量三个条件，通常将可燃气体发生爆炸的气体浓度称为最低爆炸极限（LEL）。

　　2. 结构组成

有毒有害气体监测仪（图 2-5）是一种用于检测环境中各种有害气体浓度的装置，它对于确保工作场所的安全和现场人员的健康至关重要。

有毒有害气体检测的关键部件为传感器，从原理可以分为三大类。

第一类是半导体传感器。这类传感器通常使用金属氧化物半导体材料，如二氧化锡（SnO_2）或氧化锌（ZnO）等作为传感元件。当传感器表面接触到有害气体时，这些金属氧化物表面的电子会发生扩散，引起传感器电阻的变化。通过测量电阻的变化，可以判断出有害气体的存在及其浓度。

第二类是电化学传感器。这类传感器利用电化学反应的原理来检测有害气体。传感器中包含一个固定的电极和一个可移动的电极，它们之间通过待检测的气体进行接触。当有害气体与电极上的催化剂发生反应时，会产生电流或电位的变化，根据这些变化可以判断出气体的种类和浓度。

第三类是红外传感器。这种传感器的工作原理是基于气体对特定波长红外线的吸收特性。不同的气体具有不同的吸收光谱，因此，通过测量气体对红外线的吸收情况，可以识别和量化特定的有害气体。

在实际应用中，为了提高检测的准确性和可靠性，通常会将这些传感器进行组合，形成多变量传感器网络。

3. 分类

（1）按检测对象分类，有可燃性气体（含甲烷）检测报警仪（图2-6）、有毒气体检测报警仪（图2-7）等。

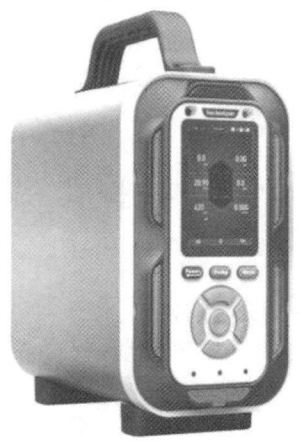
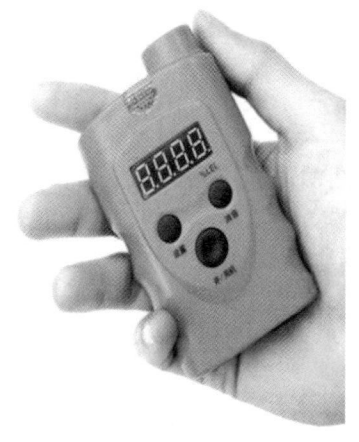

图2-6　可燃性气体（含甲烷）检测报警仪　　　　图2-7　有毒气体检测报警仪

（2）按检测原理分类，有催化燃烧型（图2-8）、半导体型（图2-9）、热导型（图2-10）和红外线吸收型（图2-11）等。

（3）按使用方式分类，有便携式和固定式。

（4）按使用场所分类，有常规型和防爆型。

（5）按使用功能分类，有气体检测仪、气体报警仪和气体检测报警仪。

（6）按采样方式分类，有扩散式和泵吸式。

（7）按检测气体种类分类，有单一式和复合式。

图 2-8 催化燃烧型

图 2-9 半导体型

图 2-10 热导型

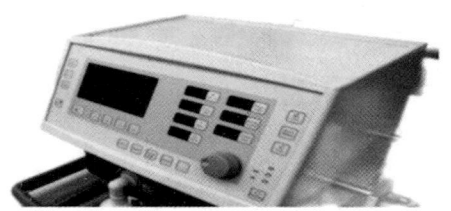

图 2-11 红外线吸收型

4. 选择

选择合适的气体检测仪很重要，对于各类不同的生产场合和检测要求，需要根据具体情况进行选择。

1）根据所要检测气体种类和浓度范围进行选择

根据所要检测气体种类和浓度范围，选择合适的气体检测仪。

（1）如果甲烷和其他毒性较小的烷烃类居多，选择可燃气体检测仪无疑是最为合适的。

（2）如果存在一氧化碳、硫化氢等有毒气体，需要优先选择特定气体检测仪才能保证人的安全。

（3）如果更多的是有机有毒有害气体，比如芳香烃、卤代烃、氨（胺）、醚、醇、酯等，考虑到其可能引起人员中毒的浓度较低，需要选择光离子化检测仪，而不要使用可燃气体检测器，因为这可能会导致人员伤亡。

（4）如果气体种类覆盖了以上几类气体，选择复合式气体检测仪。

2）根据使用场合进行选择

根据具体的使用场合以及需要的功能，选择合适的气体检测仪。

（1）固定式气体检测仪。

固定式气体检测仪在工业装置和生产过程中使用较多，可以安装在特定的检测点上对特定的气体泄漏进行检测，有连续、长时间稳定等特点。一般为两体式，由传感器和变送器组成的检测头为一体安装在检测现场，由电路、电源和显示报警装置组成的二次仪表为一体安装在安全场所，方便监视。同时注意将它们安装在特定气体最可能泄漏的部位，比如要根据气体的比重选择传感器安装的最有效的高度等。

（2）便携式气体检测仪。

便携式气体检测仪操作方便，体积小巧，可以携带至不同的生产部位。

新型仪器采用可充电电池，可以连续工作近 12 小时，在各类工厂和卫生部门的应用越来越广。

在开放场合，比如敞开的工作车间使用该类仪器作为安全报警工具，可以使用随身佩戴的扩散式气体检测仪，实现连续、实时、准确地显示现场的有毒有害气体浓度。有的还配有振动警报附件，以避免在嘈杂环境中听不到声音报警，并安装计算机芯片来记录峰值、STEL（15min 短期暴露水平）和 TWA（8h 统计权重平均值），为工人健康和安全提供具体的指导。

进入密闭空间，比如反应罐、储料罐或容器、下水道或其他地下管道、地下设施、农业密闭粮仓、铁路罐车、船运货舱、隧道等工作场合，在人员进入之前就必须进行检测，而且要在密闭空间外进行检测。必须选择带有内置采样泵的多气体检测仪，因为密闭空间中不同部位（上、中、下）的气体分布和气体种类有很大不同。比如：一般意义上的可燃气体的相对密度较小，它们大部分分布于密闭空间上部；一氧化碳和空气的相对密度差不多，一般分布于密闭空间中部；像硫化氢、二氧化碳等较重气体则存在于密闭空间下部。另外，如果考虑到罐内可能发生有机物质的挥发和泄漏，一个可以检测有机气体的检测仪也是需要的。因此，一个完整的密闭空间气体检测仪，应当是一个具有内置泵吸功能，以便非接触、分部位检测；具有多气体检测功能，以检测不同空间分布的危险气体，包括无机气体和有机气体；具有氧检测功能，防止缺氧或富氧；体积小巧，不影响工人工作的便携式仪器。只有这样才能保证进入密闭空间的工作人员的绝对安全。另外，进入密闭空间后，还要对其中的气体成分进行连续不断地检测，以避免由于人员进入、突发泄漏、温度变化等引起挥发性有机物或其他有毒有害气体的浓度变化。

在应急事故、检漏和巡视中，应当使用泵吸式、响应时间短、灵敏度和分辨率较高的仪器，较易判断泄漏点的方位。在进行工业卫生监测和健康调查的情况时，具有数据记录和统计计算以及可以连接计算机等功能的仪器，应用起来会非常方便。

随着制造技术的发展，便携式多气体（复合式）检测仪也是一个新的选择。它可以在一台主机上配备所需的多个气体（无机/有机）检测传感器，具有体积小、质量轻、响应快、同时显示多种气体浓度的特点。更重要的是，泵吸式复合式气体检测仪的价格要比多个单一式扩散式气体检测仪便宜，使用起来也更加方便。需要注意的是在选择这类检测仪器时，最好选择具有单独开关各个传感器功能的仪器，以防止由于一个传感器损坏影响其他传感器使用。同时，为了避免发生进水等情况堵塞吸气泵，选择具有停泵警报的智能泵设计的仪器也要安全一些。

5. 使用注意事项

（1）注意经常校准，通常用相对比较的方法进行测定，先用一个零气体和一个标准浓度的气体对仪器进行标定，得到标准曲线储存于仪器之中，测定时仪器将待测气体浓度产生的电信号同标准浓度的电信号进行比较，计算得到准确的气体浓度值。随时对仪器进行校零、经常对仪器进行校准都是保证仪器测量准确度必不可少的工作。需要说明的是，很多气体检测仪都是可以更换检测传感器的，在更换探头时除了需要一定的传感器活化时间外，还必须对仪器进行重新校准。

（2）选择一种气体传感器时，要尽可能了解其他气体对该传感器的检调干扰，以保证它对特定气体的准确检测。

（3）注意各类传感器的寿命，要随时对传感器进行检测，尽可能在传感器的有效期内使用，一旦过了有效期，及时更换。一般来讲，在便携式仪器中，气体传感器的寿命较长，可以使用 3 年左右；光离子化传感器的寿命为 4 年或更长一些；电化学特定气体传感器的寿命相对短一些，一般在 1~2 年；氧气传感器的寿命最短，大概在 1 年。电化学传感器的寿命取决于其中电解液的干涸程度，所以如果长时间不用，将其密封放在温度较低的环境中可以延长使用寿命。固定式仪器由于体积相对较大，传感器的寿命也较长一些。

（4）注意检测仪器的浓度测量范围，各类有毒有害气体检测仪器都有其固定的检测范围。只有在其测定范围内完成测量，才能保证仪器准确地进行测定。而长时间超出测定范围进行测量，就可能对传感器造成永久性的破坏。比如，可燃气体检测器，如果不慎在超过 100% LEL 的环境中使用，就有可能烧毁传感器。而有毒气体检测器，长时间在较高浓度下使用也会造成损坏。因此，固定式仪器在使用时如果发出超限信号，要立即关闭测量电路，以保证传感器安全。

2.1.3　红外热成像仪

1. 应用场景

红外热成像仪是一种能够将物体表面的温度分布转换成可视化图像的设备，它在工业检测与维护、建筑评估、安全监控、医疗诊断、科学研究、军事和国防、农业等领域有着广泛应用。

在灭火救援战斗中，主要用于在浓烟或黑暗环境中进行火情侦察和灭火战斗，亦可用于发现残火，预防复燃等。

1）在灾害现场搜救遇险人员、寻找火源

在火情侦察中，灵活地运用红外热成像仪可以为侦察工作带来很大便利，可帮助侦察人员透过烟雾看清前进道路，寻找遇险人员，迅速查明起火部位和燃烧范围，发现潜在危险和火灾蔓延等。在利用红外热成像仪进行观测时，如果发现门、窗、灯的明亮程度不同，则可根据明亮程度的变化，判断火势的强弱和蔓延方向。但同时也要注意分辨某些假象，例如玻璃能吸收和反射红外线，就像是一面镜子，因此红外热成像仪无法透过玻璃观测火情，所侦测到的图像可能是被玻璃反射而形成的，容易给侦察人员造成错觉。

2）帮助战斗员控制射水方向，降低水流损失

在灭火过程中，由于受到火灾烟气减光性的影响，战斗员很难看清火焰的具体位置，而红外热成像仪可为战斗员控制射水方向提供帮助。在火焰背景下，水流的温度相对较

低，在探测图像上相对较暗，而火焰则较亮，可据此调整射水方向，将水枪射流直接喷射到火焰根部，使水流发挥最佳效能，迅速扑灭火灾，减少水流损失。

3）帮助救援人员发现潜在的危险

在抢险救援现场，由于情况十分复杂，潜在危险很多，红外热成像仪可帮助战斗员及时发现危险，并采取相应的措施。如果在火场上发现某个关闭完好的门、窗整体发亮，则说明其内部可能存在猛烈燃烧，在没有足够的供水强度保障的情况下，不能贸然开启该处门、窗，防止火势迅速蔓延。另外，红外热成像仪可以帮助侦察人员发现某些化学物品的无焰燃烧，例如甲醇燃烧时，肉眼很难发现其火焰，因而给火情侦察工作带来很大困难，甚至造成人员伤亡，而通过红外热成像仪可以准确观测到燃烧发出的红外线，从而使侦察人员远离此类危险。

4）观测油罐火灾的热波并预测沸溢和喷溅

在扑救油罐火灾时，由于油罐内油面上下温度存在较大差异，可以使用红外热成像仪进行观测，从而判断出罐内液面高度。在原油、重油火灾扑救过程中，通过红外热成像仪可以发现重质油品燃烧时产生的热波，并随时观测热波的下降状况，为火场指挥员判断沸溢和喷溅何时发生提供科学的依据，以防造成更大损失。

5）快速清理火场

由于发生阴燃处的物体表面温度相对较高，在探测所得的图像上体现为相对较亮，在清理火场时，运用红外热成像仪对火场进行观测，可以很清楚地探测到正在阴燃的残火，从而能有效防止复燃。此外，在防火检查工作中可用它来发现电气设备及其线路的异常发热点等。

2. 结构组成

红外热成像仪（图2-12）主要由红外探测器、光学系统、信号处理单元、图像处理单元、显示器等组成。随着技术的发展，红外热成像仪的体积越来越小，性能却越来越强。

图2-12　红外热成像仪

（1）红外热成像仪的核心部分是红外探测器，负责将物体表面的红外辐射转换成电信号。探测器可以是微波辐射热探测器、光电探测器或热电偶等。

（2）光学系统包括透镜、反射镜等，用于收集物体发出的红外辐射，并将其聚焦到红外探测器上。

（3）探测器输出的电信号需要经过信号处理单元进行放大、滤波、数字化等处理，才能转换成可供显示和分析的数字信号。

（4）图像处理单元，这个部分负责对信号进行处理，包括温度校正、图像锐化、噪声消除等，以提高图像质量和清晰度。

（5）显示器，用于展示处理后的红外图像，可以是液晶显示屏（LCD）或有机发光二极管显示屏（OLED）等。

3. 工作原理

红外热成像仪是一种将不同温度的物体发出的不可见红外线转变成可视图像的设备，原理是通过红外摄像机将物体发出的红外线转变为可视黑白图像，物体之间相对温度的差别在其探测所得的黑白图像上体现为不同的灰度，物体温度高则相对较为明亮，反之则较暗，其分辨率可达零点几摄氏度。例如，用红外热成像仪来观测一杯 60 ℃ 的水，在常温背景下很亮，而在 25 ℃ 的房间里则很暗。

在失火现场可能有温度较高的火源，火焰的燃烧可能带来浓烈的烟雾，同时还有受困人员在失火现场需要救助。为了扑灭火源，需要了解火源的位置、火势，以及高温可燃气体的流动方向；为了救助被困人员，需要在遮挡视线的烟雾中搜寻。红外热成像仪通过测温功能、可穿透烟雾性及成像功能，可以发现火源并对火势做出温度分布显示和判断。由于火焰燃烧使得火焰周围的气体温度升高，并产生共流动，可以使用红外热成像仪通过观察火势周围气体的流动来预测火势的发展，避免因对火势认识不足造成无谓的人员伤亡及损失。

由于红外线可以穿透烟雾，因此可以在有烟雾的失火现场通过红外热成像仪的成像搜寻救助受困人员。消防人员利用热成像仪在充满烟雾的房间内能看清险情，有助于他们躲避危险，并在较短时间内找到被困人员。在灭火时还可以推测扑灭未熄的火焰和余烬，以防止复燃。

通过测温功能监测防火现场的温度，当需要进行防火的区域温度升高到一定的程度，并有可能引发火灾时，热成像仪可以报警。例如，热成像仪可以监测森林、粮食、棉花以及煤炭等的温度分布，它们在发生火灾前通常有低强度的隐火存在，利用红外热成像仪可以发现隐火的位置、面积和强度。

4. 使用注意事项

（1）在用热成像仪进行观测时，应注意不能将其镜头完全对准高温物体或火焰，应使图像中包含部分低温物体。物体之间的温度差越大，图像清晰度也就越高，并且能够有效防止过高温度引起内部电流异常，导致仪器自动停机保护功能启动，从而无法正常使用。

（2）开机启动时，镜头不能对着高温物体（如太阳、火焰等），避免损坏。

（3）镜头应注意保护，必须用专用镜头纸进行擦拭。

2.1.4　红外烟雾探测仪

1. 应用场景

红外烟雾探测仪（图 2-13）适用于少烟、禁烟场所探测烟雾离子，烟雾浓度超过限量时，传感器发出声光告警，并向采集器输出告警信号。利用红外线进行火灾烟雾探测的仪器应用非常普遍，且安装简单，价格低廉。

2. 使用注意事项

红外烟雾探测仪，一般使用 12 V 或 24 V 电压。安装一般采用吸顶固定式，用螺栓固定。不可安装于高温度、高风速的地方，否则会影响灵敏度。报警器

图 2-13　红外烟雾探测仪

通电之后就处于工作状态，在工作状态发光二极管每分钟闪烁一次，当探测到烟雾时，发出清楚的脉动声光警讯，同时输出信号供采集器识别，直到烟雾散去为止。为保持传感器工作效率良好，需定期清洁传感器，清洁步骤为先把电源关掉，然后用软毛刷轻扫灰尘，再启动电源。

2.1.5　漏电探测仪

1. 应用场景

漏电探测仪主要用来探测漏电位置及确定电路短路等情况。无须接触电源，即可探测安全距离范围内的交流泄漏电源，接近泄漏电源时，声光报警。一般探测仪可探测电压为 120 V/60 Hz 或 220 V/50 Hz，2 kV/50 Hz 或 15 kV/50 Hz，还可鉴别电源断路或短路。

2. 结构组成

漏电探测仪主要由电流互感器、零序电流检测电路、比较放大电路、逻辑判断电路等组成。手杖式漏电检测仪如图 2-14 所示，漏电断线定位仪如图 2-15 所示。

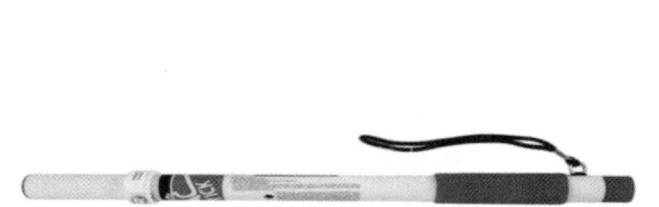

图 2-14　手杖式漏电检测仪

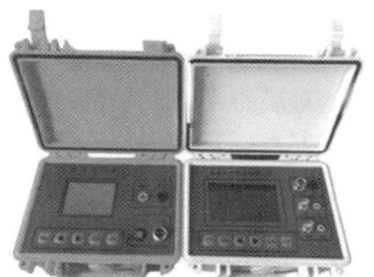

图 2-15　漏电断线定位仪

（1）电流互感器：漏电探测仪的核心部分，通常是一个相互绕制的线圈，用于检测主电路中的电流。对于三相系统，通常会有三个电流互感器分别检测每相的电流。

（2）零序电流检测电路：漏电故障时，泄漏的电流会形成零序电流。检测电路负责检测和测量三相电流的零序分量，如果检测到的零序电流超过设定的阈值，就会触发保护动作。

（3）比较放大电路：将检测到的零序电流与设定值进行比较，并通过放大电路放大信号，以便于后续处理。

（4）逻辑判断电路：根据放大后的信号，逻辑判断电路可以判断是否需要触发保护动作。通常，这个判断是基于设定的漏电电流阈值和时间延迟来完成的。

2.1.6 地下管线与电缆影像仪

1. 应用场景

地下管线与电缆影像仪是具有多组全方位天线阵列组合特点的具有绘图功能的管线探测仪器，用于带电与不带电电缆的路径查找、金属管线的路径查找、地埋电缆的故障定位、在不开挖的条件下对直埋电缆的外皮破损点进行定位等，可以帮助检查人员快速定位地下管线，确保安全检查顺利进行，在城市规划和建设、地下管线维护、地下考古、地下工程、环境监测、安全检查等领域广泛应用。

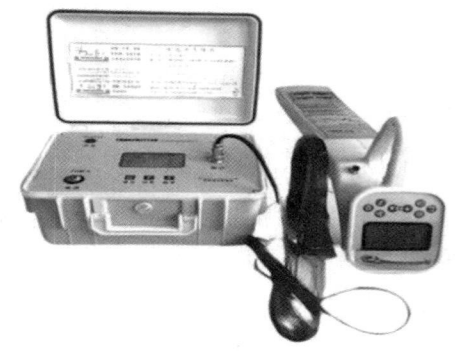

图 2-16　地下管线与电缆影像仪

2. 结构组成

地下管线与电缆影像仪（图 2-16）主要由传感器或探头、信号处理单元、数据存储和显示设备等组成。

（1）传感器或探头：用于发射信号并接收地下管线或电缆反射回来的信号。传感器通常设计为可以穿透地面，并根据不同的应用场景采用不同的技术，如电磁感应、地质雷达、红外线或其他探测技术。

（2）信号处理单元：包括放大器、滤波器、解调器等，接收传感器收集到的信号并对其进行处理，以提取有关地下管线或电缆的位置、深度和状态等信息。

（3）数据存储和显示设备：包括液晶显示屏（LCD）、触摸屏或其他显示技术，用于存储处理后的数据，并允许操作者实时查看地下管线或电缆的图像或数据。管线影像实时显示和左右箭头指示功能，可以判断管线的方向和位置。

2.1.7 生命探测器

1. 应用场景

生命探测器是采用不同的电子探头即微电子处理器，识别空气或固体中传播的微小振动，如呼吸、呻吟、敲击等，以探测搜索被倒塌建筑物、树丛等所掩埋的生命，是一种在坍塌建筑和狭窄空间中快速、精准营救被困人员的仪器。抢救人员在进入搜救现场时，先用其确认内部是否有人存活，降低抢救人员搜救时的危险程度，并在第一时间侦测出任何遮挡物背后的生存者。主要有音频生命探测仪和蛇眼生命探测仪两种。

2. 音频生命探测仪

当幸存者被混凝土、瓦砾或其他固体结构层层包围或埋在地下时，他们所发出的声波会被周围结构吸收或阻隔，因而救援者不会接收到任何声音信息。

1）结构组成

音频生命探测仪（图 2-17）由传感器、信号放大器、滤波器、信号处理单元、显示和指示器、控制系统等组成。它体积小，质量轻，携带方便，操作简单；全方位声音传感器，探测频率为 1~3000 Hz；可同时接收 6 个传感器的信息；可同时波谱显示任意 2 个传感器的信息；单声道/立体声监听可选；配有小型对讲机（带麦克风），可探测以空气为载体的声波，与幸存者对话。

图 2-17 音频生命探测仪

2）工作原理

音频生命探测仪利用特殊的电子收听装置（微电子处理器），识别在空气或固体中传播的微小振动（即来自受害者的声音，如呼喊、敲击声等），并将其多极放大转换成视听信号，同时可将背景噪声过滤掉。在数层厚的坍塌建筑中，它能探测到且能确定幸存者的具体位置，如图 2-18 所示。如果将对讲机探头放在幸存者被困的位置，则可捕捉到清醒或昏迷的幸存者的声音信号，并可实现双向对话。由于生命探测仪具有探测低至 1 Hz 的次声波的特殊性能，因此还可用于矿业救援，在土壤和岩石结构中探测到异乎寻常的深度；还能用于环境监视、人质动向的监控及对企图通过隧道或其他障碍物越狱罪犯的监控。

3）操作流程

（1）检查电池状态：打开电源开关，此时有持续 2 s 的蜂鸣声，同时电池低电压报警灯不亮，表明电池状态完好。

（2）关闭电源开关。

（3）连接传感器：将传感器电缆插头同主机上对应号码的插孔连接。

（4）传感器分布：根据搜索现场情况及所购系统的传感器数量，合理放置传感器，使之达到最佳的搜索效果。

（5）连接侦听耳机：将耳机插头插入主机上的耳机插孔内，完成连接。

（6）接通电源：打开电源开关，此时主机开始工作。

图 2-18   利用音频生命探测仪进行搜救活动

（7）检查传感器连接状态：通过传感器选择开关，检查是否所有传感器在屏幕上均有信号显示，如果某一个传感器无信号显示，需要更新连接及检查。

（8）滤波功能检查：所有滤波选择开关均为触摸键，按下之后指示灯亮，证明滤波功能完好。

（9）检查侦听耳机：利用某一传感器的人为敲击，打开耳机开关，如果听到敲击声，则证明耳机工作正常。

（10）连接对讲探头和检查：必要时将对讲探头同主机连接，如果在耳机中听到对讲探头的声音，证明连接状态正常。

3. 蛇眼生命探测仪

1）应用场景

蛇眼生命探测仪（图 2-19）用于建筑物倒塌、地震等灾害现场寻找被困人员，可以和超声波生命探测仪配套使用。

图 2-19   蛇眼生命探测仪

2）结构组成

蛇眼生命探测仪主要由显示器、充电器、电池、手柄、摄像头、光缆、手指环等组成。

3）操作流程

装上电池，连接好摄像头、手柄、光缆、显示器，然后打开显示器开关，即可操作。

4）使用注意事项

存放、运输与使用，应轻拿轻放，严格按产品说明书要求使用与维护；使用完毕关闭主机电源，卸下各传感器电缆，将电缆同传感器盘上。

2.1.8　核放射探测仪

1. 应用场景

核放射探测仪（也称放射性物质检测器，图 2-20）是一种用于探测和测量放射性物质辐射的设备，用于检测环境中的 α、β 和 X 射线，可直接将探测结果显示在 LCD 上，用户可根据需要选择合适的计量单位。

2. 结构组成

核放射探测仪的结构组成因设备类型和设计而异，但大多数探测仪包含探测器、电子部分、数据处理单元等基本部分。

3. 使用注意事项

（1）不要接触放射性物质或其表面，以免污染核放射探测仪。

（2）不要将核放射探测仪置于 38 ℃以上高温下或直接暴露在阳光下过长时间。

（3）避免将核放射探测仪弄潮弄湿，进水会导致短路或损坏盖革计数管的云母（一种硅酸铝化合物）表面的涂层。

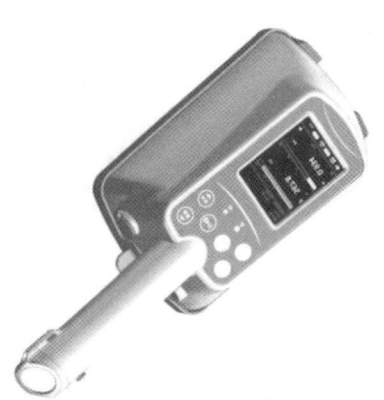

图 2-20　核放射探测仪

（4）避免将传感探测口暴露在阳光下直接测量。

（5）严禁将核放射探测仪放入微波炉内，它不可以用来测量微波，这样做可能会损坏仪器或微波炉。

（6）避免在高频无线电、微波、静电、电磁场环境下使用核放射探测仪，仪器在此类环境中会极其敏感，从而导致工作失常。

（7）如果估计在 1 个月以内都不会用到核放射探测仪，应将电池取出，以防止电池腐烂，损坏仪器。

（8）当显示屏上电池电量示数过低时，要迅速更换电池。

（9）在使用、储存过程中，应轻拿轻放。

2.1.9　侦检机器人

1. 应用场景

在石油、石化等生产作业中，一旦发生有毒有害气体、液体泄漏，如果人进入泄漏区监测，即便佩戴了一定的防护装备，也容易因监测时间过长、设备密闭性减弱、在监测过程中突发爆炸等意外因素，对人体造成伤害。侦检机器人能进行一定的转向爬坡等操作，可以远距离遥控操作，既可以长时间连续监测，并进行简单的处理操作，又可以从根本上保障救援人员安全，防止事故扩大化。

2. 结构组成

侦检机器人（图 2-21）是一种用于侦察和检测特定目标的自动化机器人，它们通常在军事、安全监控、灾难响应和工业检测等领域发挥作用，主要由底盘、动力系统、控制系统、传感器、通信系统、执行器、载荷、防护装置等组成。

图 2-21　侦检机器人

2.1.10　无人机

1. 应用场景

无人机作为新时代的新兴技术，已在各行各业中得到了广泛应用，如航拍，在农业上监测病虫害、监控作物生长，物流配送等。

2. 结构组成

无人机上安装有摄像、照相设备，可以在高空直接摄录火灾现场情况，并及时反馈到地面指挥台，为火场指挥员制定灭火抢险救援战术提供可靠依据。机身上可安装不同类型的传感器用于收集环境数据，如 GPS、高度计、气压计、温度传感器、光学传感器、红外传感器、雷达等。飞行控制系统包括自动驾驶仪、飞行控制软件和传感器，用于控制无人机的飞行和导航。

四旋翼无人机如图 2-22 所示。

图 2-22　四旋翼无人机

2.2 预警装备

报警器的种类很多，主要包括与易燃易爆气体浓度、液位、温度、压力等的监测仪表相连接的监测报警器、手摇式报警器、报警电话、防爆喇叭、脉冲呼救器等。根据报警器的设置方式，报警器可分为移动式（也叫便携式）报警器、固定式报警器。随着电子信息技术的发展，又开发出了遥控式报警器。

2.2.1 监测报警器

1. 应用场景

监测报警器在石油化工、电力等生产中的应用越来越普遍。它一般只是向生产操作人员、随机监测人员提供报警，以便其及时采取相应的措施，进行处置。在应急救援中，便携式监测报警器最为常用。

2. 结构组成

监测报警器的核心是检测元件，还有信号处理单元以及逻辑判断单元，当逻辑判断单元判断出检测到的信号超过了阈值时，它会激活报警输出，可以是声音报警、光报警或者机械报警（如蜂鸣器、指示灯、振动器等）。

一氧化碳监测报警器如图 2-23 所示，便携式甲烷含量报警仪如图 2-24 所示。

图 2-23　一氧化碳监测报警器　　　　图 2-24　便携式甲烷含量报警仪

3. 工作原理

监测报警器是与监测仪器联动的报警装置，即事先为报警器设定一个参数，监测报警器接收来自监测仪表的信号，当监测数值达到设定值时，报警器随之启动，发出警报信号。老式报警器一般采用闪光式或蜂鸣式；现代报警器则多同时采取声、光两种报警方式，主要用来监测易燃易爆气体浓度、氧气浓度、烟雾浓度、液位、压力、温度、漏电量等是否超标。

2.2.2 手摇式报警器

1. 应用场景

手摇式报警器无须电源，可以在无电源支持的场所如公路、山间、水上等，提供一种有效的警报。通过摇动手柄提供动力，警报声音大小取决于摇动手柄的速度，一般警报距离可达数千米，它在一些偏僻的加油站、公路运输、施工作业场所等具有良好的报警功能，主要用来向周边居民提供事故状态、紧急撤离等事故警示信号，避免人员伤亡。在断电情况下，手摇报警器具有不可替代的重要作用，也可以用来表示方位，以获得外界救助。

2. 结构组成

手摇式报警器（图2-25）的外壳用于保护内部组件，通常由耐撞击的材料制成，如塑料或金属。手摇装置是用户通过手动旋转来产生能量的部分，通常是一个可旋转的轴，轴上装有齿轮或其他传动机构。手摇式报警器中通常包含一个小型发电机，当手摇轴旋转时，发电机通过磁力和转动产生电流。

图2-25　手摇式报警器　　　　　图2-26　手表式静电报警器

2.2.3　手表式静电报警器

1. 应用场景

手表式静电报警器（图2-26）是指在接近危险电压时，能够自动报警的手表。

2. 结构组成

静电检测器是手表式静电报警器的核心部分，用于检测环境中的静电电位。它通常包含一个电容式或电阻式传感器。

2.2.4　呼救器

1. 应用场景

脉冲呼救器呈方块状，香烟盒大小，类似传呼机，可别在腰间皮带上，设有脉冲开关，具有报警和联络功能，主要用于消防专业人员装备上。当进入火场后，消防员因烟熏、窒息、中毒、建筑物砸撞等情况受伤昏迷时，从人体基本静止起经过10 s，该呼吸器即发出报警音响信号，以便搜救人员获悉准确位置进行救援；当消防员进入火场，因抢救受难人员迷失方向，或遇其他紧急情况需要召唤同伴时，可开启手动开关进行必要联络。

2. 结构组成

呼救器（图 2-27）通过某种方式发送求救信号，包括无线电频率（RF）、红外线（IR）、声音或其他通信技术。其中触发装置是用户在紧急情况下用来启动呼救信号的部分，可能是按钮、拉绳或其他机械装置。

图 2-27 呼救器

图 2-28 信号枪

2.2.5 信号枪

1. 应用场景

信号枪（图 2-28）作为军事上的辅助装备，主要用于夜间战场小范围的信号、照明与观察，指示军事行动或显示战场情况以帮助指战员做出正确判断。另外，信号枪也可用于海上或沙漠中搜索、营救以及夜间管理等。

2. 结构组成

信号枪主要由枪管、发射机、信号弹等组成。枪管是信号枪中用于发射信号弹的部分，通常由金属制成，具有光滑的内壁以减少阻力。发射机包括扳机、击锤、火药或气体推进剂等，用于点燃信号弹并将其发射出去。信号弹是信号枪使用的特殊弹药，内含火药或气体推进剂，发射时会产生可见光（如火光、烟雾）、声音或两者兼有的信号。

2.2.6 手持发射伞式信号弹

1. 应用场景

手持发射伞式信号弹（图 2-29）既可作为军事通信联络信号，也可作为民用遇险求

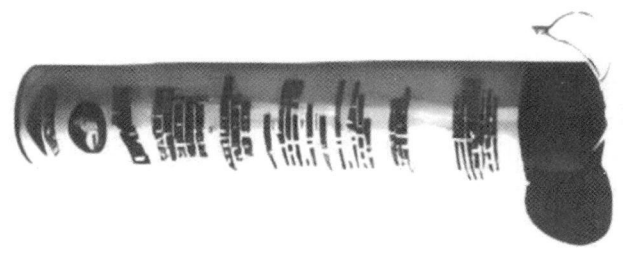

图 2-29 手持发射伞式信号弹

救信号。它的特点是结构简单，发光持续时间长，亮度大，且最小射高可达 300 m。发射时，利用隐藏在塑料发射管底部的摩擦点火装置发射。点火装置约有 2 s 的延迟时间，足以保证发射者在拉出点火绳并用双手紧握发射管后，信号弹才被发射出去。

2. 结构组成

手持发射伞式信号弹由塑料发射管、伞式红色星光体、抛射药及摩擦点火装置组成。通常包含一个伞式抛射器，用于在发射后迅速展开信号伞，以增加信号的可见性和识别度。

2.2.7 手持发射火箭

1. 应用场景

手持发射火箭（图 2-30）是一种便携式的火箭发射装置，通常用于军事、执法、搜索与救援、体育等场景。

2. 结构组成

手持发射火箭采用旋转稳定式工作原理，精度较高。它的管状壳体内装有发射机构、固体燃料发动机和信号弹。既可垂直发射，也可以一定的角度发射。发射后，抛出一个单色、无伞的星光体，当它飞行到弹道最高点时，发光的星光体自由下落以显示信号。星光体的颜色有红、绿、黄三种，可单独或组合成各种不同的信号。

图 2-30　手持发射火箭

2.2.8 安全标志

1. 应用场景

安全标志是指在操作人员容易产生错误而造成事故的场所，为了确保安全，提醒操作人员注意所采用的一种特殊标志。目的是引起人们对不安全因素的注意，预防事故发生。安全标志不能代替安全操作规程和保护措施。在事故应急处置中，也要用到许多安全标志，以规范相关人员的行为，提高应急救援效率，防范事故恶化。安全标志主要包括安全标志牌和安全标志带两大类。

2. 安全标志牌

安全标志牌是用以表达特定安全信息的标志，由图形符号、安全色、几何形状（边框）或文字构成。

1）安全色及其含义

国家规定的安全色有红、蓝、黄、绿四种颜色，其含义是：红色表示禁止、停止（也表示防火）；蓝色表示指令或必须遵守的规定；黄色表示警告、注意；绿色表示提示、安全状态、通行。

2）分类

（1）按其含义分类。按其含义可分为禁止标志、警告标志、指令标志和提示标志四大类型。

禁止标志是禁止人们不安全行为的图形标志，其基本形式是带斜杠的圆边框，如图
2-31 所示。

警告标志是提醒人们对周围环境引起注意，以避免可能发生危险的图形标志，其基本
形式是正三角形边框，如图 2-32 所示。

指令标志是强制人们做出某种动作或采用防范措施的图形标志，其基本形式是圆形边
框，如图 2-33 所示。

图 2-31　禁止标志

图 2-32　警告标志

图 2-33　指令标志

提示标志是向人们提供某种信息（如标明安全设施或
场所等）的图形标志，其基本形式是长方形边框，如图 2-
34 所示。

在上述四种基本类型中，常用到文字辅助标志，基本形
式是矩形边框，以使表达的含义更明确、更清晰，有横写和
竖写两种形式。

图 2-34　提示标志

（2）按照使用目的分类。根据使用目的，可以分为九种：①防火标志（有发生火灾
危险的场所，有易燃易爆危险的物质及位置，防火、灭火设备位置）；②禁止标志（所禁
止的危险行动）；③危险标志（有直接危险性的物体和场所并对危险状态做出警告）；
④注意标志（由于不安全行为或不注意就有危险的场所）；⑤救护标志；⑥小心标志；
⑦放射性标志；⑧方向标志；⑨指导标志。

3）结构材质

（1）安全标志牌要有衬边。除警告标志边框用黄色勾边外，其余全部用白色将边框
勾一窄边，即为安全标志的衬边。

（2）标志牌的材质。安全标志牌应采用坚固耐用的材料制作，不宜使用遇水变形、
变质或易燃的材料。有触电危险的作业场所应使用绝缘材料。

（3）标志牌应图形清楚，无毛刺、孔洞和影响使用的任何疵病。

4）使用注意事项

（1）标志牌应设在与安全有关的醒目地方，并使大家看见后，有足够的时间来注意它所表示的内容。环境信息标志宜设在有关场所的入口处和醒目处；局部信息标志应设在所涉及的相应危险地点或设备（部件）附近的醒目处。

（2）标志牌不应设在门、窗、架等可移动的物体上，以免这些物体位置移动后，看不见安全标志。标志牌前不得放置妨碍认读的障碍物。

（3）标志牌设置的高度应尽量与人眼的视线高度相一致。悬挂式和柱式的环境信息标志牌的下缘距地面的高度不宜小于 2 m，局部信息标志的设置高度应视具体情况确定。

（4）标志牌应设置在明亮的环境中。

（5）多个标志牌在一起设置时，应按警告、禁止、指令、提示类型的顺序，先左后右、先上后下排列。

（6）标志牌的固定方式分附着式、悬挂式和柱式三种。悬挂式和附着式的标志牌固定应稳固不倾斜，柱式的标志牌和支架应牢固地连接在一起。

（7）定期检查，定期清洗，发现有变形、损坏、变色、图形符号脱落、亮度老化等现象存在时，应立即更换或修理，从而使之保持良好状况。

3. 安全标志带

安全标志带有普通彩带及夜光膜安全标志指示带等，主要用于划定警戒区域及引导逃生路线。夜光膜安全标志指示带，是受光、蓄光、发光型的长余辉夜光材料制作而成，发光系数高，适用于隧道、地铁、煤井、山洞及大型建筑物的应急逃生指示标志。

【本章重点】

1. 监测装备的用途和种类，以及是如何实现监测的。
2. 预警装备的用途和种类，以及是如何实现预警的。

【本章习题】

1. 什么是监测装备？请说出监测装备的用途和种类，以及典型监测装备的应用场景、结构组成和工作原理。

2. 什么是预警装备？请说出预警装备的用途和种类，以及典型预警装备的应用场景、结构组成和工作原理。

3 个体防护装备

个体防护装备是指为了保护人员在工作中免受伤害而穿戴或使用的各种装备，能够防护身体部位不受物理、化学、生物及放射性危害的影响。

3.1 头部防护装备

头部防护装备（统称"安全帽"）是为防御头部不受外来物体打击和其他因素危害而配备的个人防护装备。根据防护功能要求，头部防护装备主要包括一般防护帽、防尘帽、防水帽、防寒帽、防静电帽、防高温帽、防电磁辐射帽、防昆虫帽等。

1. 应用场景

头部受到冲击很容易引起脑震荡、颅内出血、脑膜挫伤、颅骨伤害等，轻则致伤，重则致死。在石油、化工、建筑等行业进行作业时必须严格佩戴安全帽，以免头部受到意外伤害，危及生命安全与健康。安全帽是避免或减轻坠落物及其他特定因素等外来冲击物伤害人体头部的主要防护用品。

2. 结构组成

安全帽由有一定强度的帽壳和帽衬、下颏带及附件组成。帽壳制成无檐、有檐或卷边。帽壳顶部应加强，可以制成光顶或有筋结构。塑料帽衬应制成有后箍的结构，能自由调节帽箍大小。接触头前额部的帽箍，要透气、吸汗。帽箍周围的缓冲垫，可以制成条形或块状，并留有空间使空气流通。在帽衬与帽壳的衔接处留有一定的空间，构成空间缓冲层，以承受和分散坠落物的瞬间冲击力。被缓冲层吸收的力可达三分之二以上，余下部分经帽衬的整个面积传导给人头部，使受力得到缓冲，避免或减轻头部伤害。

1) 帽壳

帽壳包括帽舌、帽檐、顶筋、透气孔、插座、拴衬带孔及下颏带挂座等。

（1）帽舌：帽壳前部伸出的部分。

（2）帽檐：帽壳除帽舌外周围伸出的部分。

（3）顶筋：用来增强帽壳顶部强度的部分。

2) 帽衬

帽衬，即帽壳内部部件的总称，包括帽箍、衬带、吸汗带、缓冲垫等。

（1）帽箍：绕头围部分起固定作用的带圈。

（2）衬带：与头顶部直接接触的带子。

（3）吸汗带：附加在帽箍外面的带状吸汗材料。

（4）缓冲垫：帽箍和帽壳之间起缓冲作用的垫。

3）下颏带及其结构

（1）下颏带：系在下巴上，起辅助固定作用的带子，由系带、锁紧卡组成。

（2）锁紧卡：调节与固定系带有效长度的零部件。

（3）插接：帽壳和帽衬采用插合连接的方式。

（4）拴接：帽壳和帽衬采用拴绳连接的方式。

3. 分类

安全帽可以按材料、外形、作业场所进行分类。

1）按材料分类

可分为工程塑料、橡胶料、纸胶料、植物料等。

2）按外形分类

可分为无檐、小檐、中檐、大檐等。

3）按作业场所分类

可分为一般作业和特殊作业。Y 表示一般作业类别的安全帽，T 表示特殊作业类别的安全帽。

4. 选用

1）防寒帽

防寒帽（图 3-1）适用于北方严寒地区冬季露天作业，保暖性好。

图 3-1　防寒帽

图 3-2　大檐帽

图 3-3　特殊作业场所用安全帽

2）大檐帽

大檐帽（图 3-2）适用于露天作业，可以兼防日晒和雨淋。

3）特殊作业场所用安全帽

在特殊作业场所作业，应根据作业要求，针对特殊安全帽的电绝缘性、阻燃性、侧向刚性、抗静电性以及耐辐射特性，选用相应的安全帽，如图 3-3 所示。

4）颜色选择

安全帽的颜色应根据作业环境、场所和作业人员的不同来选择。如在森林中，红色、橘红色安全帽醒目，作业人员易于被发现；爆炸性作业场所，宜戴大红色安全帽；作业场所人员职务不同，安全帽的颜色可以有所区别，以便组织施工。

5. 使用注意事项

不正确佩戴安全帽会导致事故发生时，安全帽不能起到充分的防护作用。据不完全统计，坠落物伤人事故中，有15%是由于安全帽使用不当造成的。因此，不能认为戴上安全帽就能保证头部安全。在使用过程中，必须注意以下问题。

（1）安全帽使用之前，严格仔细检查外观是否有裂纹，帽衬是否完整等。

（2）不能随意拆卸安全帽的各部件，以免影响整体防护功能。

（3）不能随意调节帽衬尺寸，避免降低承力标准。

（4）要戴正、戴牢，特别是下颏带要系紧，调节好后箍，以防脱落。

（5）受过一次冲击或做过试验的安全帽应报废，不能继续使用。

3.2 眼面部防护装备

眼面部防护装备种类很多，依据防护部位和性能，分为洗眼器、防护眼镜和防护面罩等。

3.2.1 洗眼器

1. 应用场景

洗眼器是一种在紧急情况下清洗眼睛的设备，通常用于实验室、化工生产、医疗手术室等可能接触到危险化学品的场所。当有毒有害化学液体或者有毒颗粒物喷溅到工作人员的眼部、面部、脖子或者手臂等地方时，洗眼器可以提供即时的清洗作用，以减少伤害。

2. 结构组成

进水管道将水源接入洗眼器内部，出水装置是洗眼器的主要部分，通常包括多个出水口，出水口的设计应能确保水流直接冲向眼睛，以达到快速冲洗的效果。压力控制装置用来调节水流大小和压力，确保水流既能够到达眼睛的各个部位，又不会造成二次伤害。喷头是直接接触眼睛的部分，其设计应当符合人体工程学，以便用户在使用时能够对准眼睛。洗眼盆或洗眼柱用于收集冲洗出来的液体，通常由耐腐蚀的材料制成。

3. 分类

根据功能不同，洗眼器可以分为复合式洗眼器（图3-4）、单一式洗眼器（图3-5）两种。复合式洗眼器既可以喷淋清洗染毒的服装与身体，也可以清洗眼部、面部、脖子或者手臂等地方。

根据洗眼器的供水源不同，可以分为固定式洗眼器、移动式洗眼器（又称便携式洗眼器）。

图 3-4   复合式洗眼器   图 3-5   单一式洗眼器

4. 选择

1）根据使用洗眼器现场的化学物质来选择

制造洗眼器产品的材料一般采用 304 不锈钢。304 不锈钢广泛用于制作要求耐腐蚀和成型性等综合性能良好的设备和机件，可以抗一般性的酸、碱、盐和油类等化学物质的腐蚀，但没有抗氯化物、氟化物、硫酸和浓度超过 50% 的草酸等化学物质腐蚀的能力。如果使用洗眼器的现场存在上述化学品物质，需要选择 ABS 洗眼器或者选择高性能抗腐蚀系列洗眼器。

2）根据使用洗眼器的现场温度来选择

在冬天环境温度在 0 ℃以下、水会结冰的地区，就需要使用防冻型洗眼器、电伴热洗眼器或者电加热洗眼器，防止洗眼器里面的水结冰而影响正常使用。特别注意，电伴热洗眼器只有保温防冻作用，没有办法提高洗眼和喷淋的水温。需要有效提高洗眼和喷淋水温的，必须使用电加热洗眼器。

3）根据使用洗眼器的系统来选择

需要喷淋和洗眼的，选择复合式洗眼器系列产品；只需要洗眼系统的，可以选择除了复合式洗眼器以外的其他产品。

4）根据使用洗眼器的现场是否有固定水源来选择

现场有固定水源的，可以选择固定式洗眼器；现场没有固定水源的，需要选择便携式（移动式）洗眼器。

3.2.2   防护眼镜

1. 应用场景

防护眼镜也称安全眼镜或防护镜，是一种用于保护眼睛免受伤害的个人防护装备，广泛应用于工业和制造业、实验室、建筑和维修工作中。

2. 结构组成

防护眼镜是在眼镜架内装有各种护目镜片，用于防止不同有害物质伤害眼睛的眼部护具，如防冲击、辐射、化学药品等。

3. 分类

1）化学护目镜

化学护目镜（图3-6）是用来保护眼部免受化学品伤害的专用眼镜。采用聚乙烯材料，质量轻，佩戴舒适。单片聚碳酸酯镜片，视野宽广。一般有防雾、不防雾两种。较为先进的是采用间接通风设计，内侧防雾，防化学飞溅、灰尘及撞击。

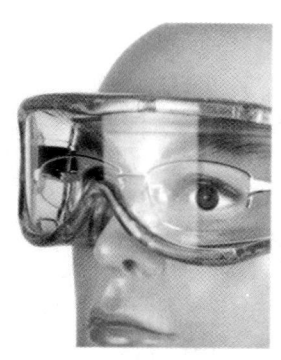

图3-6 化学护目镜

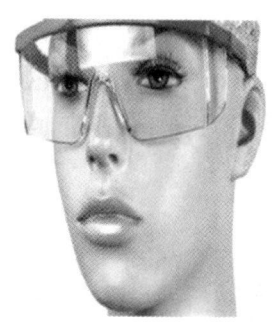

图3-7 防冲击眼镜

2）防冲击眼镜

防冲击眼镜（图3-7）是用来防止高速粒子对眼部的冲击伤害，主要是供大型切削、破碎、研磨、清砂、木工、建筑、开山、凿岩等各种机械加工行业的作业人员使用。

（1）有机玻璃眼镜（眼罩）透明度良好，性质坚韧，有弹性，耐低温，质量轻，耐冲击强度比普通玻璃高10倍，但是耐高温、耐磨性差。主要用于金属切削加工、金属磨光、锻压工件、粉碎金属或石块等作业场所。

（2）钢双纱外网防护眼镜是用金属制成的圆形镜架，镜框分内外两层，内层配装圆形平光玻璃镜片，安装镜脚。外层配装钢丝经纬网纱，上缘与内层框架上缘以可控扣件连接，下缘设有钩卡，镜架两侧外缘至太阳穴处，内外镜架连接。佩戴时，双层镜框重叠，可防止正面和侧面飞溅物对眼睛的冲击伤害。钢丝纱网会降低能见度，在需要时可以把外层网框下缘的卡钩打开，向上推动90°与视线平行，其上缘可控扣件能稳定外框角度，控制下垂。其适用于金属切削、碾碎物料的作业场所，但不宜在高温和有触电危险的作业场所使用。

3）钢化玻璃眼镜

钢化玻璃眼镜（图3-8）是由普通玻璃经800~900℃高温加热以后，再进行急剧冷却处理，使其内部结构应力发生改变，提高抗冲击强度制成的眼镜。钢化玻璃片能承受较大的冲击，即使破裂也不产生碎片，其光学性能不发生任何改变。

按照外形结构分为普通型、带侧光板型、开放型和封闭型，具体见表3-1。

图3-8 钢化玻璃眼镜

表 3-1　防护眼镜、眼罩类型及代号

名称	眼镜		眼罩	
代号	A-1	A-2	B-1	B-2
样型	普通型	带侧光板型	开放型	封闭型

3.2.3　防护面罩

防护面罩是防止有害物质伤害眼面部及颈部的护具，分为手持式、头戴式、全面罩、半面罩等多种形式，头戴式防护面罩如图 3-9 所示。

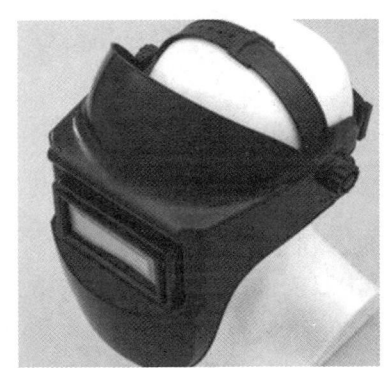

图 3-9　头戴式防护面罩
图 3-10　焊接眼面护具

3.2.4　焊接眼面护具

1. 应用场景

焊接眼面护具是指各类焊接工用来防御有害弧光、熔融金属飞溅或粉尘等有害因素对眼睛、面部及颈部造成伤害的护具。

2. 结构组成

焊接眼面护具（图 3-10）配备有特制的镜片或视窗，通常由特殊的防辐射材料制成，能够阻挡紫外线和红外线，同时保持良好的透明度，以便操作者清晰地看到周围环境。面罩主体是焊接眼面护具的外壳，通常由高强度热绝缘材料制成，如聚碳酸酯（PC）或其他耐高温材料，能够保护面部免受焊接过程中产生的火花、飞溅金属、紫外线辐射和红外线辐射的伤害。

3. 使用注意事项

（1）面罩材料必须使用耐高低温、耐腐蚀、耐潮湿、阻燃，并具有一定强度和不透光的非导电材料制作。

（2）面罩铆钉及其他部件要牢固，没有松动现象，金属部件不能与面部接触，掀起部件必须灵活可靠。

（3）护具表面光滑，无毛刺，无锐角或可能引起眼面部不适应感的其他缺陷，可调部件应灵活可靠，结构零件应易于更换，应具有良好的透气性。

3.3 呼吸器官防护装备

呼吸器官防护装备是用于保护呼吸系统，防止有害物质如粉尘、气体、蒸气、烟尘、病毒或细菌等侵入呼吸系统的一种个人防护装备。

3.3.1 呼吸器官防护装备概述

1. 应用场景

呼吸器官防护装备主要用于保护人体呼吸系统免受有害物质的影响，在化工厂、制药厂、金属加工、木材加工、纺织厂等工业环境中，可能会产生有毒气体、蒸气、烟尘或微粒，它可以有效防止这些有害物质被吸入肺部。在地震、洪水、化学物质泄漏等灾害现场，救援人员可能会遇到空气质量恶化的环境，需要使用呼吸防护装备来保护自己。

2. 结构组成

呼吸器官防护装备由面罩或头盔、滤毒罐或过滤器、呼吸阀、供气装置等组成。

（1）面罩或头盔用于覆盖用户的面部，确保有害物质无法通过面部进入呼吸道。面罩包括眼睛保护部分，以提供全面的安全防护。

（2）滤毒罐或过滤器用于过滤空气中的有害颗粒、气体或蒸气。过滤器包括颗粒过滤器、有机蒸气过滤器、酸性气体过滤器等，还有多功能过滤器，它可以同时过滤多种有害物质。

（3）呼吸阀用于改善呼吸效率，允许用户在呼气时排出气体，同时防止外界有害物质进入面罩。

（4）供气装置是提供清洁空气的呼吸防护装备，包括自给式空气呼吸器、压缩空气瓶、氧气瓶等供气装置，能够提供用户所需的干净空气。

3. 分类

1）按防护原理分类

按防护原理，分为过滤式和隔绝式两大类。过滤式呼吸防护用品的使用受环境限制，当环境中存在过滤材料不能滤除的有害物质，或有毒有害物质浓度较高时均不能使用，这种环境下应使用隔绝式呼吸防护用品。

（1）过滤式呼吸器。过滤式呼吸器（图3-11）是依据过滤吸收原理，利用过滤材料过滤去除空气中的有毒、有害物质，将受污染空气转变为清洁空气供人员呼吸的一类呼吸防护用品。如防尘口罩、防毒口罩和过滤式防毒面具。

（2）隔绝式呼吸器。隔绝式呼吸器（图3-12）是依据隔绝原理，使人员呼吸器官、眼睛和面部与外界受污染空气隔绝，依靠自身携带的气源或靠导气管引入受污染环境以外的洁净空气为气源供气，保障人员正常呼吸的呼吸器官防护用品，也称为隔绝式防毒面具、生氧式防毒面具、长管呼吸器及潜水面具等。

图 3-11 过滤式呼吸器　　　　　　图 3-12 隔绝式呼吸器

2）按供气原理和供气方式分类

按供气原理和供气方式，分为自吸式、自给式和动力送风式三类。

（1）自吸式呼吸器。自吸式呼吸器（图 3-13）是指靠佩戴者自主呼吸克服部件阻力的呼吸防护用品，其优点是结构简单、质量轻、不需要动力消耗，缺点是由于吸气时防护用品与呼吸器官之间形成负压，气密性和安全性相对较差。

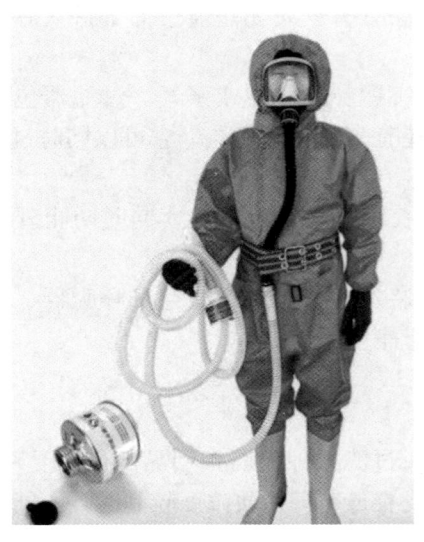

图 3-13 自吸式呼吸器　　　　　　图 3-14 自给式呼吸器

（2）自给式呼吸器。自给式呼吸器（图 3-14）是指以压缩气体钢瓶为气源供气，使人的呼吸器官、眼睛和面部完全与外界受污染空气隔离，依靠面具本身提供的氧气（空气）来满足人的呼吸需要的一类防护面具，由面罩、供气系统和背具组成。

自给式呼吸器用于有害物质浓度较高，有害物质种类不明，环境空气中氧气浓度较低，以及空气中含有大量一氧化碳等物质，过滤式防毒面具无法发挥作用的场合。优点是不论毒剂的种类、状态和浓度大小，均能有效地予以防护；缺点是质量重、体积大、结构复杂、价格昂贵，使用、维护、保管要求高。

（3）动力送风式呼吸器。动力送风式呼吸器（图3-15）是指依靠动力克服部件阻力、提供气源，保障人员正常呼吸的防护用品，如军用过滤送风面具、送风式长管呼吸器等。特点是以动力克服吸气阻力，人员在使用中的体力负荷小，适合作业强度较大、环境气压较低（如高原）及情况危急、人员心理紧张等环境和场合使用。

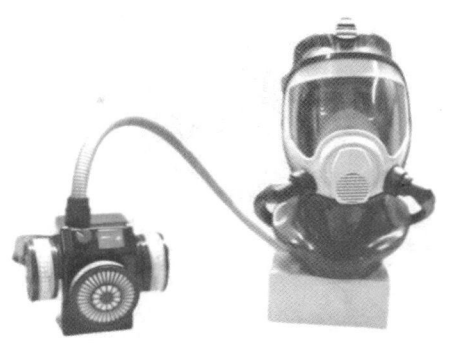

图3-15　动力送风式呼吸器

3）按防护部位及气源与呼吸器官的连接方式分类

按防护部位及气源与呼吸器官的连接方式，分为口罩式、面具式、口具式三类。

（1）口罩式呼吸防护用品。口罩式呼吸防护用品主要是指通过保护呼吸器官（口、鼻）来避免有毒、有害物质吸入对人体造成伤害的呼吸防护用品，包括平面式、半立体式和立体式多种，如普通医用口罩、防尘口罩、防毒口罩，如图3-16所示。

图3-16　口罩

图3-17　面具式呼吸防护用品

（2）面具式呼吸防护用品。面具式呼吸防护用品（图3-17）在保护呼吸器官的同时，也保护眼睛和面部，如各种过滤式和隔绝式防毒面具。

（3）口具式呼吸防护用品。口具式呼吸防护用品通常也称口部呼吸器，与前两者不同之处在于，佩戴这类呼吸防护用品时，鼻子要用鼻夹夹住，必须用口呼吸，外界受污染空气经过滤后直接进入口部。其特点是结构简单、体积小、质量轻、佩戴气密性好，但使用时无法发声、通话。可用于矿山自救、紧急逃生等情况和场合。

4）按人员吸气环境分类

按人员吸气环境，分为正压式和负压式两类。

（1）正压式呼吸器。正压式呼吸器（图3-18）是指使用时呼吸循环过程中面罩内压力均大于环境压力的呼吸防护用品，可避免外界受污染或缺氧空气漏入，防护安全性更高，当外界环境危险程度较高时，一般应优先选用。

图 3-18 正压式呼吸器   图 3-19 负压式呼吸器

（2）负压式呼吸器。负压式呼吸器（图 3-19）是指使用时呼吸循环过程中，面罩内压力在呼气、吸气阶段均小于环境压力的呼吸防护用品。

隔绝式和动力送风式呼吸防护用品多采用钢瓶或专用供气系统供气，一般为正压式；过滤式呼吸防护用品多靠自主呼吸，一般为负压式。

5）按气源携带方式分类

按气源携带方式，分为携气式和长管式两大类。

（1）携气式呼吸器。随身携带气源，如储气钢瓶、生氧装置，机动性较强，但身体负荷较大。

（2）长管式呼吸器。以移动供气系统为气源，通过长导气管输送气体供人员呼吸，不需自身携带气源，身体负荷小，但机动性受到一定程度的限制。

6）按呼出气体是否排放到外界分类

按呼出气体是否排放到外界，可分为闭路式和开路式两类。

（1）闭路式呼吸器。使用者呼出的气体不直接排放到外界，而是经净化和补氧后供循环呼吸，安全性更高，但结构复杂。

（2）开路式呼吸器。使用者呼出的气体直接排放到外界，结构较前者简单，但安全性及防护时间常会受到一定影响。

7）按用途分类

按用途，分为防尘、防毒和供气式三类。

4. 选用与使用注意事项

（1）根据有害环境的性质和危害程度，如是否缺氧、毒物存在形式（如蒸气、气体和溶胶）等，判定是否需要使用呼吸防护用品和应用选型。

（2）当缺氧（氧含量＜18%）、毒物种类未知、毒物浓度未知或过高（含量＞1%）或毒物不能用过滤式呼吸防护用品时，只能考虑使用隔绝式呼吸防护用品。

（3）在可以使用过滤式呼吸防护用品的情况下，当有害环境中污染物仅为非挥发性颗粒物质，且对眼睛、皮肤无刺激时，可考虑使用防尘口罩；如果颗粒物质为油性颗粒物质，则有害环境中污染物为蒸气和气体，同时含有颗粒物质（包括气溶胶）时，可选择防毒口罩或过滤式防毒面具；如果污染物浓度较高，则应选择过滤式防毒面具。

（4）选配呼吸防护用品时大小要合适，使用中佩戴要正确，以使其与使用者脸型相匹配和贴合，确保气密性，保障防护的安全性，达到理想的防护效果。

（5）佩戴口罩时，口罩要罩住鼻子、口和下巴，并注意将鼻梁上的金属条固定好，以防空气未经过滤而直接从鼻梁两侧漏入口罩内。另外，一次性口罩一般仅可以连续使用几个小时到一天，当口罩潮湿、损坏或沾染上污物时需要及时更换。

（6）选用过滤式防毒面具和防毒口罩时要特别注意，配备某种滤盒的防毒面具或口罩通常只对某种或某类蒸气或气体有过滤作用，如防汞蒸气滤盒、防氨气滤盒等，分别用不同的颜色标识，要根据工作或作业环境中有害蒸气或气体的种类选配。

（7）佩戴呼吸防护用品后应进行相应的气密检查，确定气密性良好后再进入含有毒有害物质的作业场所，以确保安全。

（8）在选用动力送风面具、氧气呼吸器、空气呼吸器、生氧呼吸器等结构较为复杂的面具时，为保证安全使用，佩戴前需要进行一定的专业训练。

（9）选择和使用呼吸防护用品时，一定要认真阅读相应的产品说明书，并对照熟悉，做到熟练运用。

3.3.2　过滤式呼吸防护器

3.3.2.1　防尘口罩

防尘口罩是一种个人防护装备，用于过滤吸入空气中的固体颗粒物，如尘埃、花粉、霉菌孢子、木屑等，保护用户的呼吸系统。

1. 应用场景

防尘口罩用于工业生产、医疗场所、科研实验、农业作业、日常生活等领域和场合，其适用的环境特点是，污染物为非挥发性的颗粒状物质，对于有毒、有害气体和蒸气无防护作用。

（1）工业生产：在面粉厂、纺织厂、金属加工厂、木材加工厂、建筑工地等粉尘较多的工业环境中，工人需要佩戴防尘口罩来保护呼吸系统。

（2）医疗场所：手术室、化验室、药房等医疗场所，医护人员为了防止吸入细菌、病毒、药物粉末等微小颗粒，主要用于呼吸道传染病的预防，如结核分枝杆菌、炭疽和流感等，需要佩戴医用防尘口罩。虽然微生物属于非油性的颗粒物，但在医院使用有其特殊要求。首先不允许有呼气阀设计，防止手术时医生呼气所带细菌污染手术创面；另外，外层材料必须能够抗一定压力液体的穿透，防止传染性液体对医护人员产生危害。

（3）科研实验：在实验室进行粉末状物质实验时，为了防止吸入有害颗粒，研究人员需要佩戴防尘口罩。

（4）农业作业：在处理面粉、谷物或者肥料等粉状物质时，农民也需要佩戴防尘口罩。

（5）日常生活：在沙尘暴、空气污染等恶劣天气条件下，普通市民也可以佩戴防尘口罩来保护自己的呼吸系统。

2. 分类

按其结构与工作原理，防尘口罩分为空气过滤式口罩和供气式口罩两大类。

1）空气过滤式口罩

空气过滤式口罩简称过滤式口罩，其工作原理是使含有害物质的空气通过口罩的滤料过滤净化后再被人吸入。空气过滤式口罩又分为半面型、全面型、电动送风型。

（1）半面型，即只把呼吸器官（口和鼻）盖住的口罩。在半面型口罩中又分为免保养型、低保养型和一般保养型。免保养型，以防尘为主，其主体与滤材是合二为一的，不可更换滤材；低保养型，主体没有可更换的部件，损坏时要更换整个面具，可节省人力与保养费用；一般保养型，即面具某些部件可更换，如有的作业现场会产生一些有害气体，最常见的是臭氧，另外有的作业环境存在气体异味，浓度虽没有达到有害健康的水平，但使人感觉不舒适，在这些场合，带活性炭层的防尘口罩就很适用。

（2）全面型，即口罩可把整个面部包括眼睛都盖住的。

（3）电动送风型，即通过电池和马达驱动，将含有有害物质的空气抽入滤材过滤后供人呼吸。

2）供气式口罩

供气式口罩是指将与有害物隔离的干净气源，通过动力作用如空压机、压缩气瓶装置等，经管及面罩送到人的面部供人呼吸的口罩。

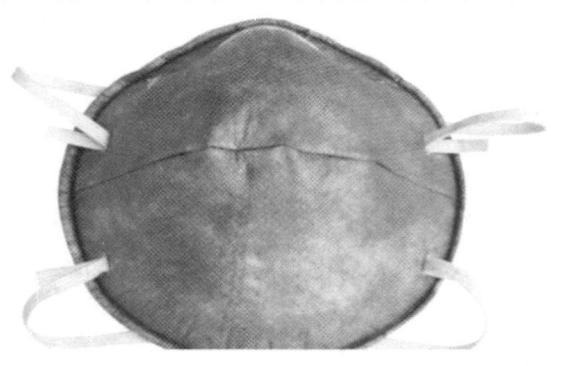

图 3-20　防尘口罩

3. 结构组成

防尘口罩（图 3-20）的结构分为两部分，一部分是面罩的主体架子；另一部分是滤材部分，主要是以纱布、无纺布、超细纤维材料等为核心过滤材料的过滤式呼吸防护器。

4. 工作原理

防尘口罩的主要防护对象是颗粒物，包括粉尘（机械破碎产生）、雾（液态的）、烟（燃烧等产生）和微生物，也称气溶胶。能够进入人体肺脏深部的颗粒非常微小，粒径通常在 7 μm 以下，称作呼吸性粉尘，对健康危害大。这些粉尘进入呼吸系统，能逃避人体自身的呼吸防御（如咳嗽、鼻毛、黏液等），而直接进入肺泡并且积聚于肺泡内，日久便会破坏换气功能，是导致各类尘肺病的元凶。因此，防尘口罩通过覆盖人体的口、鼻及下巴部分，形成一个和脸密封的空间，靠人吸气迫使污染空气经过过滤。粉尘颗粒越小，在空气中停留的时间越长，被人体吸入的可能性就越大。

5. 口罩的选择

防尘口罩需要针对不同的作业需求和工作条件进行选择。

1）口罩的阻尘效率

口罩阻尘效率的高低是以其对微细粉尘，尤其是对 5 μm 以下的呼吸性粉尘的阻隔效力为标准，应根据粉尘的浓度和毒性选择。根据《呼吸防护用品的选择、使用与维护》（GB/T 18664—2002），作为半面罩，所有防尘口罩都适合有害物浓度不超过 10 倍的职业接触限值的环境，否则就应使用全面罩或防护等级更高的呼吸器。如果颗粒物属于高毒物质、致癌物，或者有放射性，应选择过滤效率最高的过滤材料。如果颗粒物具有油性，务必选择适用的过滤材料。如果颗粒物为针状纤维，如矿渣棉、石棉、玻璃纤维等，由于防尘口罩不能水洗，沾上微小纤维的口罩在面部密封部位易造成脸部刺激，也不适合使用。对高温、高湿环境，选择带呼气阀的口罩会更舒适，选择可除臭氧的口罩用于焊接作业可提供附加防护。对不存在颗粒物，而仅存在某些异味的环境，选择带活性炭层的防尘口罩比戴防毒面具要轻便得多，如某些实验室环境。但由于国家标准未对这类口罩进行技术性能规范，选择时最好先试用，判断是否真正能够有效过滤异味。

2）口罩与人脸型适合性

适合性，即口罩与人脸形状的密合程度。没有一个万能的设计能适合所有人的脸型。防尘口罩的认证检测并不保证口罩适合每个具体的使用者，如果存在泄漏，空气中的污染物就会从泄漏处进入呼吸区。选择适合口罩的方法是使用适合性检验，利用人的味觉，用专用工具产生苦味或甜味的颗粒物，如果戴口罩后仍然能够感觉到味道，说明口罩存在泄漏。应定期进行口罩密合性测试，目的是保证选用合适大小的口罩并按正确步骤佩戴口罩。

3）佩戴舒适

佩戴舒适的要求包括呼吸阻力要小，质量要轻，佩戴卫生，保养方便。这样工作者才会乐意在工作场所坚持佩戴并提高其工作效率。

6. 佩戴方法

防尘口罩虽然结构简单，但使用并不简单。选择适用且适合的口罩只是防护的第一步，要想真正起到防护作用，必须正确佩戴，这不仅包括按照使用说明书佩戴，确保每次佩戴位置正确，还必须在接尘作业中坚持佩戴，及时发现口罩的失效迹象，及时更换。不同接尘环境粉尘浓度不同，每个人的使用时间不同，各种防尘口罩的容尘量不同，以及使用维护方法不同，都会影响口罩的使用寿命，因此没有办法统一规定具体的更换时间。当防尘口罩的任何部件出现破损、断裂和丢失（如鼻夹、鼻夹垫），以及明显感觉呼吸阻力增加时，应废弃整个口罩。

无论防毒还是防尘，任何过滤元件都不得用水洗，否则会破坏过滤元件。使用中若感觉不舒适，如头带过紧、阻力过高等，不允许擅自改变头带长度，或将鼻夹弄松等，应考虑选择更舒适的口罩或其他类型的呼吸器。好的呼吸器不仅能达到良好的防护效果，更应具有一定的舒适度和耐用性，表现为呼吸阻力增加比较慢、面罩轻、头带不容易松垮、面罩不易塌、鼻夹或头带固定牢固，选材没有异味和对皮肤没有刺激等。

其中，不含超细纤维材料的普通防尘口罩只有防护较大颗粒灰尘的作用，一般经清洗、消毒后可重复使用；含超细纤维材料的防尘口罩除可以防护较大颗粒灰尘外，还可以防护粒径更细微的各种有毒、有害气溶胶，防护能力和防护效果均优于普通防尘口罩，基于超细纤维材料本身的性质，该类口罩一般不可重复使用，多为一次性产品，或需定期更换滤棉。

7. 使用误区

最大的误区：把纱布口罩当防尘口罩使用。纱布口罩在职业防护技术落后的年代，确实被普遍用于防尘，但随着防护标准提升、检测技术及制造技术进步，人们已经清楚地认识到纱布的低效。2003 年 SARS 期间，由于受错误的导向，医护人员使用纱布口罩防护，导致大量医护人员因防护不当感染病毒，代价巨大，教训深刻。现在虽然从标准、法规方面对纱布口罩有定论，但是长期使用纱布口罩，却培养了诸多错误的防护理念，如更强调便宜、吸汗、能水洗和透气等"好处"，却不重视密合性、有效的过滤性等应有的防护效果。

另一个常见误区：和橡胶防尘半面罩相比，防尘口罩的防护效果低，密合性差，许多人感觉橡胶的材料更具有弹性，认为这更容易和自己的脸密合。其实影响密合效果的不只在于材料的弹性，更在于面罩的设计，面罩、头带选材确定的松紧度、易拉伸性，以及面罩质量和头带的匹配等，都影响着密合效果。

3.3.2.2　防毒口罩

1. 应用场景

防毒口罩是以超细纤维和活性纤维等吸附材料为核心过滤材料的过滤式呼吸防护用品，其中超细纤维用于滤除空气中的颗粒状物质，包括有毒有害气溶胶、活性炭等。与防尘口罩相比，防毒口罩既可以过滤空气中的大颗粒灰尘、气溶胶，也对有害气体具有一定的过滤作用。

2. 结构组成

防毒口罩包括面罩、过滤元件，常见的过滤元件包括活性炭过滤器、有机蒸气过滤器、酸性气体过滤器、颗粒过滤器、呼吸阀等。

3.3.2.3　过滤式防毒面具

1. 应用场景

过滤式防毒面具适用于化学工业、石油工业、军事、矿山、仓库、海港、科学研究机构等领域和场合。

2. 结构组成

过滤式防毒面具是以超细纤维和活性炭、活性纤维等吸附材料为核心过滤材料，包括滤毒罐、滤毒盒过滤元件两部分，面具与过滤部件直接相连的称为直接式防毒口罩，通过导气管连接的称为间接式防毒口罩。

从防护对象考虑，过滤式防毒面具与防毒口罩具有相近的防护功能，既能过滤大颗粒灰尘、气溶胶，又能过滤毒害气体。它们的差别在于过滤式防毒面具滤除有害气体、蒸气浓度范围更宽，防护时间更长，所以更加安全可靠。另外，从保护部位考虑，过滤式防毒面具除可以保护呼吸器官（口、鼻）外，还可以保护眼睛及面部皮肤免受有毒有害物质的直接伤害，且通常密合效果更好，具有更高和更安全的防护效能。

3.3.3 隔绝式呼吸防护器

1. 空气呼吸器

1）应用场景

空气呼吸器用于消防指战员以及相关人员在火灾、有害物质泄漏、烟雾、缺氧等恶劣作业现场进行火源侦察、灭火、救灾、抢险和救援，面向重工业、海运、民航、自来水厂和污水处理站、油气勘探与开发、化学制品等领域。

2）结构组成

空气呼吸器（图 3-21）又称储气式防毒面具，有时也称为消防面具。它以压缩气体钢瓶为气源，钢瓶中盛装气体为压缩空气。根据呼吸过程中面罩内的压力与外界环境压力的高低，可分为正压式和外压式两种。正压式在使用过程中面罩内始终保持正压，更安全，已基本取代了后者，应用广泛。

3）分类

空气呼吸器根据供气方式不同分为动力式和定量式。动力式是根据人员的呼吸需要供给所需的空气，定量式是在使用过程中按一定的供气速率向佩戴者供给所需的空气。

图 3-21 空气呼吸器

4）工作原理

压缩空气由高压气瓶经高压快速接头进入减压器，减压器将输入压力转为中压后经中压快速接头输入供气阀。当人员佩戴面罩后，吸气时在负压作用下供气阀将洁净空气以一定的流量送入人员肺部；当呼气时，供气阀停止供气，呼出气体经面罩上的呼气活门排出，形成一个完整的呼吸过程。

对于常见的正压式空气呼吸器，使用时，打开气瓶阀门，空气经减压器、供气阀、导气管进入面罩供人员呼吸；呼出的废气直接经呼气阀门排出。由于其不需要对呼出废气进行处理和循环使用，所以结构相对氧气呼吸器简单。随着技术进步，先进的空气呼吸器增加了许多安全功能。如果使用者在戴上呼吸器后忘记打开气瓶阀，呼吸器会自动以低压报警通知使用者。在使用末期，气压达到低限压力时，则进行报警，以警告使用者预期的使用时间快要结束。

2. 生氧呼吸器

生氧呼吸器又称生氧式防毒面具，是利用人员呼出气体中的二氧化碳和水蒸气与含有大量氧元素的生氧药剂反应生成氧气，使呼出气体经补氧和净化后，供人员使用的一种闭路循环式呼吸器。

1）应用场景

生氧呼吸器的适用场合主要有消防、矿山救护、气体泄漏事故处理等。

2）结构组成

图 3-22　生氧呼吸器

生氧呼吸器（图 3-22）主要包括生氧系统（含生氧罐、启动装置和应急装置）、降温系统（含冷却管、降温增湿器）、储气装置（含储气囊及排气阀）、保护外壳及背具等。其中，生氧系统中的生氧罐是面具的重要部件，内装超氧化钾、超氧化钠、过氧化钾或过氧化钠等生氧剂，这类碱性氧化物能够与二氧化碳反应生成氧气。由于生氧和脱除二氧化碳的化学反应放出热量，会导致通过气流的温度过高，因此需要有降温装置对气流进行降温以供人员呼吸。

3）工作原理

使用时，呼出气体经呼吸阀门、导气管进入生氧罐，呼出气体中的二氧化碳和水蒸气与生氧药剂反应生成氧气，经净化和补充氧的气流进入气囊供人员呼吸。

3.3.4　长管呼吸器

长管呼吸器即长管面具，又称供气式呼吸器，是一种使佩戴者的呼吸器官与周围染毒环境隔离，依靠佩戴者的呼吸力或借助机械力，通过吸气软管引入清洁空气的呼吸防护装备。

1. 应用场景

适用于长时间在缺氧，充满有毒有害气体、蒸气、气溶胶环境中进行的定岗作业或流动范围小的作业。它的突出特点是可以长时间甚至无限长时间供气。

2. 结构组成

（1）面罩，用户佩戴部分，覆盖口鼻，通常设计有密封边缘以防止外部空气中的有害物质进入。

（2）呼吸管道是一根长管，连接面罩和供气源，通常由多根软管组成，用于传输空气。

（3）长管呼吸器的供气源可能是压缩空气瓶、化学氧（供氧发生器）或其他气源。压缩空气瓶通常储存高压空气，而化学氧则通过化学反应产生氧气。

（4）减压阀，用于将供气源中的高压空气或氧气减压至适合用户呼吸的低压。

（5）流量计或呼吸同步装置，这些装置能够确保用户呼吸时供气源提供足够的空气，保持呼吸的同步。

（6）备用供气系统，在一些长管呼吸器中，可能还包括备用供气系统，如备用的压缩空气瓶或供氧发生器，以防止系统失效。

3. 分类

根据工作原理，长管呼吸器分为洁净空气输入式和压气式两种。洁净空气输入式又分为自吸式和送风式两种。压气式分为恒流供气式、按需供气式和复合供气式三种。根据供气设备不同，又可分为移动（推车）式、固定（泵、压缩机）式。

1）洁净空气输入式

（1）自吸式长管呼吸器。自吸式长管呼吸器由全面罩、固定带、吸气软管、空气入口（或过滤器）和支架（或警示板）等组成。它将导气管的进气口端远离有毒有害气体污染的环境，固定于新鲜无污染的场所，另一端则与全面罩相连，依靠佩戴者自身的呼吸力作为动力，将洁净的空气通过呼吸软管吸入面罩呼吸区内供人员呼吸，人员呼出的气体通过排气阀排入环境大气中。在空气的入口处应设置可防止有害物质进入的低阻力过滤器。它是一种负压式呼吸器，要求面罩和连接系统有良好的气密性，同时吸气软管的长度不宜超过 10 m，适用于毒物危害不太大的场所。它的缺点是吸气阻力大，其吸气阻力随着吸气软管长度的增加而增大；眼窗镜片极易被呼出的水汽模糊，造成视线不清，影响操作。

（2）送风式呼吸器。送风式呼吸器由面罩、固定带、流量调节器、吸气软管、过滤器和送风机等组成。根据动力来源可分为电动送风式和手动送风式两种。它的送风量可根据使用者的要求调节，呼吸阻力很小，可在面罩内形成微正压，防止有害气体漏入面罩内，佩戴舒适安全。在紧急情况下，无论送风机是否工作，都能够保证佩戴者的呼吸。电动送风式呼吸器的特点是使用时间不受限制，供气量较大，可以同时供 1~5 人使用，送风量依人数和吸气软管的长度而定。电动送风式呼吸器又分防爆型和非防爆型两种，非防爆型电动送风机不能用于有甲烷气体、液化石油气及其他可燃气体浓度接近或超过爆炸极限的场所。手动送风式呼吸器不需外接电源，其送风量与送风机的转速相关。

2）压气式

压气式呼吸器是由空气压缩机或高压空气瓶经压力调节装置，将高压降为中压后，再把气体通过吸气软管送到面罩内供佩戴者呼吸，富余气体和人员呼出的气体通过排气阀排入环境大气中。

（1）恒流供气式呼吸器。恒流供气式呼吸器由面罩、吸气软管、流量调节装置、腰带、过滤器、油水分离器和压缩气源等组成，是以压缩空气为气源，经过呼吸软管和流量调节装置连续不断地向佩戴者提供可呼吸的空气，适用于缺氧和不立即危害人体生命安全和健康的环境。使用这种呼吸器时，应对压缩空气进行净化处理，除去其中的油分和水分，保证气源清洁，不缺氧。

（2）按需供气式呼吸器。按需供气式呼吸器由面罩、供气阀、连接接头、固定带、吸气软管和压缩气源等组成。它的特点是采用供气阀，根据佩戴者的需要来调节供气量。根据供气阀类型，可分为正压式和负压式两种；根据气源类型，又可分为移动式和固定式两种。

（3）复合供气式呼吸器。复合供气式呼吸器有两路供气气源，一路通过吸气长管供气，另一路通过可随身携带的小型高压气瓶供气。它具有较高的使用可靠性，当长管气路由于某种原因发生供气事故时，可立即改由小型气瓶供气，确保使用者的生命安全。

3）移动式长管呼吸器

移动式长管呼吸器由数个高压气瓶并成一组使用，安装在可移动的推车上，通过较长的吸气软管供佩戴者使用。它适合在大范围的化学、生物污染环境中完成长时间、大工作量的复杂工作。其供气源一般由 2~6 个容积为 6~12 L、额定工作压力为 30 MPa 的复合气瓶、报警器、输气软管、压力表和手推车等组成，可供一人或多人使用。两人以上使用时，应在全部佩戴好呼吸器后一同进入，并注意保持距离和方向，防止相互牵拉供气管而出现意外。

4. 使用注意事项

1）选择

在选择长管呼吸器时，应综合考虑有害化学品的性质、作业场所污染物可能达到的最高浓度、作业场所的氧含量、使用者的脸型和环境条件等因素。选用结构较为复杂的长管呼吸器，为保证安全使用，佩戴前需要接受一定的专业训练。

2）导气管的连接与使用

使用长管呼吸器时，一是应注意空气质量和导气管的放置，防止导气管出现弯折甚至打死结现象，以避免供气不畅甚至中断，使佩戴者窒息，造成人员伤亡。采用波形导气管可以有效预防此种意外发生。二是应注意检查吸气管接头的连接牢固性，防止在使用时接头处因拖拽而脱落，导致人员中毒伤亡。三是应注意检查长管是否有破裂。

3）面罩

长管呼吸器使用的面罩包括密合型面罩、开放型面罩和送风头罩。密合型面罩应与人体的面部或头部密合良好，无明显压痛感。开放型面罩应能遮盖住眼、鼻和口，不影响头部、身体运动，气流入口处设分流装置，无呼气阀；面罩的眼窗应使用无色透明材料制作，透光率不小于 85%，视物清晰无畸变，应配有保护措施，固定系统应有足够的弹性和强度，零部件易互换。送风头罩应能遮盖头、眼、鼻、口至颈部（可与防护服连用），不影响头部、身体运动，气流入口处设有分流装置；设置呼气阀，为密合型。

3.3.5　面罩

1. 结构组成

面罩是防毒面具的重要组成部分，是使人员面部与外界染毒空气隔离的部件。面罩一般由罩体、阻水罩（导流罩）、眼窗、通话器、呼（吸）气阀门及头带组成，有的还根据需要设置有视力矫正镜片。

2. 分类

1）根据固定系统分类

根据固定系统不同，面罩可分为头盔式、头戴式、网罩式三种。

（1）头盔式面罩的主体与头顶部分连在一起，具有佩戴方便、稳定性和气密性好等特点，但缺点是对头面部的压力大，影响听力，且对人员面形的尺寸变异范围适应性差，满足全体人员面形所需要的面罩规格较多。

（2）头戴式面罩是用头带或头罩将面罩固定在人员面部，优点是对人员头形和尺寸的适应性强，面罩规格少，不影响听力；缺点是佩戴相对较复杂，增加了对密合框的压力。

（3）网罩式则综合了上述两种固定系统的优点。

2）根据眼镜数量和大小分类

根据眼镜数量和大小，可分为双目式、单目式和全脸式三种。

在面罩罩体的内侧周边有密合框，它是面罩与佩戴者面部贴合的部分或部件，由橡胶材料制成。在双目式和单目式面罩结构中，密合框与罩体主体是一个整体部件；在全脸式面罩结构中，密合框是一个独立的部件。密合框根据结构可分为单片型密合框、反折边型密合框、双反折边型密合框、气垫管型密合框、海绵塑料垫密合框、波纹状密合框等六种。

3. 防护原理

面罩的防护效果取决于面罩各个接口的气密性，如眼窗、通话器、过滤罐等部位接口的气密性，即平常所说的面罩装配气密性。面罩密合框与人员头面部的密合部位也是一个接口，这是面罩的最大接口，其气密性问题是面罩在使用时最重要的问题。

密合框的功能是将面罩内部空间与外部空间隔绝，防止有毒、有害气体漏入面罩内部空间，保障防毒面具的呼吸系统正常工作，确保防毒面具的防护性能。设计合理、性能优良的密合框能适应人头型的变化，使绝大多数人佩戴面具后既达到气密要求，又满足长期佩戴舒适性要求。

4. 佩戴方法

佩戴面罩时，使用者首先要根据自己的头型大小选择合适的面罩。将中、上头带调整到适当位置，并松开下头带，用两手分别抓住面罩两侧，屏住呼吸，闭上双眼，将面罩下巴部位罩住，双手同时向后上方用力撑开头带，由下而上戴上面罩并拉紧头带，使面罩与脸部贴合，然后深呼一口气，睁开眼睛。

检查面罩佩戴气密性的方法是：用双手掌心堵住呼吸阀进出气口，猛吸一口气，面罩紧贴面部，无漏气即可；否则应查找原因，调整佩戴位置直至气密。

佩戴时应注意不要让头带和头发压在面罩密合框内，也不能让面罩的头带爪弯向面罩内。另外，使用者在佩戴面罩之前应当将自己的胡须剃刮干净。

3.3.6　滤毒罐

1. 分类

滤毒罐根据装填方式不同，分为轴流式（层装式）和径流式（套装式）两种。轴流式滤毒罐内的吸附剂层是以床层方式装填的，截面不变，气体沿滤毒罐轴向流动。径流式滤毒罐内的吸附剂层是套装的，截面是变化的，气体沿滤毒罐直径方向流动。根据滤毒罐与面罩的连接方式不同，滤毒罐可分为直接式和导气管式两类。

（1）直接式滤毒罐一般为轴流式结构，直接与面罩相连，一般放置在面罩的嘴部正下方或左颊处，也有一些滤毒罐放置在面罩的右颊处，以便于左撇子佩戴者使用。还有一些面具左右颊均设有滤毒罐接口，可根据使用者的需要将滤毒罐放置在任意一处，未利用的接口可安装一副通话器；也可在左右两侧均装上滤毒罐而形成双罐型面具。

（2）导气管式滤毒罐一般为径流式结构，通过波纹状橡胶导气管与面罩相连，其体积、重量比轴流式的大，防毒性能也较轴流式的有所增强。

2. 结构组成

滤毒罐内的装填物由吸附剂层和过滤层两部分构成。其中，吸附剂层是过滤有毒蒸气的，过滤层是过滤有害气溶胶的。

3. 工作原理

1）吸附剂层防毒原理

有毒蒸气是工业毒物的基本状态之一，主要通过呼吸器官、眼睛和皮肤对人员造成伤害。不论何种工业毒物，也不论采用何种使用方法，有毒蒸气总是存在的。因此，防毒面具都必须有吸附有毒蒸气用的吸附剂层。防毒面具的吸附剂层，采用载有催化剂或化学吸着剂的活性炭。这种活性炭通常称为浸渍活性炭或浸渍炭，又称为防毒炭或催化炭。活性炭是浸渍炭的基础，浸渍炭的防毒性能在很大程度上取决于活性炭的性能与质量。在活性炭的过渡孔和大孔表面上，载有铜、银、铬或钼、锌等金属氧化物，这就是浸渍活性炭。这些金属氧化物的加入数量，对防毒性能影响较大。除添加这些金属氧化物外，为进一步提高防毒性能和稳定性，有的浸渍炭上还加有少量的碱（氢氧化钠）、氮苯、葡萄糖、三乙二胺之类的化学药剂。浸渍活性炭通过如下三种作用来达到防毒目的。

（1）物理吸附作用。所谓吸附，是指流体分子在固体表面增稠或凝聚的现象。物理吸附是由吸附质与吸附剂分子相互吸引发生的，被吸附分子保持着原来的化学性质，吸附热较低，无选择性，吸附和脱附速度较快，例如活性炭对沙林、芥子气、氯等毒剂蒸气的吸附。而借助物理吸附作用进行防护时，过滤罐失效以后还可以再生。

（2）化学吸附作用。化学吸附是由吸附质与吸附剂分子之间以类似化学链的力相吸引而发生的，吸附质与吸附剂形成表面化合物，吸附热较高，有选择性，通常不可逆。浸渍炭借助于添加金属氧化物来提高对难吸附毒剂的防毒能力。在浸渍炭吸附光气时，炭上的水分能与之发生水解反应。因此，当滤毒罐受潮后，对光气的防护能力会有所提高。由于化学吸附作用是在炭上发生化学变化，所以过滤罐吸收氰化氢之类的毒剂失效后，是不能用普通办法使之再生的。

（3）催化作用。催化作用是指对于某些难被物理吸附和化学吸附的有毒蒸气，采用催化剂使之发生催化反应，可以显著提高化学反应速度，例如铜和铬的氧化物与难以吸附的氯化氰、砷化氢等起水解反应。浸渍炭上发生的催化反应，主要是空气中的氧和水，在催化剂的作用下与毒剂发生反应。

催化剂在反应中只是提高了化学反应的速度，本身并未发生化学变化，且会逐渐被反应生成物所覆盖，而失去催化作用。因此，利用催化作用进行防毒，其防毒能力是有限的。同时，某种催化剂只能对一两种毒剂起催化作用，某一种化学吸附剂也只能吸附某一类毒剂，而物理吸附则具有广谱性（可在不同程度上吸附所有的毒剂）。浸渍活性炭就是依靠物理吸附、化学吸附和催化这三种作用，对毒剂进行可靠的防护。

2）过滤层的防毒原理

过滤层是专门用来过滤有害气溶胶的。生产过程中产生的毒烟（固体微粒）、毒雾（液体微粒）、放射性灰尘和含细菌、病毒的微粒等，称为有害气溶胶。过滤层对有害气溶胶的过滤过程与气溶胶微粒的化学性质关系不大，主要与其物理性质、运动特性有关。

（1）过滤层过滤气溶胶的过程。常用的玻璃纤维过滤层由许多层纵横交错的纤维网格组成，气溶胶微粒通过时，总有机会接触到纤维而被阻留。发生这种接触的诸多效应中，主要是截断效应、惯性效应、扩散效应和静电效应四种，其中起主要作用的是前三种效应。

（2）滤烟层有两种：完全的与非完全的。完全的滤烟层采用过滤材料除去空气中的粒子，过滤材料将大于孔隙的粒子挡在外面。然而，大部分面积的滤烟层是非完全滤烟层，这意味着它们含有比要除去的粒子直径大的孔隙，利用截留、沉降、惯性、扩散和静电效应的组合来去除粒子。真正发挥作用的组合过滤机理取决于粒子通过滤烟层的速率和粒子的尺寸，起主要作用的又是截留效应、惯性效应和扩散效应。

（3）过滤层的防毒性能。气溶胶和蒸气是两种不同的物态，其物理和运动特性也不尽相同，因此，过滤层过滤气溶胶和吸附剂层吸附毒剂蒸气，具有完全不同的特点。吸附剂层吸附毒剂时，一开始在吸附剂层的尾气流中没有毒剂分子透过，一段时间以后，尾气中开始有毒剂分子出现，毒剂浓度由小变大，逐渐增加，最终达到防护的阈值而穿透面具过滤罐。而气溶胶通过过滤层时，一开始就有烟雾透过，发生瞬时穿透，通常情况下穿透浓度基本不变，不随时间的延长而增大。

4. 选择

在使用防毒面具时，应根据生产环境中不同种类和性质的有毒蒸气、气体，有害气溶胶选择合适的滤毒罐。

3.3.7 紧急逃生呼吸器

1. 应用场景

紧急逃生呼吸器是专门为紧急情况下逃生设计的，包括专门的火灾逃生面具及可用于多种危急情况的隔绝式逃生呼吸器（图3-23）。

2. 结构组成

（1）火灾逃生面具属于过滤式呼吸防护用品，

图3-23　隔绝式逃生呼吸器

它除可过滤粉尘、气溶胶和一般有害气体蒸气外，还具有滤除一氧化碳的功能。

（2）隔绝式逃生呼吸器与火灾逃生面具相似，仅设计形式及防护时间存在一定差异。根据该类呼吸器的使用目的，为减少逃生人员在逃生过程中的体力消耗，增大其获救机会和可能，它主要有以下几个特点：轻便，便于携带、穿戴；有效使用时间一般为10～15 min，可确保提供足够的逃生时间；视觉效果明显，颜色鲜艳或带有可发光的荧光物质，便于被发现。

图3-24　阻尘鼻腔护洁液

3.3.8 阻尘鼻腔护洁液

1. 应用场景

在春季、秋季等花粉较多的季节，对于花粉过敏的人来说，使用阻尘鼻腔护洁液（图3-24）可以减少花粉对鼻腔的刺激和过敏反应。在空气污染严重的城市或地区，使用阻尘鼻腔护洁液可以减少吸入有害颗粒物，保护呼吸系统。

2. 结构组成

溶剂通常使用生理盐水或者其他温和的溶剂，用于溶解或悬浮配方中的其他成分。为了保持产品的卫生和防止微生物污染，通常会添加适量的抗菌剂或防腐剂。缓冲剂用于维持溶液的 pH 值，确保产品对鼻腔的温和性和适宜性。吸湿剂有助于产品吸收鼻腔中的水分，保持鼻腔的干燥环境，从而提高防尘效果。稳定剂和湿润剂用于增强产品的稳定性和湿润鼻腔，有些产品可能会添加甘油或其他湿润剂。某些产品可能会含有天然成分，如蜂蜜、薄荷油等，这些成分有助于缓解鼻腔不适和增加产品的舒适性。

3. 工作原理

阻尘鼻腔护洁液通过增湿、保湿作用，增加粉尘吸附力，能够阻留粉尘进入深部呼吸道，阻留可吸入性悬浮物颗粒进入肺部。

3.4   听觉器官防护装备

工作场所高噪声主要来自机械的转动、振动、气流等，如压缩机房、大型传动设备、高压气体泄漏，在这些高噪声场所进行应急处理操作时，需要佩戴保护人耳，使其避免噪声过度刺激的护耳器，切实避免对听力造成损伤。听觉器官防护用品，是指能够防止过量的声能侵入外耳道，使人耳避免噪声的过度刺激，减少听力损失，预防由噪声对人身引起的不良影响的个体防护用品，主要包括耳塞、耳罩、防噪声头盔和个性化护耳器等。

3.4.1   耳塞

耳塞是插入外耳道内，或置于外耳道口处的护耳器。

1. 分类

耳塞的种类，按其声衰减性能分为低、中、高频声均隔耳塞和只隔高频声耳塞两大类。

2. 结构材料

（1）结构设计应考虑到在佩戴时容易放进和取出，使用时不容易滑脱失落。

（2）造型应考虑到不能插入外耳道太深，与外耳道内壁应轻柔贴合密封。

（3）选用隔声性能好的材料，强度、硬度和弹性适当，容易清洗、消毒。

（4）塑料、橡胶材料的物理性能按国家标准进行试验，满足标准规定。

（5）在恶劣环境中使用不易产生永久性变形、老化和破裂。

3. 使用注意事项

（1）声衰减量，塑料和橡塑材料的耐热性、耐寒性、耐油性，橡胶材料的比重、扯断强度和扯断伸长率、硬度、耐热性、耐油性、老化系数等必须按相应的国家标准进行检验，满足要求。

（2）佩戴耳塞后无明显的痒、胀、疼痛和其他不舒适感，与皮肤接触时必须无刺激，佩戴者能够适应佩戴。

3.4.2 耳罩

耳罩是由压紧耳廓或围住耳廓四周而紧贴在头上遮住耳道的壳体所组成的一种护耳器。

1. 结构组成

1）头环

头环是用来连接两个耳罩壳体，具有一定夹紧力的佩戴器件。它需弹性适中，长短应能调节，佩戴时没有压痛或明显的不舒服感。

2）耳罩壳体

耳罩壳体是用来压紧每个耳廓或围住耳廓四周而遮住耳道的具有一定强度和声衰减作用的罩壳。它必须能在相互垂直的两个方向上转动。

3）耳垫

耳垫是覆在耳罩壳体边缘和人头接触的环状软垫。它必须是可更换的，接触皮肤部分应无刺激，且能经受消毒液的反复清洗。材料必须柔软，具有一定的弹性，以增加耳罩的密封性和舒适性。

2. 使用注意事项

耳罩声衰减量、耳罩插入损失值、左右两个耳罩壳体间的插入损失之差值、耳罩夹紧力、抗疲劳性能、抗跌落性能、耐潮性能、耐高温性能、耐低温性能、耐腐蚀性能等必须满足国家标准要求。

3.4.3 防噪声头盔

1. 应用场景

防噪声头盔（图3-25）是通过头盔壳体、内衬等的吸声、隔音达到降噪效果，主要用于车间、摩托车和骑行、射击和军事训练、航空和交通领域等。

2. 结构组成

（1）外壳是头盔的主体部分，通常由高强度材料（如聚碳酸酯、合金钢等）制成，用以保护头部免受外力伤害。在外壳上可能会有通风孔或其他设计来平衡通风和噪声隔离的需求。

（2）内衬直接接触头部，通常由柔软、舒适的材料（如泡沫、海绵等）制成，用以提供额外的舒适性和隔音效果。内衬可以拆卸，以便清洗和更换。

图3-25　防噪声头盔

（3）隔音材料是防噪声头盔中至关重要的部分，它通常包含在高密度的泡沫或隔音棉中，这些材料能够吸收声波，减少噪声传播。

3.4.4　个性化护耳器

随着科学技术的发展，新材料的出现，基于人性化与高效率的设计理念，现在国外发达国家已经生产出因人而异，甚至是"一对一"即完全根据某人的耳道生理结构及工作场所设计的个性化护耳器（图 3-26）。它能选择性地过滤高频有害噪声，减少噪声频率，使人在嘈杂的环境中顺畅交流，消除佩戴传统隔音设备造成的"孤立感"，适用于各种环境，可全天候、全过程佩戴。

现代个性化护耳器，主要类型为耳塞，也有精巧的耳罩，但是其造价高昂，一副高级个性化耳塞，其价格是普通耳塞的上百倍。但其经久耐用，最长可用十多年，这是普通耳塞所无法比拟的。

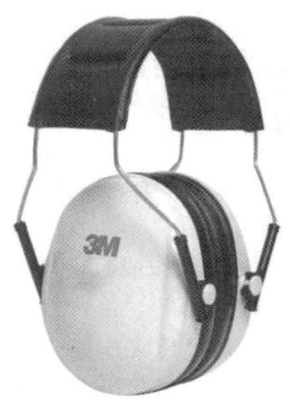

图 3-26　个性化护耳器

3.5　躯干防护装备

根据使用目的不同，用于躯干防护的防护服可以分为防静电工作服、阻燃防护服、消防防护服和化学防护服。

3.5.1　防静电工作服

1. 应用场景

为了避免在易燃易爆气体泄漏场所，因操作人员身体摩擦产生静电引发火灾爆炸，应急救援必须穿着用于避免产生静电火花的防静电工作服。

2. 结构组成

防静电工作服（图 3-27）是为了防止服装上的静电积聚，以防静电织物为面料，按规定的款式和结构而缝制的工作服，款式应采用"三紧式"上衣，下裤为直筒裤，衣裤（或帽、脚）连体式。防静电织物是在纺织时，采用混入导电纤维纺成的纱或嵌入导电丝织造形成的织物，也可以是经处理具有防静电性能的织物。导电纤维是全部或部分使用金属或有机物的导电材料或静电耗散材料制成的纤维。服装各部位缝制线路顺直、整齐、平稳、牢固。上下松紧适宜，无跳针、断线，起落针处应有回针。

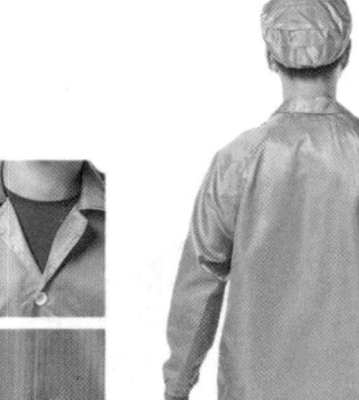

图 3-27　防静电工作服

3. 使用注意事项

（1）服装衬里应采用防静电织物，非防静电织物的衣袋、加固布面积应小于防静电服内面积的 20%，防寒服或特殊服装应做成内胆可拆卸式。禁止在防静电服上附加或佩戴任何金属物件。

（2）防静电服的带电电荷量、耐洗涤性能，须符合国家防静电服标准。

（3）外观要求无破损、斑点、污物以及其他影响穿用性能的缺陷。服装结构应便于穿脱并适应作业时的肢体活动。禁止在易燃易爆场所穿脱。

（4）防静电服须与防静电鞋配套穿用。

（5）在气体爆炸危险场所的 0 区、1 区且可燃物的最小点燃能量在 0.25 mJ 以下的区域应穿用防静电服。

爆炸危险场所的分级是按爆炸性物质出现的频度、持续时间和危险程度将爆炸危险场所划分为不同危险等级的区域。爆炸性气体、易燃或可燃液体的蒸气和薄雾与空气混合形成爆炸性气体混合物的场所，按其危险程度的大小分为三个区域等级。0 级区域，是指设备正常启动、停止、正常运行和维修情况下，爆炸性气体混合物连续地、短时间频繁出现或长时间存在的场所。1 级区域，是指在设备正常启动、停止、正常运行和维修情况下，爆炸性气体混合物可能出现的场所。2 级区域，是指在设备正常启动、停止、正常运行和维修情况下，爆炸性气体混合物不出现，仅在发生设备故障或误操作情况下有可能偶尔短时间出现的场所。

3.5.2　阻燃防护服

1. 应用场景

人体的皮肤对热是非常敏感的，在接触 44 ℃以上高温时出现烧伤，最先发生创痛形成 I 度烧伤，继而起泡，出现 II 度烧伤。在 55 ℃时，II 度及 III 度烧伤出现。在 72 ℃时，则完全烧焦。在有明火、散发火花、熔融金属附近和有易燃物质并有发火危险的场所操作，应穿用阻燃防护服，以减缓火焰蔓延，降低热转移速度，并使其炭化形成隔离层，以保护人员安全。

2. 结构组成

阻燃防护服（图 3-28）采用具有隔热、反射、吸收、碳化隔离等屏蔽作用的特殊面料，如尼龙、聚酯、聚酰亚胺等，其面料中阻燃纤维使燃烧速度大大减慢，在火源移开后自行熄灭，且燃烧部分迅速炭化而不产生熔融、滴落或穿洞。防护服的内部包含由纤维材料、碳化物、陶瓷颗粒等组成的隔热层和由金属化薄膜或反射性纤维制成的防护内衬。上身防火阻燃防护服有安全方便的内置口袋，在款式上一般为紧口式：紧袖口、领口、裤口。此外扣子、拉链、调节带、反光条或标识等附件也必须带有阻燃效果。

图 3-28　阻燃防护服

3. 使用注意事项

（1）阻燃防护服的阻燃性、外观质量、缝纫线、强度等应符合国家标准技术要求。扣、钩、拉链应便于连接和解脱，材质不应使用易熔、易燃、易变形的材料。金属部件不应与身体直接接触，如使用橡筋类材料，包覆材料必须阻燃。使用反光带等配料，配料必须是阻燃材料。

（2）棉衣袋必须带袋盖，裤子两侧口袋不得用斜插袋，避免活褶向上倒，以免飞溅熔融的金属、火花进入或积存。

（3）在适宜处可留有透气孔隙，以便排汗散湿并调节体温。但通风孔隙不得影响服装强度，孔隙结构不得使外界异物进入服装内部。

（4）各部位缝合平整，线路顺直、整齐、牢固，针迹均匀，上下线松紧要适宜，起止针处及袋口应回针系牢。所有外露接缝应全部包缝，裤后裆缝用双道线或链式线缝合。

（5）适应作业时肢体活动，便于穿脱，在作业中不易引起钩、挂、绞、碾等伤害。

3.5.3 消防防护服

1. 应用场景

消防防护服是灭火和抢险救援作业必需的基础性防护器材，应轻便、透气、防火，连续工作时间长，能够在恶劣气候条件下使用。

2. 结构组成

消防防护服根据其性能不同，分为普通防护服和特殊消防服两类。

1）普通防护服

消防员普通防护服（图3-29）是指消防员在进行灭火战斗时为保护自身而通常穿着的作业服。普通防护服为仿猎装式，由上装和下装组成。可以分为常规型防护服和防寒型防护服两种。常规型防护服应由阻燃抗湿外罩和可脱卸的抗渗水内层组成。防寒型防护服应由阻燃抗湿外罩和可脱卸的抗渗水内层、保暖层、内衬层组成。

2）特殊消防服

特殊消防服包括隔热服、防火隔热服等。高性能的避火隔热服，采用复合材料，分防火层、防水层、耐火隔热层、阻燃隔热层、舒适层，可抵御1000℃的火焰，并能够有效防护高温水蒸气的喷溅，具有强度高、阻燃、耐高温、抗热辐射、防水、耐磨、耐折、对人体无害等优点，能有效保障消防队员、高温场所作业人员接近热源而不被酷热、火焰、蒸汽灼伤，适合近火源使用，可短时间穿越火区进行灭火战斗和抢险救援，但不适合进入或穿越火源。它一般外覆铝质保护层，服装前部拉链带有保护翻边和按扣，头罩可分离，头部为镀金玻璃面窗，内置安全头盔，带呼吸器背囊，可以配合自给正压式呼吸器使用，如图3-30所示。

3. 使用注意事项

（1）按常规穿着上衣和下裤。消防靴应穿在裤筒内，然后扣上裤筒口上的搭扣，防止水及熔融物质灌入靴内。

（2）隔热服具有隔热和阻燃功能，但不能着装进入火焰区内或过分靠近集中热源点，避免直接与火焰和熔化的金属接触，以防损坏服装，伤害人体。

（3）清除服装脏污可用潮湿的毛巾揩擦，也可使用中性洗涤液用软质毛刷刷洗，用清水冲洗干净后晾干。不得将服装长时间浸泡在水中或强烈搓洗，以防镀铝膜起层、脱落。

（4）消防隔热服应存放在通风干燥处，定期暴晒，以防发霉腐烂。

图 3-29 普通防护服   图 3-30 隔热特殊消防服

（5）特殊消防服由于结构层数多、材料用量大、气密性强，因此比较笨重，一般在 10~15 kg，若使用不当，容易发生窒息危险，因此要经常练习，熟练使用。同时，由于用料特殊，工艺复杂，制作要求高，因此价格昂贵，一般每套价值数万元，因此必须正确使用，避免误用窒息及使用不当发生损坏。

3.5.4 化学防护服

国际上，将可以防护化学类有毒有害物质的防护服统称为化学防护服，根据使用环境不同，分为防酸碱工作服、抗油拒水防护服等。

3.5.4.1 防酸碱工作服

1. 应用场景

在从事生产、搬运、倾倒、调制酸碱，修理或清洗化学装置等职业活动中，如工作场所酸碱容器、管道发生故障或破裂，均有可能引起操作者因强酸、强碱、磷和氢氟酸等化学物质所致的烧伤。穿着适当的化学防护服，能够有效地阻隔无机酸、碱、溶剂等化学物质，使之不能与皮肤接触。就化工厂而言，虽然化工原料一般是在管道和反应罐中封闭运行，但仍应为接触化学物质的可能性较大的人员如加料工、维修工等配备适当的防护服，一旦操作失误或发生泄漏，可以最大限度地保护操作人员的人身安全。

2. 结构组成

防酸碱工作服（图 3-31）各部分的结合部位应严密、合理，防止酸碱侵入，防护服的结构应考虑与其他防护装备的搭配使用，如上衣袖子与防护手套、裤子与防护鞋（靴）之间的结合部位应严密、合理。服装上应无可积存酸碱的外衣袋等结构，但可以有内衣袋。附件应便于连接和脱开，材质应耐腐蚀。服装应便于穿脱并利于作业时的肢体活动。连体式防护服应"领口紧、袖口紧和裤脚紧"。

图 3-31 防酸碱工作服

（1）面料：防酸碱工作服最外层的保护层，需要选用耐酸碱材料，如聚酯纤维、尼龙或其他特殊耐腐蚀材料，可以有效阻挡酸碱液体的侵害。

（2）隔离层：在面料与人体之间可能还会有一层隔离材料，通常是柔软的，具有一定吸湿性，可以减少腐蚀性物质与皮肤的直接接触，如聚乙烯或其他特殊的吸湿性材料。

（3）接缝：工作服的所有接缝都应密封处理，确保不会有酸碱液体通过接缝渗透到内部。

（4）辅料：如拉链、扣子等附件，也应是耐酸碱的，不会在与酸碱接触时溶解或损坏。

（5）防护配件：配帽子、手套、围裙等配件，以提供全身的保护。

（6）耐穿刺材料：在某些工作环境中，还需要耐穿刺的材料来防止尖锐物品的伤害。

3. 使用注意事项

（1）平时穿着时，各处钩、扣应扣严实，帽、上衣、裤子、手套、鞋靴等结合部位密闭严实，防止酸碱液渗入。

（2）穿用中应避免接触锐器，以防受到机械损伤。

（3）服装应尽可能轻便并易于活动、穿脱。

3.5.4.2 抗油拒水防护服

抗油拒水防护服是指经过整理，使防护服织物纤维表面能排斥、疏远油、水类液体介质，从而达到既不妨碍透气舒适，又能有效抗拒此类液体对内衣和人体侵蚀的效果。抗油拒水防护服分为冬季款和夏季款两类。

3.6 足部防护装备

足部防护装备有防护鞋（靴）、防护鞋罩、护腿等用品。

图 3-32 安全鞋

3.6.1 防护鞋（靴）

按照国际标准，防护鞋（靴）分三大类：安全鞋、防护鞋和职业鞋。

1. 安全鞋

安全鞋（图 3-32）具有保护功能，用于保护穿着者免受意外事故引起的伤害，装有保护包头，能提供至少 200 J 能量测试时的抗冲击保护和至少 15 kN 压力测试时的耐压力保护。

2. 防护鞋

防护鞋具有保护功能，用于保护穿着者免受意外事故引起的伤害，装有保护包头，能提供至少 100 J 能量测试时的抗冲击保护和至少 10 kN 压力测试时的耐压力保护。根据防护鞋的个性化要求和实际需要，分类如下。

（1）防酸碱鞋（靴）（图3-33）：也叫耐酸碱鞋（靴），具有防酸碱性能，适合脚部接触酸碱等腐蚀液体的作业人员穿用。

图3-33 防酸碱鞋（靴）　　　　　　　　图3-34 防油鞋（靴）

（2）防油鞋（靴）（图3-34）：也叫耐油鞋（靴），具有防油性能，适合脚部接触油类的作业人员穿用。

（3）防砸鞋（图3-35）：能防御冲击挤压损伤脚骨的防护鞋。有皮安全鞋和胶面防砸鞋等品种。

图3-35 防砸鞋　　　　　　　　　图3-36 防刺穿鞋

（4）防刺穿鞋（图3-36）：防御尖锐物刺穿的防护鞋。

（5）防振鞋（图3-37）：具有衰减振动性能的防护鞋。

（6）电绝缘鞋（图3-38）：通过阻断经由脚穿过身体的危险电流的通路，保护穿着者免受电击的鞋。

（7）防静电鞋（图3-39）：按照《个体防护装备　鞋的测试方法》（GB/T 20991—2007）规定测量，电阻值大于或等于100 kΩ和小于或等于1000 kΩ的鞋。

（8）导电鞋（图3-40）：按照《个体防护装备　鞋的测试方法》（GB/T 20991—2007）规定测量，电阻值小于100 kΩ的鞋。

图 3-37　防振鞋

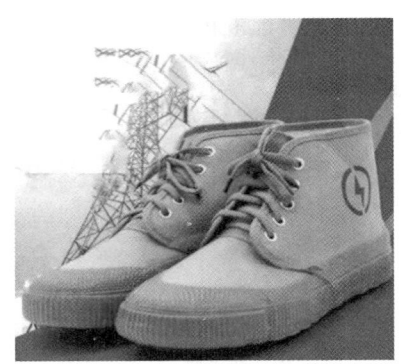

图 3-38　电绝缘鞋

图 3-39　防静电鞋

图 3-40　导电鞋

（9）防热阻燃鞋（图 3-41）：防御高温、熔融金属火花和明火等伤害的防护鞋。

（10）电热靴（图 3-42）：利用电能取暖的鞋。

图 3-41　防热阻燃鞋

图 3-42　电热靴

3. 职业鞋

职业鞋是具有保护功能，未装有保护包头的鞋，用于保护穿着者免受意外事故引起的伤害。具体可细分为导电鞋、防静电鞋、电绝缘鞋、抗刺穿鞋等。

3.6.2 防护鞋罩

防护鞋罩（图3-43）是具有防热阻燃或冲击吸收或防酸碱等防护性能的罩鞋用品。

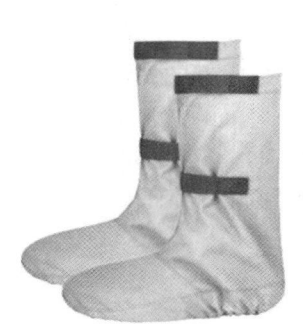

图3-43 防护鞋罩

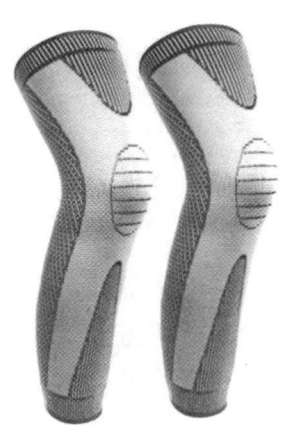

图3-44 护腿

3.6.3 护腿

护腿（图3-44）是指能防御腿部遭受打击的用品。

3.7 手部防护装备

手部防护装备是用于保护手部免受伤害的各种装备和用具的总称，主要指各种材质的防护手套。

1. 应用场景

1）避免外伤性创伤

外伤性创伤是由于机械原因造成的对骨骼、肌肉或组织结构的伤害，如严重的断指、骨裂或轻微的皮肉灼伤等。如使用带尖锐部件的工具，操纵某些带刀、尖等的大型机械或仪器，会造成手的割伤等；处理、使用钉子、起子、凿子、钢丝等会刺伤手；手被卷进机械中会扭伤、轧伤甚至轧掉手指等。

2）避免接触性皮炎

接触性皮炎主要是对手部皮肤的伤害。轻者造成皮肤干燥、起皮、刺痒，重者出现红肿、水疱、疱疹、结疤等。造成这类伤害的原因是长期接触酸、碱的水溶液、洗涤剂、消毒剂等，或接触毒性较强的化学、生物物质，遭受电击、低温冻伤、高温烫伤、火焰烧伤等。

3）避免手臂抖动、白指症

长期操纵手持振动工具，如油锯、凿岩机、电锤、风镐等，会造成此类伤害。手随工具长时间振动，还会对血液循环系统造成伤害，引发白指症。特别是在湿、冷的环境下这种情况很容易发生。由于血液循环不好，手变得苍白、麻木等。如果伤害到感觉神经，手对温度的敏感度就会降低，触觉失灵，甚至会造成永久性麻木。

2. 结构组成

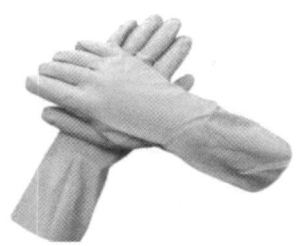

图3-45　防护手套

防护手套（图3-45）是指用来保护手或手的一部分使其免受伤害的个体防护装备，可以扩展到覆盖前臂的部分。

（1）袖筒：覆盖手臂的手套筒状部分。

（2）指叉：手套的手指与手指间的连接部分。

（3）筒口：手套袖筒最上部的开口处。

（4）袖卷边：手套筒口处的加强边。

（5）腕部：手套袖筒的最狭窄部分。

（6）手套掌部：手套覆盖手掌的部分。

（7）手套背部：手套覆盖手背的部分。

（8）手指：手套的指部。

（9）指套：保护单个手指的护套。

3. 选择

针对工作环境中存在的各种危害因素，可以选择不同种类的手套，如针对化学物质的防化手套，针对电危害的绝缘手套，针对高、低温作业的高、低温手套，针对切割作业的抗割手套，针对振动作业的抗振手套等。还有带电作业用绝缘手套、耐酸（碱）手套、焊工手套、橡胶耐油手套、防X射线手套、防水手套、防毒手套、防机械伤手套、防静电手套、防寒手套、防热辐射手套、耐火阻燃手套、电热手套、防微波手套、防切割手套等种类。手套的材质决定了手套的防护性能，是手套选择的依据。

4. 使用注意事项

（1）手套尺寸要适当，如果手套太紧，则会限制血液流通，容易造成疲劳，并且不舒适；如果太松，则使用不灵活，而且容易脱落。

（2）所选用的手套要具有足够的防护作用，例如该选用钢丝抗割手套的环境，就不能选用合成纱的抗割手套。要保证其防护功能，就必须定期更换手套。如果超过使用期限，则有可能使手或皮肤受到伤害。

（3）随时对手套进行检查，检查有无小孔或破损、磨蚀的地方，尤其是指缝。对于防化手套可以使用充气法进行检查。

（4）注意手套的使用场合，如果一副手套用在不同的场所，可能会大大降低手套的使用寿命。

（5）使用中要注意安全，不要将污染的手套任意丢放，避免对他人造成伤害。暂时不用的手套要放在安全的地方。

（6）摘取手套时一定要注意正确的方法，防止将手套上沾染的有害物质接触到皮肤和衣服上，造成二次污染。

（7）戴手套前要洗净双手，手套要戴在干净（无菌）的手上，否则容易滋生细菌。摘掉手套后要洗净双手，并擦点护手霜以补充油脂。

（8）戴手套前要罩住伤口，皮肤是抵御外界环境伤害的天然屏障，可以阻止细菌和化学物质进入。

3.8 皮肤防护用品

皮肤防护用品是指防御物理、化学、生物等有害因素损伤劳动者皮肤或经皮肤引起疾病的用品，最为常见的是劳动护肤剂，可以分为六类：防水型、防油型、遮光型、洁肤型、驱避型、其他用途型。

防水型护肤剂：能在皮肤上形成疏水性薄膜，以遮盖毛孔，防止水溶性物质损害的护肤剂。有潮湿作业用的护肤膏（霜）、防酸护肤膏（霜）等品种。

防油型护肤剂：涂抹在皮肤上，能形成耐油性薄膜的护肤剂。有漆类作业护肤膏（霜）、防矿物油护肤膏（霜）等品种。

遮光型护肤剂：涂抹在皮肤上，具有防御紫外线辐射的护肤剂。有沥青作业护肤剂、防强光护肤剂、防晒霜等品种。

洁肤型护肤剂：消除皮肤上的油、尘、毒等沾污所用的护肤剂。

驱避型护肤剂：涂抹在皮肤上，能驱避蚊、蠓、蚋等刺叮骚扰性卫生害虫的护肤剂。

粉尘洗涤剂：去除炭黑、金属粉尘等沾污用的洗涤剂。

硝基苯类洗涤剂：去除硝基苯类物质沾污用的洗涤剂。

肼类洗涤剂：去除肼类物质沾污用的洗涤剂。

3.8.1 防护膏

防护膏（图 3-46）是最主要的护肤剂，主要由基质和充填剂两部分组成。基质为膏的基本成分，一般为流质、半流质或脂状物质，其作用是提升延展性，即对皮肤的附着性，从而能隔绝有害物质的侵入。充填剂则决定了防护膏的防护效能，具有针对性。

图 3-46 防护膏

采用不同的充填剂而获得的防护膏种类很多，常见的有以下几种。

1. 亲水性防护膏

亲水性防护膏是由硬脂酸、碳酸钠、甘油、香料和水以适当比例配合而成。这种防护膏含油分较少，长时间不盖紧存放，会因水分蒸发而变硬固化，应予注意，它对防御机械油、矿物油、石蜡痤疮等有一定效果。

2. 疏水性防护膏

疏水性防护膏含油脂较多，会在皮肤表面形成疏水性膜，堵塞皮肤毛孔，能防止水溶性物质的直接刺激。膏的成分常用凡士林羊毛脂、篦子油、鲸蜡、蜂蜡为基质；用氧化镁、碱式硝酸铋、氧化锌、硬脂酸镁等为充填剂。它能预防酸、碱、盐类溶液刺激皮肤所引起的皮炎，但因有一定黏着性，不宜在有尘毒的作业环境中使用。

3. 遮光护肤膏

有些物质黏附在皮肤上时，在经光线照射后会引起皮肤发痒和刺痛，经光线照射后助长对皮肤刺激反应的化学物质叫光敏性物质，如沥青、焦油等。遮光护肤膏不仅要防止光敏物质附着于皮肤上，还应有遮断光线的作用。遮断光线的物质有氧化锌、二氧化钛等，主要是利用这些物质为白色能反射光的原理；另一类物质是对光有吸收作用，如盐酸奎宁、柳酸苯酯、阿地平等。前者的遮光效果较好，只是用料较多，防护膏呈白色，涂抹在皮肤上呈现一层白粉，有碍雅观。需要注意的是，遮光防护膏的基质不宜采用凡士林、植物油或其他能溶解光敏物质的油脂，避免皮肤对毒物吸收引起不良反应。

4. 滋润性防护膏

滋润性防护膏加入蜂王浆、珍珠粉等物质，以增加滋润皮肤的功效。对预防和治疗酸碱、水、各种溶剂引起的皲裂和粗糙均有较好的效果。

5. 皮肤干洗膏

皮肤干洗膏是在无水情况下除去皮肤上油污的膏体，适用于汽车司机在途中检修排除故障、在野外勘探等环境。

3.8.2 清洗液

皮肤清洗液（图3-47）主要是用硅酸钠、烷基酸聚氧化烯醚、甘油、氯化钠、香精等原料，以适量比例配合而成的清洗液，对各种油污和尘垢有较好的除污作用，对皮肤无毒、无刺激且能滋润皮肤，防糙裂除异味。它适用于汽车修理、机械维修、机床加工、钳工装配、煤矿采挖、石油开采、原油提炼、印刷油印、设备清洗等行业。

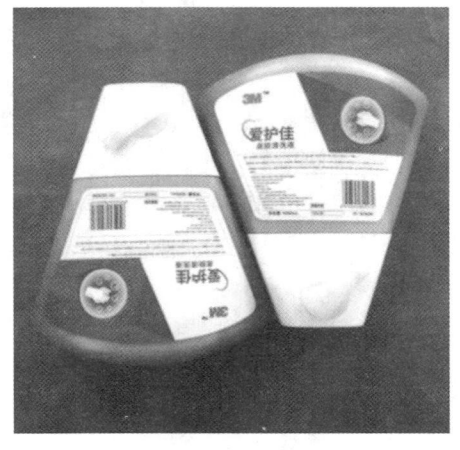

图3-47 皮肤清洗液

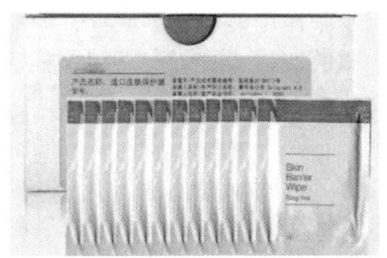

图3-48 皮肤防护膜

3.8.3 防护膜

皮肤防护膜（图3-48）又称隐形皮肤，附着在皮肤表面，阻止有害物对皮肤的刺激和吸收作用。

3.9　防坠落装备

在高处作业时，可能发生高处坠落事故，并造成人员伤亡。使用安全带、安全网等防坠落用品能有效避免或减轻坠落伤害。因此，在高处作业时，必须采取严密的防坠落措施，配备防止劳动者坠落伤亡的防坠落护品，从根本上防止坠落事故发生。

3.9.1　安全带

1. 应用场景

安全带是防止高处作业人员发生坠落或发生坠落后，将作业人员安全悬挂的个体防护装备；是适合高处作业者佩戴，靠安全绳等附件固定，能防止坠落伤亡的带制护品。背带式安全带如图 3-49 所示。

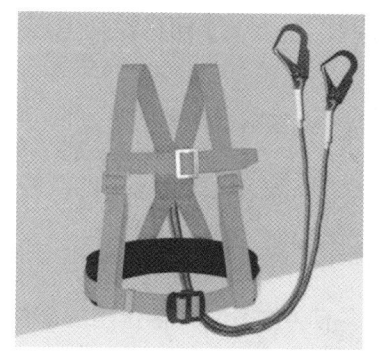

图 3-49　背带式安全带

图 3-50　围杆作业安全带

2. 分类

按作业类别又可分为围杆作业安全带、区域限制安全带、坠落悬挂安全带。

（1）围杆作业安全带（图 3-50）：通过围绕在固定构造物上的绳或带将人体绑定在固定构造物附近，使作业人员的双手可以进行其他操作的安全带。用皮革、帆布或化纤材料制成，不允许使用一般绳带代替。有两根带子，小的系在腰部偏下作束紧用，大的系在电杆或其他牢固的构件上起防止坠落的作用。

（2）区域限制安全带（图 3-51）：用以限制作业人员的活动范围，避免使其达到可能发生坠落区域的安全带。

（3）坠落悬挂安全带（图 3-52）：高处作业或登高作业人员发生坠落时，将作业人员安全悬挂的安全带。

3. 结构组成

安全带由安全绳、系带、缓冲器、速差自控器等组成。

（1）安全绳：在安全带中连接系带与挂点的绳（带、钢丝绳），一般起扩大或限制佩戴者活动范围、吸收冲击能量的作用。

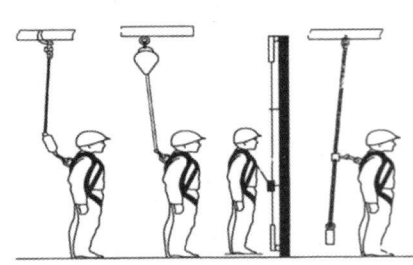

图 3-51   区域限制安全带

图 3-52   坠落悬挂安全带

（2）缓冲器：串联在系带和挂点之间，当发生坠落时，吸收部分冲击能量、降低冲击力的部件。

（3）速差自控器（收放式防坠器）：安装在挂点上，装有可伸缩长度的绳（带、钢丝绳），串联在系带和挂点之间，在坠落发生时因速度变化引起制动作用的部件。与汽车安全带原理类似。

（4）自锁器（导向式防坠器）：附着在导轨上、由坠落动作引起制动作用的部件。

（5）系带：坠落时支撑和控制人体、分散冲击力，避免人体受到伤害的部件。其中直接承受冲击力的带是主带，不直接承受冲击力的带是辅带。

（6）攀登挂钩：作业人员登高途中使用的一种起保护作用的挂钩。

4. 使用注意事项

（1）安全带应高挂低用，注意防止摆动碰撞。

（2）不准将绳打结使用，也不准将钩直接挂在安全绳上使用，应挂在连接环上使用。

（3）安全带上的各种部件不得任意拆掉。更换新绳时要注意加绳套。

（4）使用频繁的绳，要经常做外观检查，发现异常时，应立即更换新绳。使用期一般为 3~5 年，发现异常应提前报废。

（5）禁止将安全绳用作悬吊绳。悬吊绳与安全绳禁止共用连接器。所有绳在构造上和使用过程中不应打结。

3.9.2   安全网

安全网（图 3-53）是用来避免、减轻劳动者坠落和物体打击伤害的网状护品。

它主要有两类，一是平网，二是立网。根据安全网所用材料，又可分为普通安全网、阻燃安全网、密目安全网、拦网、防坠网。所用材质，平（立）网可采用锦纶、维纶、涤纶或其他材料制成。

3.9.3 安全绳

安全绳（图 3-54）是单独使用或与安全带等配用、防止劳动者坠落的系绳。

图 3-53 安全网

图 3-54 安全绳

3.9.4 脚扣

脚扣（图 3-55）是电工、电信工等使用的套在鞋外，能扣住围杆，支持登高，并能辅助围杆作业安全带防止坠落的护品。脚扣主要部分用钢材制成。木杆用脚扣的半圆环和根部均有凸起的小齿，以刺入木杆起防滑作用。水泥杆用脚扣的半圆环和根部装有橡胶套或橡胶垫起防滑作用。脚扣有大小号之分，以应电杆粗细不同之需要。

3.9.5 登高板

登高板（图 3-56）是电工、电信工使用的由系绳、固定挂钩和脚踏板构成的支持登高并能辅助围杆作业安全带防止坠落的护品，主要由坚硬的木板和结实的绳子组成。

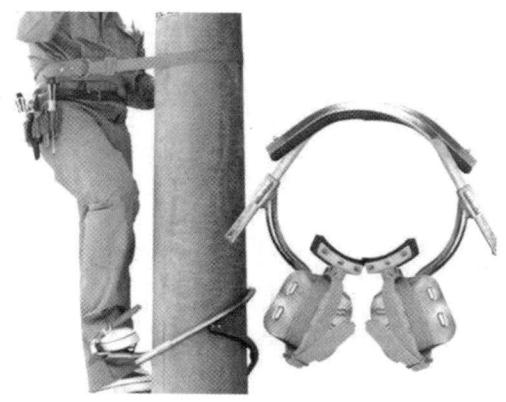

图 3-55 脚扣

图 3-56 登高板

【本章重点】

1. 个体防护装备的概念和分类。

2. 头部防护装备、眼面部防护装备、呼吸器官防护装备、听觉器官防护装备、躯干防护装备、足部防护装备、手部防护装备、皮肤防护用品、防坠落装备的分类、应用场景、结构组成与工作原理。

【本章习题】

1. 什么是个体防护装备？请说出个体防护装备的概念和种类。

2. 什么是头部防护装备？请说出头部防护装备的分类、应用场景、结构组成与工作原理。

3. 什么是眼面部防护装备？请说出眼面部防护装备的分类、应用场景、结构组成与工作原理。

4. 什么是呼吸器官防护装备？请说出呼吸器官防护装备的分类、应用场景、结构组成与工作原理。

5. 什么是听觉器官防护装备？请说出听觉器官防护装备的分类、应用场景、结构组成与工作原理。

6. 什么是躯干防护装备？请说出躯干防护装备的分类、应用场景、结构组成与工作原理。

7. 什么是足部防护装备？请说出足部防护装备的分类、应用场景、结构组成与工作原理。

8. 什么是手部防护装备？请说出手部防护装备的分类、应用场景、结构组成与工作原理。

9. 什么是皮肤防护用品？请说出皮肤防护用品的分类、应用场景、结构组成与工作原理。

10. 什么是防坠落装备？请说出防坠落装备的分类、应用场景、结构组成与工作原理。

4 通信与信息处理装备

　　快速、有效的通信是事故应急救援的重要保障。许多工业生产如石油化工、矿山开采往往是在气候条件恶劣、地理条件复杂的大漠、戈壁、山区、河湖等野外场所进行，涉及偏远无人的公路、繁华拥挤的城市街道。无论是在城区，还是在野外，出现险情，或者发生事故之后，及时进行通信报告与救援指挥，对于应急救援的及时性、准确性、高效性，都具有重要的保障作用。

　　根据国家安全生产应急平台体系的建设规划，应急通信以有线通信系统作为值守应急的基本通信手段，配备专用保密通信设备，以及电话调度、多路传真和数字录音等系统，确保国家安全生产应急救援指挥中心与各地区、各部门的安全生产应急管理与协调指挥机构之间联络畅通。利用卫星、蜂窝移动或集群等多种通信手段，实现事故现场与国家安全生产应急救援指挥中心，各省、市，各有关部门和中央企业应急平台间的视频、语音和数据等信息传输。各省、市，各有关部门和中央企业的应急救援指挥机构要建立固定卫星站，配备车载式卫星小站的应急救援通信指挥车，便携式移动卫星小站以及相应的配套设施，建立移动应急平台，装备便携式信息采集和现场监测等设备，满足卫星通信、无线微波摄像、无线数据、IP 电话以及视频会议等功能要求，在现场实现各种通信系统之间互联网的基础上，保证救援现场与异地应急平台间能够进行数据、语音、IP 电话和视频的实时、双向通信，最终确保现场应急指挥和处置决策。

4.1 通 信 装 备

　　通信装备包括有线通信装备、无线通信装备两大类。

4.1.1 有线通信装备

　　有线通信装备主要包括普通固定电话机、专用防爆电话机、有线视频对讲机、专用保密通信装备。

　　1. 普通固定电话机

　　普通固定电话机如图 4-1 所示。

　　2. 专用防爆电话机

　　1）应用场景

　　在石油化工企业等易燃易爆场所，因为存在易燃易爆气体、

图 4-1　普通固定电话机

液体泄漏的可能性，如果电话不防爆，就可能成为火灾爆炸事故的促发剂，因此必须使用专用防爆电话机。

2）结构组成

外壳通常采用不锈钢或其他特殊材料制成，具有良好的抗冲击、抗摩擦和抗腐蚀性能，设计要能保护内部电子元件不受外部环境的影响。通常配备特殊设计的电池，应当符合防爆要求，能够在极端环境下安全运行。线路包括电路板和连接线，都是采用符合防爆标准的材料制成，以防止产生火花或高温导致爆炸。显示屏用于显示通话信息、电池电量、信号强度等，其材料和设计需要符合防爆要求。

3. 有线视频对讲机

1）应用场景

有线视频对讲机因其稳定性和安全性，在许多需要可靠通信的场合都发挥着重要作用，它通常不受外界电磁干扰，传输距离固定，适合相对固定或短距离通信需求。譬如，在银行、小区、证券交易所等场所，有线视频对讲机可以用于安全监控中心与现场人员之间的通信，以确保安全运营。在火灾、地震等紧急救援行动中，救援人员可以使用有线视频对讲机进行现场情况的实时汇报和指挥调度。在边防巡逻中，士兵可以使用有线视频对讲机实时通信，保障边境安全。在手术室或急诊室，医护人员可以通过有线视频对讲机与外界沟通，确保患者得到及时有效的救治。在交通指挥中心，有线视频对讲机可以用于交通警察之间的沟通，以及与交通监控设备配合，指挥交通。

2）结构组成

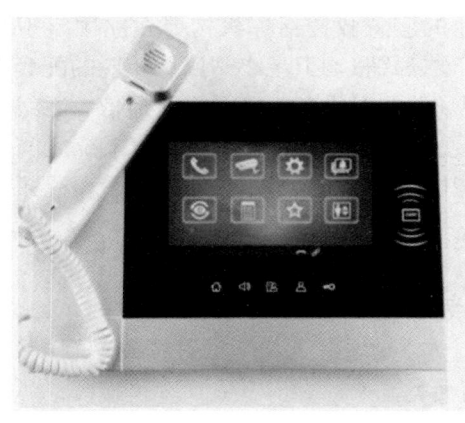

图 4-2   有线视频对讲机

有线视频对讲机（图 4-2）主要包含以下几个部分：视频传感器、音频传感器、编码器、解码器、有线传输接口和显示屏。

4. 专用保密通信装备

1）应用场景

在国防通信中，信息安全至关重要。量子保密通信可以确保指挥控制信息的绝对安全，防止敌方通过任何手段窃取或篡改信息。微纳量子卫星可以提供更为经济、高效的解决方案，使保密通信覆盖更广泛的区域。

2）结构组成

量子密钥是通过量子态的测量结果生成的，这些量子态在传输过程中具有量子纠缠和量子不确定性等特性，使得任何试图窃听的行为都能被检测到。量子密钥分发器是量子保密通信系统的核心部件，负责产生和分发量子密钥。量子态发射器用于产生量子纠缠粒子（通常是光子），这些粒子用于量子密钥的分发和信息的传输。单光子探测器用于检测传输中的单个量子粒子，以实现量子密钥的分发和信息的接收。光学接口和传输线路用于将量子态从一个地点传输到另一个地点，包括光纤或自由空间传输。信号处理和加密装置用于处理量子密钥和传输的古典信息，并将其加密以防止未授权的访问。

4.1.2 无线通信装备

无线通信装备主要包括普通对讲机、无线防爆对讲机、固定卫星站、移动卫星小站等。

1. 普通对讲机

无线对讲机是一种可与一个或一组人通话的设备。对讲机是应急救援指挥中一个人与一组人联络所必备的工具，只需轻按一键呼叫，这个人便可以和组内的所有人通话，无论他们分布在何处。常规对讲机的通话距离一般为 3~5 km，在有高大建筑物或高山阻挡的情况下，通话距离会相对短些。当有网络支持时，对讲机的通话范围可达几十千米。

1）应用场景

在地震、山难等救援行动中，救援人员使用对讲机进行现场通信，以指挥救援行动和协调救援资源。警察等安保人员在执行任务时，可以通过对讲机保持通信，以确保信息的快速传递、紧急情况的快速响应和行动的协调与高效。徒步、登山等户外活动爱好者在探险时，对讲机可以帮助他们保持与外界的联系，应对紧急情况。导游和团队成员之间可以使用对讲机，方便随时联系和协调行程。农民在田间作业时，可以使用对讲机相互沟通，或者与气象、市场等信息中心联系，以获取实时信息。工地上工作人员可以使用对讲机进行实时沟通，确保施工安全和效率。送货员和调度中心之间可以使用对讲机进行沟通，以保证物流顺畅。学校中的教职工可以使用对讲机进行内部通信，以便于管理校园活动和应对紧急情况。赛事组织者、裁判和教练等可以使用对讲机进行沟通，确保赛事顺利进行。

2）结构组成

普通对讲机（图 4-3）通常由天线、射频模块、控制电路、声音输入/输出模块、电源、按键或旋钮、指示灯、外壳等组成。

2. 无线防爆对讲机

无线防爆对讲机是一种特殊设计的无线电通信设备，专为在易燃气体、蒸气或粉尘等爆炸性环境中使用而打造，必须符合严格的防爆标准，以确保它们在潜在爆炸性环境中不会引起火花或热量，从而减少爆炸风险。

图 4-3 普通对讲机

1）应用场景

在油田、炼油厂、化工厂等场所，由于存在易燃气体、蒸气或化学品，使用普通对讲机可能引发安全问题。无线防爆对讲机可以在这些环境中安全使用，确保工作人员的沟通不受限制。在化工实验室、制造工厂或其他化学品的生产、储存和处理场所，可以防止电磁火花引起爆炸，保障工作人员的安全。煤矿环境中存在甲烷等易燃气体，无线防爆对讲机可以在矿井内使用，而不会增加爆炸风险。在储存易燃易爆物品的仓库中，可以用于现场工作人员之间的通信，确保作业安全。地铁站、隧道、桥梁等公共交通设施，在维护和紧急情况下使用，可以防止因通信设备引起的意外事故。警察、消防等部门在执行特殊任务或应对紧急情况时，可能会进入潜在的爆炸危险区域，可以提供安全的通信保障。

图 4-4　无线防爆
对讲机

2）结构组成

无线防爆对讲机（图 4-4）的结构组成与普通对讲机类似，但由于其需要满足防爆要求，因此在材料选择、设计构造和功能方面有一些特殊考虑。天线通常设计得更加坚固，以承受恶劣环境的影响。电池也要符合防爆标准，确保在潜在爆炸环境中不会出现问题。防爆外壳必须符合防爆标准，如 ATEX 或 IECEx，以防止在爆炸性环境中产生火花或热量。

3. 固定卫星站

固定卫星站是指一种地面通信设施，主要用于接收和发送卫星信号。这些卫星站通常固定在特定的地理位置，可以跟踪、接收和发送来自地球同步轨道或低地球轨道卫星的信号。

1）应用场景

固定卫星站（图 4-5）具有广泛的应用场景，可以为各类用户提供稳定、高效的通信和数据传输服务。可以用于电话、电视、互联网等远程通信，提供全球范围内的信号传输服务，特别是在偏远地区，可以作为地面通信基础设施的补充，提供稳定的通信服务；用于全球定位系统（GPS）等导航和定位服务，为各类用户提供精确的定位信息。在重大活动和突发事件现场，可以用于现场直播，提供实时视频传输服务。

图 4-5　固定卫星站

2）结构组成

天线系统：是卫星站最核心的部分，负责从卫星接收信号或将信号发送到卫星。

馈线系统：馈线连接天线和地面设备，将天线接收到的信号传输到接收机或发送信号到发射机。

接收机：处理来自卫星的信号，包括解调、放大、滤波和解码等。

发送机：将地面信号调制到卫星信号上，并通过天线发送出去。

控制单元：监控和控制整个卫星站的操作，包括天线的指向、馈线的温度和性能监测、信号的频率和功率控制等。

功率放大器：增强发送信号的功率，确保信号能够穿透大气层并到达卫星。

低噪声放大器：用于接收信号时抑制噪声，提高信号质量。

信号处理器：处理信号的各种参数，包括调制、解调、编码、解码等。

用户终端设备：连接到卫星站的馈线系统，用于接收或发送信号。

地面终端设备：用于处理卫星站与地面网络之间的信号转换和数据传输。

4. 移动卫星小站

移动卫星小站（图4-6）是一种小型化的卫星通信系统，它相对于固定卫星站来说，体积较小、重量较轻，且易于快速部署和搬迁。

图4-6　移动卫星小站

1）应用场景

通常用于需要临时或灵活通信解决方案的场合，在自然灾害或人为事故发生后，移动卫星小站可以迅速部署，提供应急通信支持。在军事、执法和救援行动中，作为移动的通信和指挥中心。在重大活动或突发事件现场，提供现场直播和报道。

2）结构组成

天线系统：用于与卫星进行通信的关键部分。天线通常设计为可折叠或可收起，以便于运输和快速部署。

接收机：将卫星信号解调、放大、滤波和解码。

发送机：将地面信号调制到适合卫星传输的格式。

控制单元：是移动卫星小站的大脑，负责管理整个通信过程，包括频率选择、功率控制、天线指向控制等。

电源管理系统：由于移动环境的不可预测性，需要有可靠的电源管理系统，譬如电池组、太阳能电池板、发电机以及其他电源调节和分配设备。

用户接口：与移动卫星小站交互，包括命令输入、状态监控和数据输出。

移动平台适配器：如果移动卫星小站部署在车辆、船舶或飞机上，移动平台适配器负责将通信设备与移动平台安全固定，并适应平台的振动和运动。

4.2　信息处理装备

信息处理装备是指应急救援中进行信息传输与处理的专用通信信息装备，主要包括影像采集装备、无线微波摄像监控系统等。

4.2.1　影像采集装备

影像采集装备可对应急救援信息的现场指挥、事后评价等提供重要支持。现在应用最广泛、处理速度最快、效果最好的是数码摄像机、数码照相机。

1. 数码摄像机

图 4-7　数码摄像机（DV）

数码摄像机（Digital Video，DV）（图 4-7）是一种应用数字视频格式记录音频、视频数据的摄像机。其记录视频不再采用模拟信号，而是以压缩的数字信号记录、制作和传递视频。它轻便灵巧，便于携带，操作方便，易学易懂。

2. 数码照相机

数码照相机（Digital Camera，DC）（图 4-8）是一种应用数字视频格式记录画面的照相机。随着数码相机内存的增大，许多数码相机也具有 DV 的摄像功能，但是摄像时间短，镜头取景往往大受限制。

图 4-8　数码照相机（DC）

3. 应用场景

DV、DC 技术在应急救援工作中具有十分广泛的应用价值，如对火灾、泄漏等事故现场可采集到真实动态的画面，并可实现有线、无线远程传输，事故现场、抢险救援现场的实时监测，对辅助指挥决策具有非常直观、高效的作用。前方消防侦察员如果有 DV 的协助，就可以使指挥部能更加全面直观地掌握事故中心的实际情况。救援人员可以将 DV 架设在化工厂爆炸中心的开阔处，通过传输方式将信号传送到位于安全区域的移动通信指挥车，与前方抢险人员取得联系，指挥搜救排险工作。

4.2.2　无线微波摄像监控系统

1. 应用场景

在厂区、山区、江河、湖泊、沙漠等重点场所，需要对生产、事故现场实现全方位的远程安全视频监控，如果采用传统方式埋设光缆、架空线路用于传输远程视频监控信号，一方面造价极高、工程量大、不利于维护管理，另一方面也会带来某些隐患，如火灾。而采用远程无线数字微波技术，就可以大大减少工程量，提高信息采集速度。

2. 结构组成

远程数字微波无线监控系统（图 4-9）在各个监控要点架设远程数字微波高速监控摄像镜头，通过无线微波将模拟视频、音频信号转换为数字信号，传输到远程监控中心，采用高倍、高速一体化彩转黑超低照度球机，可观察方圆 10 km 内的人员、车辆活动情况。它具有下列优点。

（1）中央监控控制预警系统发出报警指令，实时录制现场实况，将其传输到相关部门办公室的接收电视里并自动报警。

（2）可以使用控制键盘对每台远程图像集中监控主机进行完全控制，包括参数设置、录像回放、录像查询、云台镜头控制等。可以使用 PC 机上的键盘或后端译码矩阵控制键盘进行画面监控、云台镜头控制、录像查询、文件下载等。

（3）可以实现网络监视和回放，历史记录包括系统设置、录像、回放、备份、远程访问及控制等详细数据。

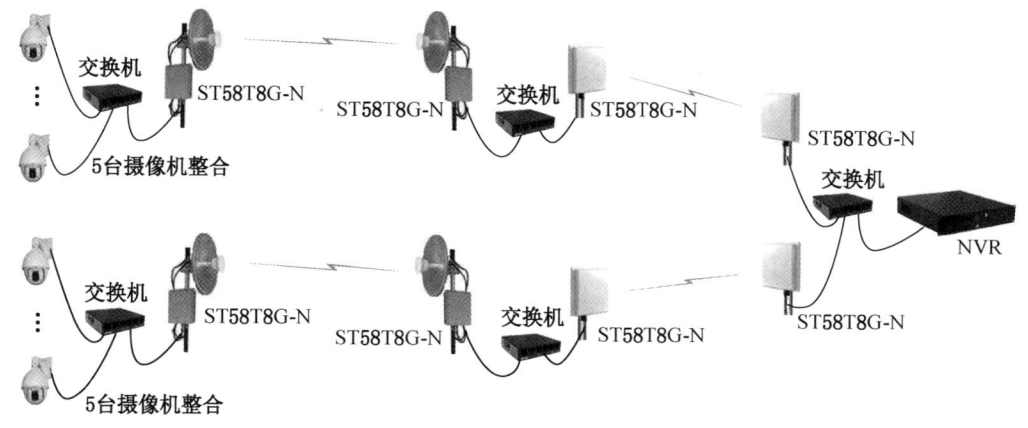

图 4-9 远程数字微波无线监控系统

3. 工作原理

数字微波传输比模拟微波传输方式具有很大的优越性，摄像采用 CODM 调制技术，很好地解决了移动传输中的多径干扰问题。可以使用全向发射天线，在接收端则利用多个天线进行分级接收，在其有效的覆盖范围内信号质量将保持不变。通过远程无线数字微波将各个要点的监控视频、音频信号传至中央控制室，中央控制室可以通过远程遥控各观察点的高速摄像机，监控观测各监控点的实时动态图像，从而做出实时的判断决策，防止监控区内突发事件的发生或对已发生的突发事件进行及时处理，做到及时准确，减少损失。

【本章重点】

通信与信息处理装备的用途和种类，以及典型通信与信息处理装备的应用场景、结构组成和工作原理。

【本章习题】

1. 什么是通信装备？请说出典型通信装备的应用场景和结构组成。
2. 什么是信息传输装备？请说出典型信息传输装备的应用场景和结构组成。

5 灭火抢险装备

灭火抢险装备是用于火灾扑救、事故抢险和救援等紧急情况的专业设备，是消防安全和应急管理的重要组成部分。

5.1 便携灭火装备

5.1.1 灭火器

1. 应用场景

灭火器（图5-1）是一种可由人力移动的轻便灭火器具，在内部压力作用下将所充装的灭火剂喷出，用来扑灭火焰。由于结构简单，操作方便，使用面广，对扑灭初起火灾有一定效果，因此，在工厂、企业、机关、商店、仓库，以及汽车、轮船、飞机等交通工具上广泛应用，已成为群众性的常规灭火武器。

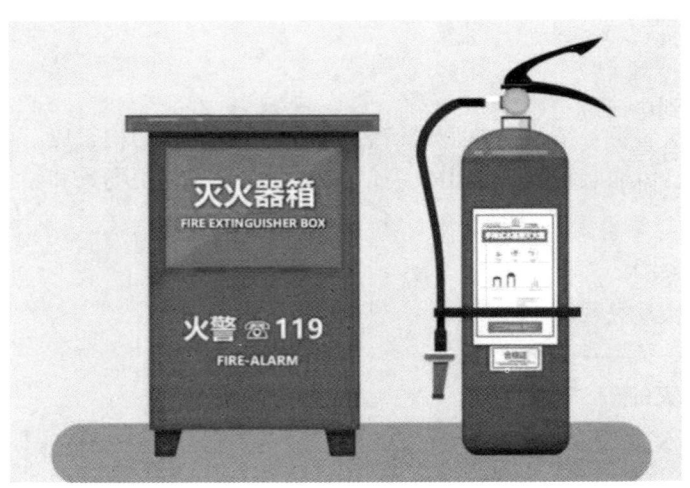

图5-1 灭火器

2. 结构组成

灭火器主要包括灭火剂、驱动气体、阀门系统、指示器等。

（1）灭火剂：灭火器中的主要灭火成分，用于扑灭火焰。常见的灭火剂有水、二氧化碳、泡沫、干粉、卤代烷等。

（2）驱动气体：用于推动灭火剂喷射出灭火器的力量来源。常见的驱动气体有氮气、二氧化碳、压缩空气等。

（3）阀门系统：用于控制灭火剂的喷射和释放，可以是手动或自动阀门等。

（4）容器：用于储存灭火剂和驱动气体的容器，由金属、塑料等材料制成。

（5）喷射装置：用于将灭火剂喷射到火灾现场的工具，可以是喷嘴、软管等。

（6）悬挂装置：用于将灭火器固定在指定位置，可以是挂钩、支架等。

（7）指示器：用于显示灭火器的工作状态，如压力、灭火剂余量等，可以是压力表、电子显示屏等。

3. 分类

按移动方式分为手提式、推车式和投掷式。

按驱动灭火剂的动力来源分为储气瓶式、储压式、化学反应式。

按所充装的灭火剂分为干粉、二氧化碳、泡沫、酸碱、清水、六氟丙烷。

4. 选择与配置

依据《建筑灭火器配置设计规范》（GB 50140—2005）中的规定，火灾可分为五类。

（1）A 类火灾。固体物质火灾，如木材、棉、毛、麻、纸张及其制品等燃烧的火灾。

（2）B 类火灾。液体火灾或可熔化固体物质火灾，如汽油、煤油、柴油、原油、甲醇、乙醇、沥青、石蜡等燃烧的火灾。

（3）C 类火灾。气体火灾，如煤气、天然气、甲烷、乙炔、丙烷、氢气等燃烧的火灾。

（4）D 类火灾。金属火灾，如钾、钠、镁、钛、锂、铝镁合金燃烧的火灾。

（5）E 类火灾（带电火灾）。物体带电燃烧的火灾，如发电机房、变压器室、配电间、仪器仪表间和电子计算机房等在燃烧时不能及时或不宜断电的电气设备带电燃烧的火灾，必须用能达到电绝缘性能要求的灭火器来扑救。

灭火器需综合考虑配置场所的火灾种类、灭火有效程度、对保护物品的污损程度、设置点的环境温度、使用灭火器人员的素质等因素。

（1）A 类火灾场所应选择水型灭火器、磷酸铵盐干粉灭火器、泡沫灭火器或卤代烷灭火器。

（2）B 类火灾场所应选择泡沫灭火器、碳酸氢钠干粉灭火器、磷酸铵盐干粉灭火器、二氧化碳灭火器、灭 B 类火灾的水型灭火器或卤代烷灭火器。极性溶剂的 B 类火灾场所应选择灭 B 类火灾的抗溶性灭火器。

（3）C 类火灾场所应选择磷酸铵盐干粉灭火器、碳酸氢钠干粉灭火器、二氧化碳灭火器或卤代烷灭火器。

（4）D 类火灾场所应选择扑灭金属火灾的专用灭火器。

（5）E 类火灾场所应选择磷酸铵盐干粉灭火器、碳酸氢钠干粉灭火器、卤代烷灭火器或二氧化碳灭火器，不得选用装有金属喇叭喷筒的二氧化碳灭火器。

（6）在同一灭火器配置场所，当选用两种或两种以上类型灭火器时，应采用与灭火剂相容的灭火器。

灭火器配置应按照下述程序进行：①确定灭火器配置场所的危险等级；②确定各灭火器配置场所的火灾种类；③划分灭火器配置场所的计算单元；④测算各单元的保护面积；⑤计算各单元所需灭火级别；⑥确定各单元的灭火器设置点；⑦计算每个灭火器设置点的灭火级别；⑧确定每个设置点灭火器的类型、规格与数量；⑨验算各设置点和各单元实际配置的所有灭火器的灭火级别；⑩确定每具灭火器的设置方式和要求，在设计图上标明其类型、规格、数量与设置位置。

5. 使用注意事项

1）二氧化碳灭火器

在距燃烧物 5 m 左右，放下灭火器，拔出保险销，一手握住喇叭筒根部的手柄，另一只手紧握启闭阀的压把。对没有喷射软管的二氧化碳灭火器，应把喇叭筒往上扳 70°~90°，如在室外应站在上风方向喷射，如图 5-2 所示。

图 5-2　二氧化碳灭火器的使用方法

2）手提式干粉灭火器

扑救可燃、易燃液体火灾时，应对准火焰根部扫射，若被扑救的液体火灾呈流淌燃烧，则应对准火焰根部由近及远，并左右扫射，直至把火焰全部扑灭。在扑救容器内可燃液体火灾时，应注意不能将喷嘴直接对准液面喷射，防止喷流的冲击力使可燃液体溅出而扩大火势，造成灭火困难。

使用磷酸铵盐干粉灭火器扑救固体可燃物火灾时，应对准燃烧最猛烈处喷射，并上下、左右扫射。沿着燃烧物的四周边走边喷，使干粉灭火剂均匀地喷在燃烧物表面，直至将火焰全部扑灭，如图 5-3 所示。

3）推车式干粉灭火器

相比其他的灭火器增加了推车装置，其主要结构还包括轮子、车架和制动系统，使得灭火器可以方便地移动到火灾现场，如图 5-4 所示。

推车式干粉灭火器的使用方法与手提式干粉灭火器的使用方法相同，如图 5-5 所示。

4）六氟丙烷手提式灭火器

六氟丙烷灭火器是采用六氟丙烷灭火剂的一种新型灭火器，适用于扑救易燃、可燃液体、气体以及带电设备的火灾，也能对固体物质表面火焰进行扑救（如竹、纸、织物等），尤其适用于扑救精密仪表、计算机、珍贵文物以及贵重物资仓库的火灾，也能扑救飞机、汽车、轮船、宾馆等场所的初起火灾。

图5-3 手提式干粉灭火器的使用方法

图5-4 推车式干粉灭火器

图5-5 推车式干粉灭火器的使用方法

5.1.2 背负式空呼、泡沫灭火多功能装置

灭火原理是采用恒压气体驱动高效隔膜气系，通过发泡装置搅拌后产生均匀的泡沫，喷射距离可达 10 m，如图5-6所示。

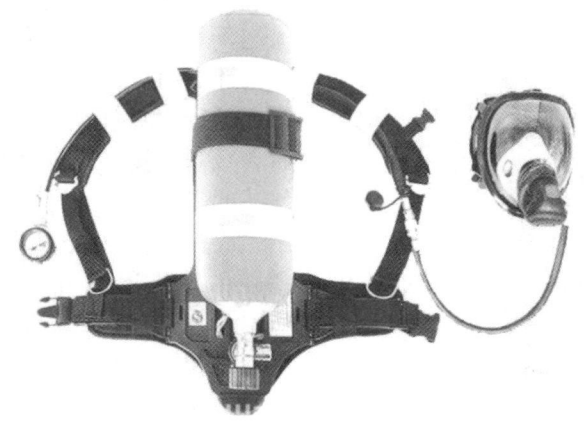

图5-6 背负式空呼、泡沫灭火多功能装置

类似的还有推车式空呼、泡沫灭火多功能应急装置。

5.2　消　防　炮

1. 应用场景

消防炮是一种用于扑灭火灾的大型喷射装置，通常用于消防车、消防舰船或固定安装在消防栓上，多应用于大规模火灾、建筑火灾、油库和石化工厂等。

2. 分类

按照灭火剂分类，可分为消防水炮、消防泡沫炮、电动遥控水炮。

1）消防水炮

消防水炮（图5-7）是喷射水、远距离扑救一般固体物质的消防设备，射程远，结构简单，性能稳定可靠，操作灵活，维修方便。炮身可作水平回转、俯仰转动，并能实现可靠定位锁紧，方便消防人员撤离现场，保护消防人员的人身安全。该炮具有直流、开花两种喷射功能，当喷射直流水时，可实现远距离扑救火灾；当喷射开花水时，可用于火场降温冷却，消防抢险。

2）消防泡沫炮

消防泡沫炮（图5-8）是喷射空气泡沫，远距离扑救甲、乙、丙类液体火灾的消防设备。

图5-7　消防水炮

图5-8　消防泡沫炮

3）电动遥控水炮

电动遥控水炮（图5-9）也叫远控消防水炮，是为了减少救援人员作业艰苦和危险而设计的消防设备，它可以远距离遥控操作水炮进行火灾扑救，不仅提高了救援效率，而且减弱了救援人员可能受到的热辐射、毒气、冲击波等伤害。因此，被迅速广泛使用，成为当今风靡世界的先进火灾扑救装备，在石油化工领域得到越来越广泛的应用。

3. 结构组成

遥控消防炮由炮体、远程控制系统、消防专用供电系统、电控阀门及供水系统等组

图5-9　电动遥控水炮

成。炮体主要由底座、进水管、回转体、炮头、回转机构等组成。远程控制系统主要包括现场手动控制、有线控制、无线控制、集中控制 4 种方式。现场手动控制是通过操作电动炮手轮进行控制，有线电动遥控是通过不锈钢控制箱电动按钮进行操作，无线遥控控制是通过在控制箱电动柜设置无线接收器从而实现无线遥控操作，集中控制通过集中控制室进行控制。

4. 使用注意事项

（1）在启动前应检查轴承润滑脂的填充情况，定期检查润滑脂是否有异样，如有应及时更换，并定期向滚子轴承中加入润滑脂。

（2）现场控制柜电器线路应完好无损，杜绝漏电。

（3）遥控电缆应经常检查，保持完好，如有损坏，应及时更换。

5.3　消　防　车

消防车是消防队的主要装备，其用途是将灭火指战员及灭火剂、器材装备安全迅速地运到火场，扑救火灾，以抢救人员。

5.3.1　泵浦消防车

1. 应用场景

泵浦消防车（图 5-10）装备消防水泵和其他消防器材及乘员座位，以便将消防人员输送到火场，利用水源直接进行扑救，也可用来向火场其他灭火喷射设备供水。

图 5-10　泵浦消防车

2. 结构组成

泵浦消防车通常基于商用车辆底盘集成，包括车架、发动机、传动系统、悬挂系统和制动系统等。消防泵是泵浦消防车的主要设备，通常安装在车辆的后部或侧面。消防泵能够提供高压水流，用于灭火和冷却操作。一辆泵浦消防车通常配备一个或多个消防泵，以满足不同灭火需求。水箱用于储存灭火的水，大小通常取决于车辆的大小和预期使用场景。配备泡沫系统，用于扑灭涉及易燃液体的火灾，可以将水和泡沫剂混合，产生覆盖在燃烧物质表面的泡沫，隔绝氧气，从而扑灭火灾。通常还配备有各种消防器材，如消防水枪、消防水带、消防钩、破拆工具、急救设备等。

5.3.2　水罐消防车

1. 应用场景

水罐消防车（图5-11）是公安消防队和企事业专职消防队常备的消防车辆，适合扑救一般性火灾，在缺水地区也可作供水、输水用车。

图5-11　水罐消防车

2. 结构组成

水罐消防车主要由驾驶室、消防员室、水罐、器材厢、水泵及管路系统、取力器装置、附加冷却装置、进水口、出水口等构成。它可将水和消防人员输送至火场独立扑救火灾，也可以从水源吸水直接进行扑救或向其他消防车和灭火喷射装置供水。

5.3.3　泡沫消防车

1. 应用场景

泡沫消防车（图5-12）是一种特殊设计的消防车辆，使用泡沫灭火剂扑灭火灾，特别是在涉及易燃液体、油类或其他液体火灾的情况下非常有效。常在油库和石化厂、运输车辆、大型仓库、船舶、机械设备等火灾场景应用，是石油化工企业、输油码头、机场以及城市专业消防队必备的消防车辆。

2. 结构组成

泡沫消防车主要装备消防水泵、水罐、泡沫液罐、泡沫混合系统、泡沫枪、炮及其他消防器材。

3. 工作原理

高倍泡沫消防车装备高倍数泡沫发生装置和消防水泵系统，可以迅速喷射发泡400～1000倍的大量高倍数空气泡沫，使燃烧物表面与空气隔绝，起到窒息和冷却作用，并能

图 5-12　泡沫消防车

排除部分浓烟，适用于扑救地下室、仓库、船舶等封闭或半封闭建筑场所火灾，如图 5-13 所示。

图 5-13　泡沫消防车工作状态

5.3.4　二氧化碳消防车

二氧化碳消防车（图 5-14）装备有二氧化碳灭火剂的高压储气钢瓶及其成套喷射装置，有的还设有消防水泵。主要用于扑救贵重设备、精密仪器、重要文物和图书档案等火灾，也可扑救一般物质火灾。

图 5-14　二氧化碳消防车

5.3.5　干粉消防车

干粉消防车分为储气瓶式干粉消防车和燃气式干粉消防车，通用汽车底盘上装备有干粉灭火剂罐、整套干粉喷射装置及其他消防器材。有的还装备有水罐和消防水泵。可扑救可燃和易燃液体火灾、可燃气体火灾、带电设备火灾，也可以扑救一般物质火灾。对于大型化工管道火灾，扑救效果尤为显著，是石油化工企业常备的消防车，如图5-15、图5-16所示。

图5-15　干粉消防车

图5-16　干粉消防车工作状态

5.3.6　泡沫-干粉联用消防车

泡沫-干粉联用消防车上的装备和灭火剂是泡沫消防车和干粉消防车的组合，它既可以同时喷射不同的灭火剂，也可以单独使用。适用于扑救可燃气体、易燃液体、有机溶剂和电气设备以及一般物质火灾，如图5-17、图5-18所示。

图5-17　泡沫-干粉联用消防车

图5-18　泡沫-干粉联用消防车工作状态

5.3.7　云梯消防车

1. 应用场景

云梯消防车是一种装备伸缩式云梯、转台灭火装置的举高车，可供消防员登上建筑物和构筑物上层，从着火建筑物和构筑物上层疏散贵重物资时当作天梯疏散人员使用。

（1）高层建筑火灾：云梯消防车最大的应用场景就是高层建筑的火灾救援和灭火。当建筑物内部发生火灾，而且火势较大，人员难以疏散时，可以迅速到达现场，利用其云梯将消防员和救援物资送入高层，进行灭火和人员救援。

（2）狭窄街道火灾：在一些城市，由于街道狭窄，大型消防车辆无法进入，云梯消防车可发挥其灵活机动的优点，快速到达火灾现场，进行灭火和救援。

（3）化学灾害事故：在一些化学工厂或者实验室，如果发生化学品的泄漏或者爆炸，云梯消防车可以迅速到达现场，利用其装备的喷淋系统进行灭火和泄漏控制。

（4）电力设施火灾：在一些高压电线塔或者变电站发生火灾时，云梯消防车可以利用云梯，将消防员送至火灾现场进行灭火。

2. 结构组成

云梯消防车由汽车底盘和两节或多节云梯组成。云梯上可带载人平台，它是一种全回转、直升梯，采用液压传动或卷扬机钢索传动的一种先进的消防登高设备。云梯的运动为液压控制，由发动机通过取力器驱动液压油泵，产生所需要的液压能。装有一套或多套独立的液压系统，由液压泵控制云梯的升、降和俯、仰、左右旋转，同时液压系统还可以供云梯的支腿伸缩、调平及安全控制系统操作。通过安装在梯架顶端的固定式遥控炮或泡沫发生器喷射水流或空气机械泡沫扑救火灾，能随指挥员的作战指令向每个角度喷射，如图5-19、图5-20所示。

图5-19　云梯消防车

图5-20　101 m登高云梯消防车

5.3.8　举高喷射消防车

1. 应用场景

举高喷射消防车主要用于高层建筑、大型仓库、体育馆等场所的火灾扑救。

2. 结构组成

举高喷射消防车是配有供水系统、泡沫系统,采用液压传动的高空喷射消防车。由汽车底盘和两节或多节臂组成,臂的顶端单独或同时设有水炮水枪和泡沫炮,消防人员可用地面遥控操作臂架顶端的灭火喷射装置在空中向施救目标进行喷射扑救。带有遥控喷射炮,遥控喷射炮位于上臂顶端分流管中间,由中空轴支撑,靠液压马达实现一定角度范围内俯仰,分流管底部装有回转节,依靠回转节,喷射炮做一定角度的左右摆头运动,能有效控制较大面积火灾。配有一套高扬程高强度的水泵系统,它能将泡沫混合液或水提升到高空后,以任意角度和方向进行喷射,如图5-21、图5-22所示。

图5-21　举高喷射消防车　　　　　　图5-22　举高喷射消防车工作状态

为了方便实时监控火场情况,可以配备摄像装置,并随车配置高清显示屏,为现场指挥人员及操作手提供灭火决策支持。同时需要具备视频连续存储功能,便于灾后分析。

5.3.9　灭火导弹消防车

1. 应用场景

灭火导弹消防车(图5-23)是一种装备有特殊灭火导弹或火箭弹的消防车辆,主要用于处置难以接近或常规灭火手段无效的火源。

2. 结构组成

灭火导弹消防车主要包括发射系统、控制系统、灭火导弹或火箭弹、导航和制导系统、燃料和推进系统、监控和通信系统等。

(1)发射系统:用于发射灭火导弹或火箭弹的装置,包括火箭发射器、导弹发射器或其他类似的武器系统。

(2)控制系统:用于操作发射系统的电子设备,包括导航、制导和发射控制。

(3)灭火导弹或火箭弹:专门设计用于灭火的弹药,包含有灭火剂,如干粉、泡沫或水。

(4)导航和制导系统:用于确保导弹或火箭弹能够精确击中目标。

(5)燃料和推进系统:用于提供导弹或火箭弹的推进力。

图 5-23　灭火导弹消防车

（6）监控和通信系统：用于实时监控发射过程和接收反馈，以及与消防指挥中心通信。

（7）防护装置：用于保护操作人员和车辆免受导弹发射可能产生的物理伤害。

（8）车辆基座：导弹发射器和其他设备的安装平台，通常是特制的消防车。

3. 工作原理

灭火导弹消防车具有集成化程度高和科技含量高等特点，具备"一键式"展开、撤收的便利功能；移动部署快、反应迅捷，救援途中可做好加电、自检等准备，到现场几分钟后即可展开救援。同时，利用机器人现场智能传输数据，通过激光、红外、可见光三光合一探测火源，发射转塔可以上下、左右转动，筒弹可以多角度旋转，最大仰角可达70°，24 发联装灭火弹，根据火情既可单射也可多发连射，每颗弹内装有超细高效灭火剂，一枚灭火弹可以覆盖数十立方米空间，发射需约 1 s。既可以快速投入战斗，又可以远距离实施灭火，发射高度范围达 100~300 m，抛射距离为 1 km，可大大减少现场救援人员的人身生命威胁，为应急救援赢得宝贵时间。

5.3.10　冲锋消防车

1. 应用场景

冲锋消防车（图 5-24）适用于各种紧急救援场合，如火灾、交通事故和化学品泄漏等，凭借其强大的动力和越野性能，可迅速抵达现场并高效执行灭火和救援任务。

2. 结构组成

采用越野车底盘标准设计，承载式车身，高强度防砸钢板整体焊接而成，实现防砸、防爆、防撞功能。车身采用防火涂料和隔热内饰的夹层结构，防火轮胎，防火隔热玻璃，外露管线对其进行包裹。车前采用破障横梁结构设计，配备高清障铲，可有效扫清障碍。对于特别危险的场合，采用遥控驾驶，实施遥控灭火。自带生命保障系统，包括微正压系统（防护氨气、氯气、氯化氢、一氧化碳等）和供氧系统。具备视频、温度、气体监测、声光报警、信息传输等多种监测功能。且配备高性能消防炮和整车自动喷淋防护技术，可直接深入火场进行侦察和灭火。

图 5-24 冲锋消防车

5.3.11 通信指挥消防车

1. 应用场景

通信指挥消防车（图 5-25）用于在地震、洪水、飓风等自然灾害，化学品泄漏或危险品的事故现场，高层建筑火灾或结构物倒塌及其他紧急情况下，作为现场指挥中心，指挥疏散和协调应急响应与救援队伍的行动。

2. 结构组成

车上设有电台、电话、扩音等通信设备，是供火场指挥员指挥灭火、救援和通信联络的专勤消防车。

图 5-25 通信指挥消防车

5.3.12 照明消防车

1. 应用场景

照明消防车（图 5-26）主要应用于夜间或光线不足的火灾现场、灾害救援、大型活动安保以及其他紧急情况，为救援和灭火工作提供强光照明支持。

图 5-26　照明消防车

2. 结构组成

车上主要装备发电和照明设备、发电机、固定升降照明塔和移动灯具，以及通信器材。

5.3.13　抢险救援消防车

1. 应用场景

抢险救援消防车（图 5-27）是担负抢险救援任务的专勤消防车，应用于各种自然灾害、事故现场，为救援人员提供紧急救助和抢险作业支持。

图 5-27　抢险救援消防车

2. 结构组成

车上装备各种消防救援器材、消防员特种防护设备、消防破拆工具及火源探测器。

5.3.14 侦检消防车

1. 应用场景

侦检消防车（图 5-28）主要用于对火灾现场等进行侦测和检测，为制定灭火和救援策略提供关键数据支持。

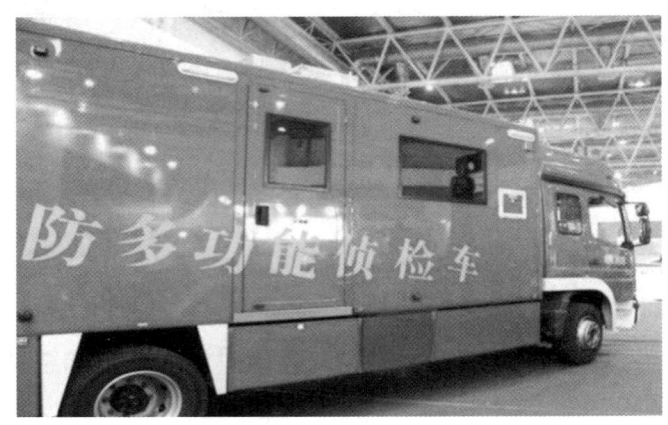

图 5-28 侦检消防车

2. 结构组成

车上装备有气体、液体、声响等探测器与分析仪器，可以根据用户要求装备电台、对讲机、录像机、录音机和开（闭）路电视。

5.3.15 路轨两用消防车

1. 应用场景

路轨两用消防车（图 5-29）可以在公路和轨道上使用，主要用于地铁、隧道的灭火和抢险救援。当火灾发生时，消防车直接开到地铁隧道，车底的 4 个轨道轮也启用，轮胎也能随车自动升起，可以自如地在轨道上行驶，时速达 40 km 以上。

2. 结构组成

路轨两用消防车配备泡沫混合系统，可以装载水和泡沫，设有遥控升降水炮和水喷淋自保护系统。配备了先进的破拆、灭火、侦检、救援等四大类消防装备，为地铁事故的处理提供了强有力的保障。同

图 5-29 路轨两用消防车

时，配备毒气侦检仪，能检测毒气，并及时向指挥中心传送毒气的含量、种类等信息，为指挥员提供准确的数据。

5.3.16　排烟消防车

1. 应用场景

排烟消防车用于火灾现场或其他有害气体积聚的环境中，通过排出烟雾和有害气体，改善现场呼吸环境，保障人员安全，特别适宜扑救地下建筑和仓库等场所火灾时使用，如图5-30、图5-31所示。

图5-30　排烟消防车

图5-31　排烟消防车工作状态

2. 结构组成

车上装备风机、导风管，用于火场排烟或强制通风，以便消防人员进入着火建筑物内进行灭火和营救工作。

（1）排烟装置：通常包括多个排烟风机和排烟管道，风机产生的气流可以将烟雾和有害气体从火灾现场排出，提高现场空气质量。

（2）电源系统：电源驱动排烟风机和其他电子设备，包括电池组和外部电源连接。

（3）控制系统：通常配备控制台，用于操控排烟风机的启动、停止和速度调节，还有用于显示风机状态和现场空气质量的监控设备。

（4）风机和管道：排烟风机是排烟车的心脏，负责产生足够的气流，排烟管道将风机产生的气流引导到火灾现场。

5.3.17 供水消防车

1. 应用场景

供水消防车（图 5-32）在火灾现场提供必要的水源，特别适用于干旱缺水地区，它也具有一般水罐消防车的功能，用于扑救火灾、冷却建筑和控制火势蔓延。

2. 结构组成

供水消防车装有大容量储水罐，还配有消防水泵系统。

图 5-32　供水消防车

5.3.18 供液消防车

1. 应用场景

供液消防车（图 5-33）在火灾现场提供各种灭火剂，如泡沫、干粉等，以扑灭火灾和控制火势蔓延。

图 5-33　供液消防车

2. 结构组成

车上的主要装备是泡沫液罐及泡沫液泵装置，是专给火场输送补给泡沫液的后援车辆。

5.3.19　器材消防车

1. 应用场景

器材消防车（图5-34）在火灾或其他紧急情况下提供专业的消防设备和工具，以支持消防人员执行救援和灭火任务。

2. 结构组成

器材消防车上装备消防吸水管、消防水泵、接口、破拆工具、救生器材等各类消防器材及配件。

图5-34　器材消防车

5.3.20　救护消防车

1. 应用场景

救护消防车（图5-35）在火灾、事故或其他紧急医疗情况下，提供现场急救和转运受伤人员到医疗机构的服务。

图5-35　救护消防车

2. 结构组成

车上装备担架、氧气呼吸器等医疗用品、急救设备，用来救护和运送火场伤亡人员。

5.3.21　智能遥控消防车

1. 应用场景

智能遥控消防车主要用于扑救危险性大、灭火人员难以靠近的大型复杂的石油、化工、化学危险品等易燃易爆、有毒有害液体、气体火灾。

2. 结构组成

智能遥控消防车具有自动点火、熄火、换挡、加减油门、转向、刹车、照明等功能，消防员可手持遥控器操纵车辆行驶和射水。装有摄像机用于摄录火场情况、路面情况和水炮射水情况,实现云台自动仰、俯、左、右移动,自动变焦变倍。

5.3.22　抛沙车

1. 应用场景

抛沙车(图 5-36)主要用于油库、输油管道的溢油救援,及时阻止外泄,扑灭初期火灾,避免事故进一步扩大,也可以用于固态、液态危险化学品或轻金属初期火灾扑救。

2. 结构组成

抛沙车主要包括抛沙斗、抛沙板、抛沙喷射装置、控制装置、动力系统等,配备照明设备、警示灯和警报器,方便夜间或低能见度条件下作业。

图 5-36　抛沙车

5.3.23　消防摩托车

1. 应用场景

消防摩托车的主要特点是机动性强,适用范围广。当胡同、狭窄厂区等交通不便场所发生火灾时,可以迅速到达事故现场,并及时进行灭火抢险。

2. 结构组成

消防摩托车上的装备各不相同,装载泡沫灭火设备、脉冲气压喷水枪、多种手提式灭火器等,能在很短时间内打开阀门,瞬间喷射出高速细水雾,如图 5-37、图 5-38 所示。

图 5-37　两轮消防摩托车

图 5-38　三轮消防摩托车

5.3.24　消防智能机器人

1. 应用场景

在扑救石油化工、气体泄漏而引起的爆燃等化学事故中,采用远距离遥控操作的消防智能机器人(图 5-39),可以实现射水、泡沫灭火和附带器材功能,可以从根本上保证消防人员的安全。

2. 结构组成

消防智能机器人主要包括传感器、导航系统、通信系统等。

图 5-39   消防智能机器人

　　（1）传感器系统：包括火焰传感器、热成像摄像头、烟雾传感器、气体检测传感器等，用于感知火灾现场的火焰、热量、烟雾和有害气体等信息。

　　（2）导航系统：包括激光雷达、摄像头、超声波传感器等，用于实现在复杂环境中的自主导航和避障能力。

　　（3）通信系统：用于实现机器人与远程操作人员或控制中心的无线通信，传输传感器数据、视频、图像和控制指令等。

　　（4）机械臂：用于执行灭火操作，如喷射灭火剂、移除障碍物等。

　　（5）灭火装置：包括喷嘴、灭火剂储存罐、泵等。

5.4   辅助灭火装备

5.4.1   消防栓

　　消防栓是用来连接消防水网与消防水龙带的固定式供水接口。在消防栓上可直接连接消防水带通过消防水枪灭火，也可通过连接消防水带为消防车补给消防水。传统的消防栓，地下一端与消防管网连接，另一端装设规格不一的活接口，并加盖端盖护好接口，如图 5-40 所示。

　　现在比较先进的是二段释压开启防撞调压型消防栓，性能优于传统消防栓，在任何情况下都能灵活快速启闭。还带调压装置，可自由调节压力。出口处带有球阀，方便紧急情况时快速连接消防带，可带压维修。

图 5-40   传统消防栓

5.4.2   消防泵

　　1. 应用场景

　　消防泵可供输送不含固体颗粒的清水及物理化学性质类似于水的液体之用，主要用于消防系统增压送水，也可应用于厂矿给排水。

2. 分类

1）根据工作原理分类

根据工作原理可分为离心泵（图 5-41）、水环泵（图 5-42）、串并联消防泵（图 5-43）和多级串联式消防泵（图 5-44）。

图 5-41 离心泵

图 5-42 水环泵

图 5-43 串并联消防泵

图 5-44 多级串联式消防泵

2）根据使用状态分类

根据使用状态可分为手抬机动消防泵（图 5-45）、卧式消防泵（图 5-46）和立式消防泵等（图 5-47）。

图 5-45 手抬机动消防泵

图 5-46 卧式消防泵

3）根据动力提供方式分类

根据动力提供方式可分为柴油机消防泵（图5-48）、汽油机消防泵（图5-49）和电动消防泵（图5-50）。

图5-47　立式消防泵

图5-48　柴油机消防泵

图5-49　汽油机消防泵

图5-50　电动消防泵

4）根据具体使用功能分类

根据具体使用功能不同，可分为供水泵（图5-51）、泡沫泵（图5-52）、喷淋泵（图5-53）和稳压泵（图5-54）等。

图5-51　供水泵

图5-52　泡沫泵

图 5-53　喷淋泵　　　　　　　　　　　　图 5-54　稳压泵

5.4.3　消防照明

1. 应用场景

消防照明是在夜晚、室内、井下等黑暗场所灭火抢险时使用，包括普通照明工具与防爆照明。石油化工、煤炭等生产，从生产原料、中间产品到成品以及作业环境，一般都有易燃易爆物，这一特性决定了在石油化工、煤炭等生产事故应急救援工作中，必须使用防爆灯具。

2. 分类

1）按设置方式分类

按设置方式分为固定式应急工作灯（图 5-55）和便携式应急工作灯。固定式应急工作灯又可分为防爆马路灯（图 5-56）、防爆平台灯（图 5-57）、防爆视孔灯（图 5-58）、防爆障碍灯（图 5-59）、防爆行灯（图 5-60）、防爆吸顶灯（图 5-61）等。便携式应急工作灯有手提灯、手电筒等种类。

图 5-55　固定式应急工作灯　　　　　　　图 5-56　防爆马路灯

2）按功能分类

按功能分为防爆式灯（图 5-62）、防爆防腐式灯（图 5-63）、防水防爆防腐式灯（图 5-64）等。

图 5-57　防爆平台灯

图 5-58　防爆视孔灯

图 5-59　防爆障碍灯

图 5-60　防爆行灯

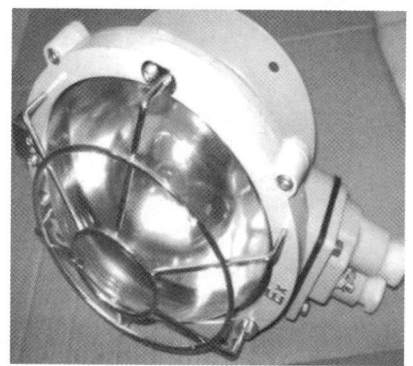

图 5-61　防爆吸顶灯

图 5-62　防爆式灯

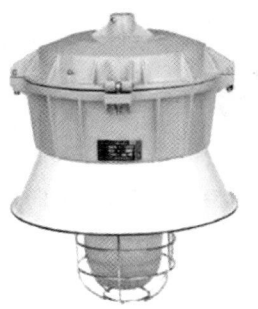

图 5-63　防爆防腐式灯

图 5-64　防水防爆防腐式灯

防爆照明灯具外壳一般为铸铝材质，因其抗腐蚀老化性强，洁净美观，因此得到了越来越广泛的运用。

3. 使用注意事项

（1）根据对易燃易爆工作环境进行危险因素分析，主要包括腐蚀性、潮湿性、打击性等，选择相应功能的灯具。

（2）灯具透明件中心温度较高，不得触摸。

（3）在腐蚀性环境或海水中使用后应将电筒表面擦拭干净。

（4）出现故障时，必须交由专业人员进行维护。

5.4.4 三项射流水枪

三项射流水枪采用双单元手持式水枪枪体，整合泡沫与水溶液，持续在泡沫、水射流中心处喷洒干粉。泡沫、水射流可调节为全雾至直流，并设置冲洗功能。水、泡沫和干粉操作均设置独立流量阀，最大射程近百米。控制方式有遥控、手动、液压三种。

5.4.5 排烟装备

1. 水驱动排烟机

水驱动排烟机（图5-65）适用于有进风和出风的火场建筑物，利用排烟机的正压把新鲜空气通过建筑物进风口吹进建筑物内，把烟雾从建筑物内吹出，消除火场烟雾，使消防员能够进入建筑物内火场进行灭火，为救援工作提供清晰的视线和安全的通道。利用高压水做动力，驱动水动机运转，带动风扇排烟，具有防爆功能，质量轻，移动方便，每小时排烟量可达数万立方米。

2. 机动排烟机

机动排烟机（图5-66）适用于密封式建筑，如仓库、地下商场、KTV、桑拿室等或火场内部浓烟区。

图5-65 水驱动排烟机　　　　图5-66 机动排烟机

5.4.6 破拆器具

破拆器具是消防人员在灭火或救人时强行开启门窗、切割结构物或拆毁建筑物，开辟灭火救援通道，清除阴燃余火及清理火场时的常用装备。根据驱动方式不同，可分为手动、机动、液压、气动、化学动力等不同种类，且每一种破拆器具都有其相应的适用对象和范围。

1. 机动破拆器具

机动破拆器具由发动机和切割刀具组成，主要包括手提式动力锯、机动链锯、双轮异向切割锯等器具。

1）手提式动力锯

手提式动力锯可以切割木材、塑料、金属材料、薄型金属板材及复合材料，适用于汽车、火车、飞机、船舶等交通工具的抢险操作，建筑门窗、金属框架等灾害现场救援。汽油动力伐木油锯如图 5-67 所示。

图 5-67　汽油动力伐木油锯

锯片每个刀头在高速运动中通过冲击、刮切及摩擦将被切割物体接触部位削去一层。锯片上多个刀头连续作用，迅速在被切物体上切割出一条缝。同时冲击、刮切及摩擦使刀头与被切物体之间产生很大的相互作用力。

2）机动链锯

机动链锯是由轻型汽油发动机、链锯条、导板以及锯把等组成的带状切割器，如图 5-68、图 5-69 所示。以二冲程轻型汽油发动机为动力，通过发动机上的旋转马达带动锯齿形链条沿导板快速滑动，起到锯条作用。锯切机构由导板、导轮、锯链等组成，是链锯的切割部分。锯切时启动发动机，发动机输出的动力通过离合器传给锯切机构，离合器的链轮带动锯链沿导板、导轮运动，锯链则沿片状导板内的导槽做高速环状移动，从而使其上的切齿锯切木材等物。

图 5-68　非金属材料切割型机动链锯

图 5-69　混凝土材料切割型机动链锯

3）双轮异向切割锯

双轮异向切割锯又称电动双向锯，由轻型汽油机或电动机、动力传输机构、盘形切割刀组成，切割刀为两副，可以反向旋转切割各种混合材料，包括钢材、铜材、铝型材、木材、塑料、电缆等。原理是同一台机器上安装了两张相同直径的锯片，两张锯片以相同的速度反方向旋转，就像剪刀一样可以在任何角度、任何方向工作，切割速度非常快，如图5-70、图5-71所示。广泛应用于消防救灾、应急抢险、公路事故救援、电力电信施工、民用建筑拆卸等各种施工现场。

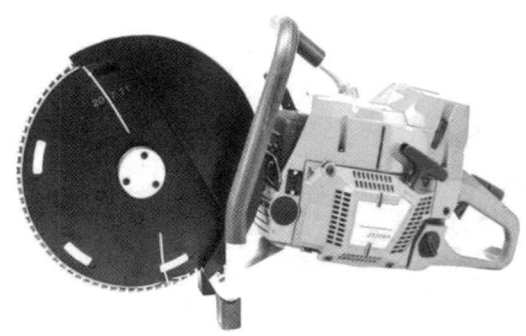

图5-70 双轮异向切割锯

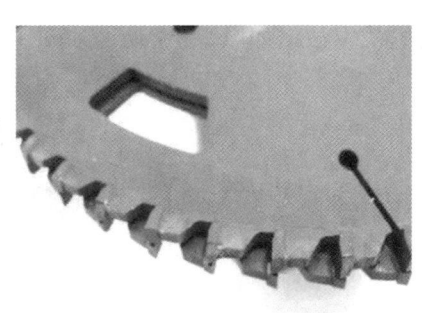

图5-71 双轮异向切割锯齿轮局部放大图

2. 液压破拆器具

液压破拆器具根据用途不同可分为剪切器、扩张器、顶撑杆、开门器等，其动力源有机动泵和手动泵，附件有液压油箱卷盘等。它是使用频率较高的破拆器具，可广泛应用于火灾及交通事故现场的营救工作。

1）液压剪切器

图5-72 背负式液压剪切器

液压剪切器主要由剪切刀片、中心锁轴锁头、双向液压锁、手控换向阀及手轮、工作油缸、油缸盖、高压软管及操作手柄等部件构成，如图5-72所示。用于事故救援中剪断门框、汽车框架结构或非金属结构，以救助被夹持或被困于危险环境中的受害者。

2）液压扩张器

液压扩张器（图5-73）是液压驱动的破拆器具，在发生事故时，具有扩张和牵拉功能，用于分离金属和非金属结构、支起重物等。

图5-73 液压扩张器

3）液压顶撑杆

液压顶撑杆（图5-74）主要由撑顶头、活塞杆、摆动式开关、手柄、工作油缸、液压软管、带锁快速接头及底座等部件构成。用于支起重物，支持力及支撑距离比扩张器大，但支撑对象空间应大于顶杆的闭合距离。

图5-74　液压顶撑杆

撑顶工作完成后，将活塞杆置于略张位，如图5-75所示。

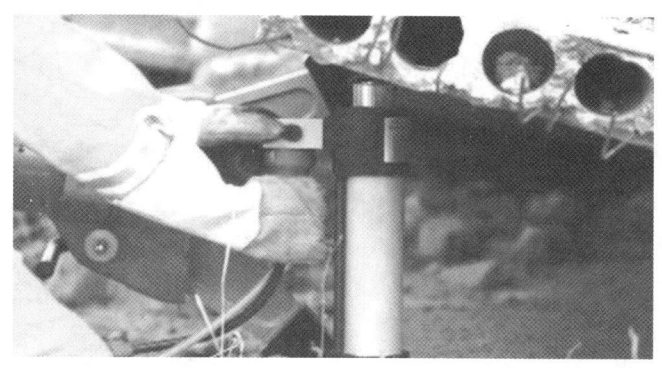

图5-75　液压顶撑杆工作状态

4）手动液压泵

手动液压泵（图5-76）主要由高压泵、低压泵、出油单向阀、安全阀、低压限压阀、滤油器、油箱壳、回油单向阀、出油管接头、回油管接头、手控卸压开关、锁钩、手压柄等组成。

5）机动液压泵

机动液压泵（图5-77）主要由汽油发动机、液压柱塞泵、滤清器、吸油阀、低压限压网、手控卸压开关、高压出油口、低压回油口、液压油箱、油门开关、放油堵等组成。

6）使用注意事项

（1）液压器具应由专人操作及维护，必须经过培训上岗。

（2）系统各铅封部分不允许随意松动和调整，以免发生危险。除操作部位外，其他液压部件的调整与维修，应由专业人员在严格清洁的环境中进行。

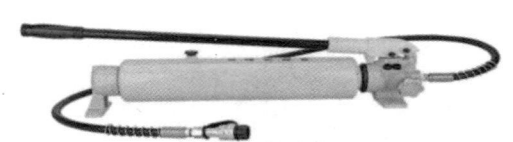

图 5-76　手动液压泵

图 5-77　机动液压泵

（3）系统工作环境温度范围为-20～50 ℃。

（4）非工作状态下快速接头上应装上防尘帽，接头的连接和分离必须在液压管内无压状态下进行，以免发生危险。

（5）不使用时应将各部分脱开，并保存于干燥和温度适宜的环境。

3. 气动破拆器具

1）气动切割刀（空气锯）

气动切割刀（空气锯）（图 5-78、图 5-79）由切割刀具和供气装置构成，以压缩空气为动力，条形刀具往复运动，可用于切割金属和非金属薄壁、玻璃等，多用于交通事故救援中。

图 5-78　气动切割刀（1）

图 5-79　气动切割刀（2）

2）气动破门枪

消防专用气动破门枪（图 5-80）是将成熟的气动工具技术应用于消防救援领域，与无齿锯配合，破拆防盗门的速度显著提高，最快可在 1.5 min 左右内打开防盗门，同时又可以用于汽车事故救援中快速切割金属薄板，配多种刀头，可用于拆墙、破拆水泥结构等多种作业。它主要由枪体、刀头、气管、减压阀、压力表、钢瓶等部件组成。

3）使用注意事项

（1）严禁在未插入破拆枪头抵住破拆对象前开机空打，以免损坏枪体或枪头打出造成人员伤害。

（2）作业时枪头对准方向不准有人，必要时应加屏障防护，以保护眼睛及面部不受飞溅碎渣的撞击。

（3）使用前请对照使用说明书及操作光碟仔细学习，并进行训练。

4. 化学动力破拆器具

1）丙烷切割器

丙烷切割器（图5-81）主要由丙烷气瓶、氧气瓶、减压器、丙烷气管、氧气管、割矩等组成，用于切割低碳钢、低合金钢构件等。

图5-80　气动破门枪

图5-81　丙烷切割器

2）氧气切割器

氧气切割器（图5-82）主要由氧气瓶、气压表、电池、焊条、切割枪等组成，具有体积小、质量轻、快捷安全和低噪声的特点。焊条在纯氧中燃烧，能熔化大部分物质，对生铁、不锈钢、混凝土、花岗石、镍、钛及铝均有效。

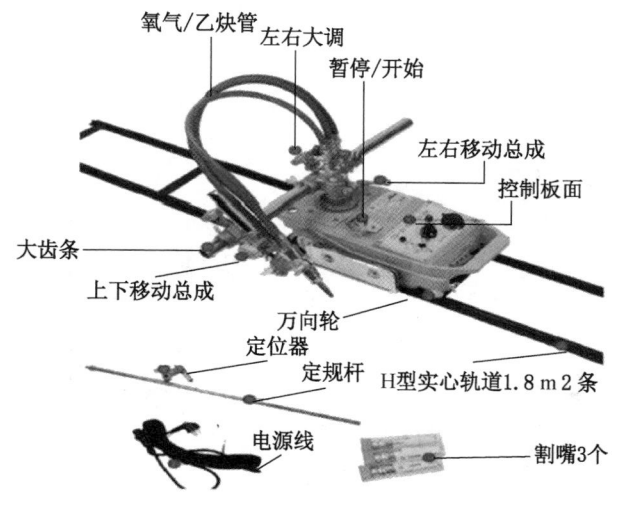

图5-82　氧气切割器

3）便携式无燃气快速切割器

便携式无燃气快速切割器主要用于消防、公安、特种部队、石油和天然气输送管道等部门。在火灾现场、野外作业、水下切割或其他紧急而又无电源、无可燃气体的情况下，可快速切割、拆卸钢结构障碍物，如拆卸钢窗、铁门、钢栅栏、钢丝网；切割锁销、飞机和舰船舱壁、火车和汽车车厢、石油和天然气输送管道等。

切割器由高压氧气瓶、减压阀、蓄电池、切割枪、气割条、导电线、输气管及背架组成。将气割条经蓄电池通电短路产生高温，由氧气助燃。使气割条燃烧形成高温、高压火焰，被切割金属物体在高温火焰和高速氧气的作用下，加温至燃点而燃烧，燃烧后产生的液态残渣被高压气流冲出；燃烧产生燃烧热，又加热下面新的金属至燃点，将其燃烧直至金属物体被完全切断。

4）使用注意事项

（1）在使用或搬运切割器时，应注意轻装轻卸，特别是氧气瓶，严禁强力冲击。

（2）气网、输气管等氧气通道严禁沾染油脂，一旦沾染，要立即做去脂处理；要严格检查高压输气软管，有严重碰伤折裂时，要及时更换。

（3）切割器要定期检测，特别是氧气瓶，要定期到压力容器检验部门检验其强度和气密性，以保证切割器在使用操作时的安全。

（4）切割器使用后，要关闭氧气瓶阀门，卸下减压阀。

5.4.7　逃生装备

1. 接跳救生气垫

接跳救生气垫是一种高空逃生的接跳救生设备，即在地面上铺开气垫，充气后，供高处人员跳下，通过缓冲软着陆，保护逃生者的安全。主要有风扇型救生气垫、气瓶气柱式救生气垫两类。

（1）风扇型救生气垫（图5-83）主要由排烟机、充气垫等组成，充气垫由缓冲包、安全排气口、充气内垫等组成。

（2）气瓶气柱式救生气垫（图5-84）主要由复合气瓶、排气阀、安全排气网、连接充气软管、气柱、气柱外套等组成。

图5-83　风扇型救生气垫

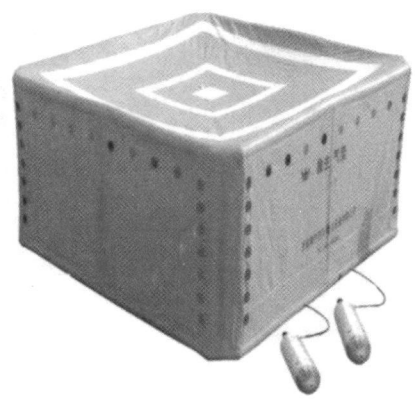

图5-84　气瓶气柱式救生气垫

2. 柔性救生滑道

柔性救生滑道是一种优良的高处火灾逃生设备,有固定式、组合式、便携式、多人共用式,以及儿童专用柔性救生滑道,如图5-85、图5-86所示。带有特殊阻尼套的长条形通道式结构,下落速度平缓、可调,使逃生者下跳的恐惧心理大为减少。采用最新多功能防火布做成的防火套,耐高温,具有良好的抗热辐射性能,特别适合火场使用。与人体接触的导套在足够承重力下具有非常小的摩擦系数和优良的抗静电性能,从而将逃生者在下滑过程中由于摩擦和静电造成的不适减少到最低程度。柔性救生滑道可以使数十人在短时间内从高楼上安全撤离,人员不致受到炙烤、燃烧和烟熏的伤害。任何人不需预先练习都可以成功地使用,而且可以用来营救老幼病残者。亦可装备于消防云梯车、消防登高车、消防训练塔楼、石油钻井平台、机场指挥塔台等建筑。

图5-85　柔性救生滑道

图5-86　尼龙式柔性救生滑道

3. 高空往复式救生缓降器

高空往复式救生缓降器（图5-87）是利用使用者的自重,从一定的高度,以一定的匀速安全降至地面,并能往复使用的高空逃生缓降器。该缓降器可以根据用户的要求配置不同长度的绳索,具有操作简便、可靠、安全等特点。适用于发生火灾、地震等危急情况下,使用者从一定高度安全下落至地面逃生,也可用于高处作业。

救生缓降器由调速器、绳索、安全带、安全钩、卷绳盘等组成。调速器由齿轮传动系统和摩擦减速系统组成,根据使用者体重不同,能在短时间内达到平衡,使下降速度平稳。绳索为有芯绳索、纯裸钢丝绳等,使用强度高,阻燃,耐磨,匀速下降,无空程。安全带为合成纤维材质,并可根据使用者胸围大小调整长度。安全钩有保险装置,防松脱。

图5-87　高空往复式救生缓降器

5.4.8 通用型复合泡沫灭火剂

产品集蛋白、氟蛋白、抗溶、水成膜、氟蛋白抗溶、高倍数、水成膜抗溶泡沫灭火剂功能于一身，发泡倍数高，析液时间长，抗烧时间好，具备强有力的渗透性和防护隔热与挂壁的冷却作用，可快速高效灭火。既能有效扑灭醇类、酮类、酯类等极性易燃液体火灾，又能有效扑灭轻油、重油、苯类等非极性易燃液体火灾，还能扑灭以任何比例相混合的油醇混合燃料火灾。

【本章重点】

1. 灭火抢险装备的概念和分类。
2. 便携灭火装备的分类、应用场景、结构组成与工作原理。
3. 消防炮的分类、应用场景、结构组成与工作原理。
4. 消防车的分类、应用场景、结构组成与工作原理。
5. 辅助灭火装备的分类、应用场景、结构组成与工作原理。

【本章习题】

1. 什么是灭火抢险装备？请说出灭火抢险装备的概念和种类。
2. 什么是便携灭火装备？请说出便携灭火装备的分类、应用场景、结构组成与工作原理。
3. 什么是消防炮？请说出消防炮的分类、应用场景、结构组成与工作原理。
4. 什么是消防车？请说出消防车的分类、应用场景、结构组成与工作原理。
5. 什么是辅助灭火装备？请说出辅助灭火装备的分类、应用场景、结构组成与工作原理。

6 医疗急救装备

医疗急救装备是指对事故现场伤员进行现场急救、转移的专业工具，如救护车、担架、氧气袋、急救箱等。在相关装备，如急救箱中，还要装备如速效救心丸、杜冷丁、普罗帕酮、地塞米松、烫伤膏、强心针等药品。

6.1 普通救护车

救护车对于人员抢救是必需的，需配备医生、护士等专业人员，心脏起搏器、输液器、氧气袋等设备，以及急救药品，可以先对受伤人员进行紧急处置，再转移到医院进行正规治疗。

1. 应用场景

普通救护车（图6-1）能在紧急医疗情况下，快速响应并提供专业医疗救援服务，以确保患者生命安全并减少伤害。

图6-1 救护车

2. 结构组成

救护车车厢内设有医疗设备柜、担架、座椅。医疗设备包括心脏除颤仪、血压计、呼吸机、氧气瓶、急救药品等。通信设备包括无线电或卫星电话，用于与医院或其他救护车通信。还配备红蓝灯光和警报器，以便在紧急情况下提醒道路使用者。

6.2 重症监护（ICU）救护车

1. 应用场景

ICU 救护车用于紧急情况下，将需要重症监护的患者从现场快速转运至医院的重症监护室，以提供专业、高效的生命支持和急救治疗。

2. 结构组成

1）基础设施

在普通救护车的基础上，流动便携式 ICU 救护车的医疗配备更加丰富，相当于一个小型的重症监护室和小型手术室，氧气、吸引器、心脏起搏器、呼吸机、全套监护器、药品器材、手术器械齐备，如图 6-2 所示。

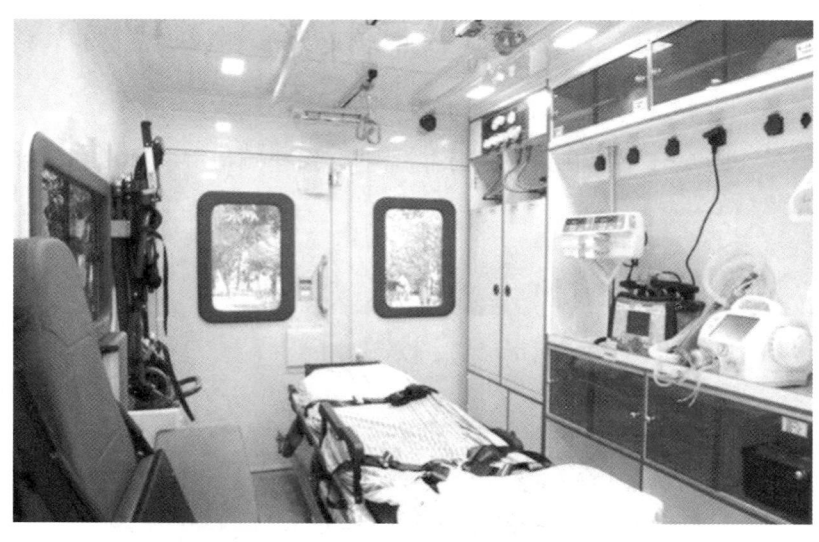

图 6-2　流动便携式 ICU 救护车

2）人员配置

根据任务需要，流动便携式 ICU 救护车医疗救护队人员原则上由各个专业的专家组成，一般为 4~5 人，应该强化 ICU 专门培训，达到一专多能。譬如针对创伤及局部创伤的现场急救，设队长 1 人，由外科专家担任，队员包括麻醉、内科、专业护理人员各1 人。

6.3 担　　架

病人从发病现场的"点"到救护车，乃至安全到达医院的运输过程中，不可轻视搬运、护送中的每一个细节。搬运不当可能使危重病人在现场的抢救前功尽弃，运送途中病情加重恶化，或因搬运耗时过多，而延误最佳抢救时间。因此，选择合适的担架对于提高院前抢救质量和水平至关重要。担架是运送病人最常用的工具，常见的有帆布软担架、铲式担架、折叠担架椅、吊装担架、充气式担架、带轮式担架、救护车担架及自动上车担架等。

6.3.1 帆布软担架

1. 应用场景

帆布软担架（图6-3）较灵活，但仅适用于一些神志清醒的轻症患者，而相当大比例的重症、外伤骨折尤其是脊柱伤病人不适用，病人窝在担架中间，对昏迷或呼吸困难病人来说不利于保持气道通畅，而且承重性差，适用范围较小。

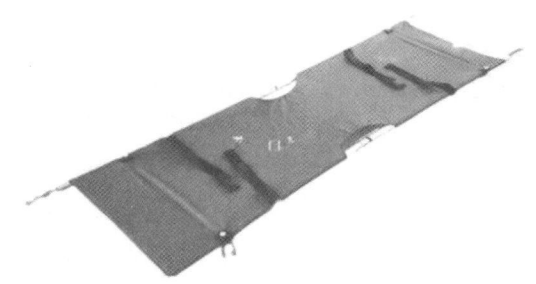

图6-3　帆布软担架

2. 结构组成

担架本体通常由柔软、坚韧且具有弹性的材料如帆布、牛津布等制成，以适应不同体型和姿势的患者。支撑结构包括支架、杆件等，用于保持担架的稳定性和承重能力。两侧的绑带用于固定患者，防止在搬运过程中滑动或移动，通常设有扶手以便搬运者抓握、携带和操作。

6.3.2 折叠担架椅

1. 应用场景

折叠担架椅（图6-4）的优点是便于在狭窄的走廊、电梯间和旋转楼梯搬运病人，储藏空间小，但对危重病人、外伤病人不适宜，操作较复杂。

2. 结构组成

折叠担架椅主体框架通常由金属如铝合金、不锈钢等制成，用于支撑患者的重量。座

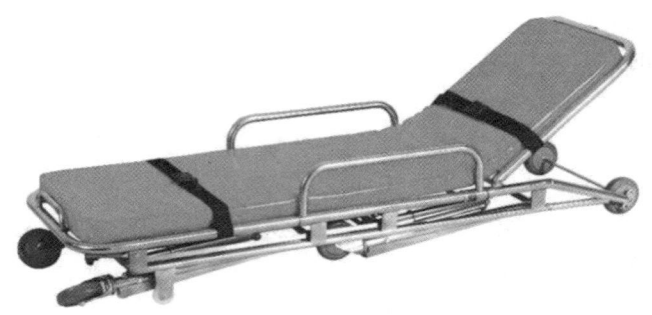

图 6-4　折叠担架椅

位和靠背则是由柔软、舒适的材料如帆布、泡沫等制成，确保患者在搬运过程中的舒适性。担架椅的折叠机构使得在不使用时可以快速折叠，便于储存和携带。两侧的把手和下侧轮子便于搬运者抓握和推动担架椅，移动更简便。

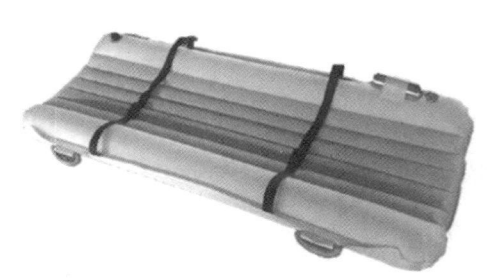

图 6-5　充气式担架

6.3.3　充气式担架

1. 应用场景

充气式担架（图 6-5）轻便、易于携带、可快速充气，适用于野外、紧急救援等场景，能有效减少患者在搬运过程中的二次伤害。可以折叠使用，减震效果非常明显，可使伤病员以坐、躺姿势被转移，变手抬式担架为肩扛式担架，有利于远距离转运伤病员。

2. 结构组成

担架床面通常由柔软、有弹性的材料如橡胶或特殊塑料制成，用于承受患者重量。担架的支撑框架则是由金属或其他坚固材料制成，用于保持担架形状和稳定性。充气系统包括气泵和气囊，用于充气和放气，以调整担架硬度和支撑力。把手供搬运者抓握和推动担架。安全带用于固定患者，防止在搬运过程中移动或滑落。

6.3.4　楼梯担架

1. 应用场景

楼梯担架（图 6-6）顾名思义，是用于楼梯或斜坡上急救操作的装备，也可以用于患者在楼梯间的日常活动辅助，尤其是行动不便或骨折的患者。

2. 结构组成

楼梯担架采用设置抬担架人员扶手的高度差，达到顺利上下楼梯的目的，只适合受伤人员乘坐姿态，不能在人员平躺状态下使用。它的主体结构通常由金属如铝合金、不锈钢等制成，用于支撑患者和承受重

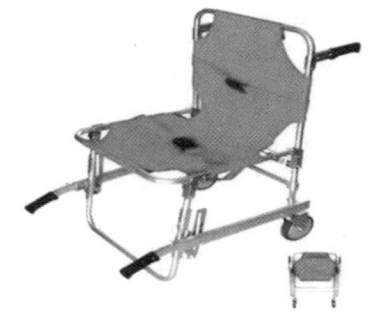

图 6-6　楼梯担架

量。主体结构上覆盖有软垫，用于保护患者和提供舒适性。两侧的固定把手供搬运者抓握，便于上下楼梯时稳定担架。有些楼梯担架配有轮子，便于在平地上移动。

6.3.5 铲式担架

1. 应用场景

铲式担架（图6-7）适用于在狭小空间内搬运患者的医疗环境，如救护车、急诊室；在床上进行翻转或转移的情况，如骨折、手术后患者；在特殊环境中搬运患者，如楼梯、斜坡等。

图 6-7　铲式担架

2. 结构组成

铲式担架是一种可分离型抢救担架，制作材料主要有高强度工程塑料、铝合金，属硬质担架，其特点是担架两端设有铰链式离合装置，可使担架分离成两部分，在不移动病人的情况下，迅速将病人置于担架内、手术台或病床上。它具有体积小、质量轻、承重强等特点，操作非常简单、便捷、省力，有利于骨折外伤患者保持肢体固定，减轻疼痛和防止病情加重；另外，担架长度可根据病人身长随意调节，适用于不同身高体重的患者，在普通居民房屋的楼道、走廊等狭小地方也能够使用。

6.4　头部固定器

1. 应用场景

在搬运过程中，头部固定器（图6-8）用于固定患者头部，以避免颈椎再度受到伤害。同时也广泛应用于神经外科、耳鼻喉科、口腔科、整形外科等领域以及各种手术、检查和治疗中，如脑部手术、耳鼻喉手术、口腔手术等。

2. 结构组成

头枕用于支撑患者头部，可以根据患者头部大小调整。

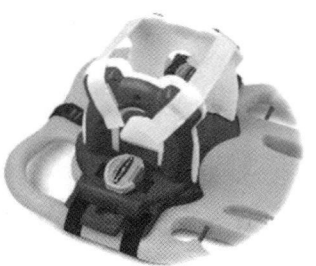

图 6-8　头部固定器

两侧的固定带用于固定患者头部，防止头部移动。下半部分的支架起到连接头枕和固定带，调整高度和角度的作用。底座则用于放置在手术台或检查床上，固定整个头部固定器。

6.5 夹 板

6.5.1 高分子夹板

1. 应用场景

高分子夹板（图6-9）广泛应用于骨科、创伤外科、整形外科等领域，适用于各种类型的骨折、软组织损伤、关节不稳定等情况，用于固定和保护受伤的区域。

2. 结构组成

高分子夹板本体采用高强度、轻质的高分子材料制成，如碳纤维、玻璃纤维增强塑料等。固定带用于将夹板固定在受伤部位，通常由同材质的高分子材料制成。防滑层用于增加夹板与受伤部位的摩擦力，防止夹板移位。透气层用于提高患者的舒适度。

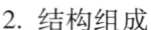

图6-9 高分子夹板

6.5.2 组合夹板

1. 应用场景

组合夹板（图6-10）可根据不同骨折固定要求，进行插式组合，灵活固定，适用于各种骨折、软组织损伤、关节不稳定等情况，可以根据患者的具体需要，定制化地固定受伤部位，提供必要的支撑和稳定性。

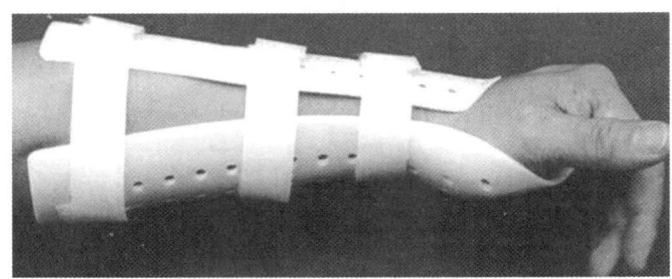

图6-10 组合夹板

2. 结构组成

组合夹板主体部分由硬质材料如塑料、金属等制成，用以支撑和固定受伤部位。固定带或螺丝用于将夹板固定在受伤部位，可以通过绑带或螺丝紧固。有些夹板包含可调节的部件，如金属杆、塑料杆或泡沫填充物，以适应不同大小的伤口。

6.5.3　多功能夹板

1. 应用场景

多功能夹板（图6-11）适用于各种骨折、软组织损伤、关节不稳定等情况，用于手指、手腕、前臂、脚趾、脚踝、小腿等不同部位的固定。

2. 结构组成

多功能夹板可多向调整角度，夹板铰链可在单方向上做任意角度的旋转，X射线可完全穿透，拍片效果良好。它的主体部分由各种材料如塑料、金属、木材、泡沫等制成，用以支撑和固定受伤部位。

6.5.4　四肢充气夹板

1. 应用场景

四肢充气夹板（图6-12）是通过充气进行肢体固定的一种特殊夹板，可以用于骨折的固定，也可以用来止血。通过充气装置向夹板内部的气囊充气，气囊膨胀后提供支撑力，固定受伤部位，防止进一步损伤。通过调整气压，可以控制夹板的支撑力度，以适应患者的具体需要。

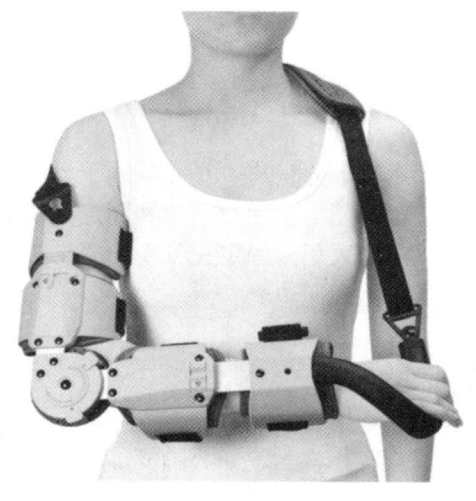

图6-11　多功能夹板

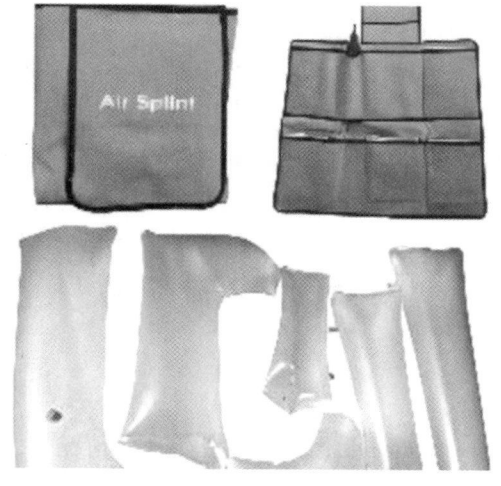

图6-12　四肢充气夹板

2. 结构组成

四肢充气夹板本体由柔韧的材料如塑料、橡胶等制成，用以支撑和固定受伤部位。充气装置通常包括气泵、气囊和连接管道，用于向夹板内部充气，提供所需的支撑力。

6.5.5　真空夹板套装

1. 应用场景

真空夹板套装（图6-13）满足急救所需要的各种夹板功能，可以使身体在抽取空气后维持体位，这种设计可以很好地将病人固定住。通过真空泵创建真空环境，使充气囊膨胀，从而提供支撑力，固定受伤部位，防止进一步损伤。通过调整吸力，可以控制夹板的支撑力度，以适应患者的具体需要。

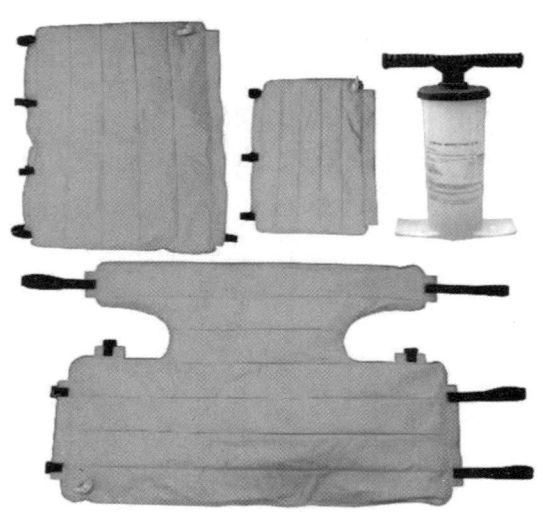

图 6-13　真空夹板套装

2. 结构组成

真空夹板套装主要由真空泵、充气囊、连接管道、固定装置等组成。真空泵用于创建真空环境，使充气囊膨胀。充气囊由柔韧的材料如橡胶或塑料制成，用以支撑和固定受伤部位。连接管道连接真空泵和充气囊，传递真空信号。固定装置用于固定充气囊和受伤部位，确保稳定性。垫片或软质材料用于增加舒适度，减少摩擦和压迫。

6.6　急救训练模拟人

伤员在受伤甚至危及生命的情况下，正确及时地实施一些急救术，如心肺复苏、担架搬运、头颈固定、夹板固定、止血等，对于伤员急救甚至生命保障，具有非常有效而重要的作用，而急救训练模拟人可以提供经常性的练习。

1. 应用场景

急救训练模拟人（图 6-14）适用于医生、护士、急救人员、学生等从事医疗工作和需要掌握急救技能的人员，用于进行心肺复苏（CPR）、自动体外除颤器（AED）操作、气道管理（如气管插管）、注射技术等急救技能的培训和练习。

急救训练模拟人根据功能和复杂性分为基础型、高级型、全面型等。基础型主要用于CPR 技能的培训，高级型可以模拟心脏病发作、创伤等，全面型则具备最全面的功能，可以模拟各种复杂的急救情况。

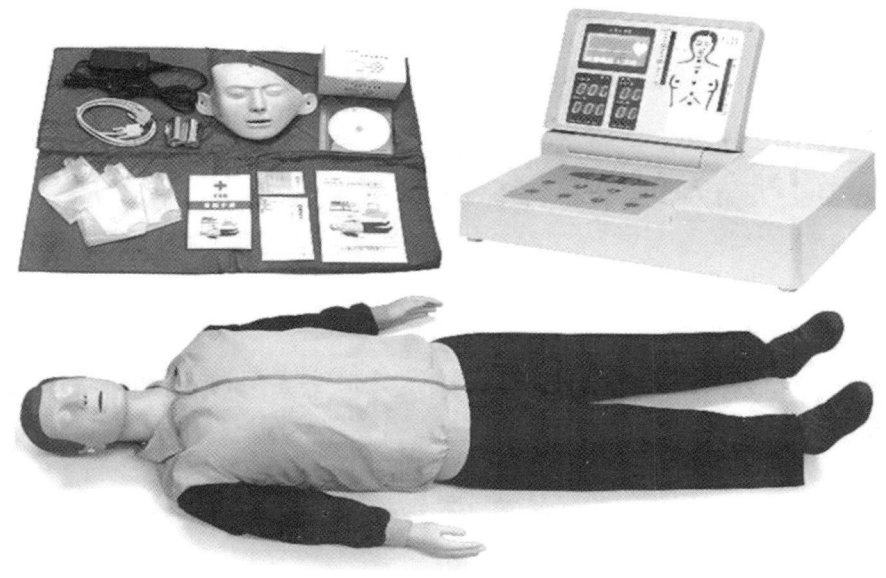

图 6-14   急救训练模拟人

2. 结构组成

急救训练模拟人可以模拟人的头部、躯干和四肢，以及内脏器官模型。控制系统用于控制模拟人的生命体征，如心跳、呼吸等。反馈系统用于提供操作反馈，如心跳音、呼吸音、触觉反馈等。训练工具有气管插管、注射针、除颤器等。显示系统用于显示模拟人的生命体征和训练数据。

【本章重点】

1. 医疗急救装备的概念与分类。
2. 典型医疗急救装备的应用场景、结构组成与工作原理。

【本章习题】

1. 什么是医疗急救装备？请说出医疗急救装备的概念与种类。
2. 请说出典型医疗急救装备的应用场景、结构组成与工作原理。

7 应急交通装备

应急交通装备通常具有快速响应、机动灵活、强大载运能力、强力协同性等特点，按应用领域可分为公路、铁路、水路、航空应急交通装备4类。

7.1 公路应急交通装备

公路应急交通装备包括抢险保通物资设备、交通疏导物资设备和运输车辆。其中，抢险保通物资设备包括应急机械化桥、应急机动栈桥、装配式公路钢桥、舟桥、桥梁加固器材、道路清障装备等；交通疏导物资设备包括安全标志牌、指示灯、红锥筒、水马等；运输车辆包括危险化学品槽罐车、装载机或挖掘机、客车、扫雪车、自卸车等。

7.1.1 应急机械化桥

应急机械化桥是由改装的车辆载运、架设和撤收并带有固定桥脚的成套制式桥梁器材。

1. 应用场景

应急机械化桥（图7-1）用于在敌直瞄火力威胁不到的小河或沟渠上架设低水桥，以保障技术兵器和车辆机动。可架成水面下桥，或与木质低水桥及舟桥器材结合使用，架成混合式桥梁，有的可同坦克架桥车所架桥梁连接使用。

图7-1　应急机械化桥

2. 结构组成

一套机械化桥器材由数辆桥车组成。桥车包括桥梁构件、基础车辆、专用工具及辅助设备。桥梁构件有上部结构（即桥节）、桥脚、跳板、系留桩和系材。上部结构通常用薄钢板焊接而成，也有采用铝合金材料制成的。桥面采用整体式或车辙式结构。整体式桥面一般通过展开缘材来加宽车行部；车辙式桥面通过调整两块车辙板的间距来实现。桥脚通常为架柱式，高度可调节。有的机械化桥利用基础车做桥脚，以增大单车架设长度。机械化桥可多跨或单跨架设。多跨架设采用分节架设，在前一桥节架设完毕，后面一辆桥车即驶上已架好的桥节，架设下一桥节。架桥装置包括升降架或滑架、支承轴或架设臂、托架、液压系统、钢索系统、操纵机构和电气设备等。专用工具和辅助设备包括锚定装置、桩锤、标杆、土壤承载力测定器、栏杆柱、栏杆绳、跳板等。

7.1.2 应急机动栈桥

应急机动栈桥（图7-2）是在没有固定码头的情况下，使用单车完成运输、架设和撤收作业的临时码头栈桥，可以实现岸船直接连接，保障重型装备在无码头条件下快速装卸。

图7-2 应急机动栈桥

1. 应用场景

应急机动栈桥用于各种地形和环境，特别是在无法快速搭建传统桥梁的地方，如河流、峡谷、湖泊、湿地等，可以在短时间内提供临时的交通通道，以便于人员、物资和车辆快速通行。

2. 结构组成

桥面板是用于承载行人和车辆的平面结构。桥塔是支撑桥面板的立柱结构。支撑系统包括支架和地锚，用于将栈桥固定在地面或水面上。动力和控制系统用于栈桥的展开和收起。包装和运输系统方便栈桥快速部署和运输。

7.1.3 装配式公路钢桥

装配式公路钢桥（图7-3）是一种可快速拼装、分解的下承式钢结构公路桁架制式桥。可用于临时架设桥梁，抢修被破坏的原有桥梁，也可作为民用浮桥的上部结构。

图 7-3　装配式公路钢桥

1. 应用场景

装配式公路钢桥是一种采用工业化生产、模块化设计、装配式施工的新型桥梁结构形式，广泛应用于各种临时性或永久性公路、铁路、城市轨道交通等基础设施建设。具有施工速度快、占地面积小、承载能力高、可重复利用、环境友好等优点，尤其适用于紧急救援、自然灾害抢修、交通疏导、临时交通工程以及复杂地质条件下的桥梁建设。

2. 结构组成

桥面板用于承载交通。梁（或拱肋）承受桥面板和自身重量，并将力传递至支撑结构。支撑结构包括柱、墩、地基等，用于支撑桥梁。连接件用于连接各个组件，确保结构的稳定性和整体性。配备辅助性附件如护栏、照明、排水系统等。

7.1.4　道路清障装备

道路清障车（图 7-4）又称道路抢险车、道路救援车、拖车、拖拽车，具有起吊、拉拽和托举牵引等多项功能，用于移动道路故障车辆、城市违章车辆及抢险救援等。

图 7-4　道路清障车

1. 应用场景

交通事故现场处置、车辆故障移除、道路障碍物清除、大型车辆故障救援、自然灾害后的道路恢复等，以确保道路畅通无阻，保障交通安全。

2. 结构组成

根据不同功能设计的车身结构；动力系统包括发动机、电动机等；操作系统包括控制面板、按钮、开关等；工作装置包括吊臂、拖钩、清扫器、喷水装置等；辅助设备包括发电机、工具箱、气动工具等。

7.1.5 危险化学品槽罐车

危险化学品槽罐车（图7-5）用于化学腐蚀液体的公路汽车车载运输。一般安装方式为大梁连接式和车背式。其中车背式为卧式钢衬储罐中加防波板和组合人孔。储罐塑料层具有无焊接缝、不渗漏、无毒性、抗老化、抗冲击、耐腐蚀、寿命长、符合卫生标准等特性，弥补了全塑滚塑储罐刚性强度差、不耐压、耐温差的缺点。内衬面平整、光滑、坚固，与传统的钢衬塑料板运输槽、钢衬橡胶运输罐、钢衬玻璃钢运输槽相比，具有耐腐蚀性更好、不渗漏、不剥离、耐磨损、可耐一定压力、可耐较高温度、寿命更长等优点，是运载腐蚀液体的理想容器，可应用于90℃以下化学溶液的汽车运输。

图7-5 危险化学品槽罐车

1. 应用场景

危险化学品槽罐车用于运输易燃易爆、有毒有害等危险化学品，广泛应用于石油、化工、制药等行业，确保危险物品的安全运输和定点配送，满足生产、科研和救援等需求。

危险化学品槽罐车根据其运输的化学品类型和罐体结构可以分为以下几类。

（1）金属罐车：用于运输液体和气体。

（2）复合材料罐车：用于运输敏感或有腐蚀性的化学品。

（3）压力容器罐车：用于运输液化气体或压缩气体。

（4）常压罐车：用于运输液体和固体化学品。

（5）低温罐车：用于运输需要低温保存的化学品。

2. 结构组成

罐体用于储存和运输化学品，通常由不锈钢、碳钢或其他耐腐蚀材料制成。安全阀和泄压装置用于在压力过高时释放压力，防止罐车爆炸。温度监测装置用于监测罐内化学品的温度，确保其安全的温度范围内运输。压力表用于显示罐内压力，以便操作人员了解罐内情况。阀门和管路用于装卸货物和进行紧急排放。紧急切断装置用于在紧急情况下迅速切断罐体与车辆的连接。警示标志和灯光是用于提醒其他道路使用者车辆的危险性质。

通过罐体将化学品从装卸地点运输到目的地。罐车通过阀门和管路进行装卸作业，同时配备有温度监测、压力监测等装置，以确保化学品在运输过程中的安全。

3. 使用注意事项

（1）根据所运输化学品的性质选择合适的槽罐车，确保槽罐车的材料和设计能够满足化学品的运输要求。

（2）操作人员应接受专业培训，熟悉槽罐车的操作方法和应急措施。

（3）在使用前，应检查槽罐车的所有安全设备是否工作正常，确保罐体没有泄漏或其他损坏。

（4）遵守交通法规和危险品运输规定，确保在安全的条件下运输化学品。

7.1.6　装载机

装载机（图7-6）是一种广泛用于公路、铁路、建筑、水电、港口、矿山等建设工程的土石方施工机械，用于铲装土壤、砂石、石灰、煤炭等散状物料，也可对矿石、硬土等做轻度铲挖作业。换装不同的辅助工作装置还可以进行推土、起重和其他物料如木材的装卸作业。

图7-6　装载机

1. 应用场景

在道路特别是在高等级公路施工中，装载机用于路基工程的填挖、沥青混合料和水泥混凝土料场的集料与装料等作业。还可进行推运土壤、刮平地面和牵引其他机械等作业。

由于装载机具有作业速度快、效率高、机动性好、操作轻便等优点，因此它成为工程建设中土石方施工的主要机种之一。

2. 分类

常用的单斗装载机，按发动机功率、传动形式、行走结构、装载方式的不同可进行如下分类。

（1）发动机功率：功率小于 74 kW 为小型装载机；功率在 74~147 kW 为中型装载机；功率在 147~515 kW 为大型装载机；功率大于 515 kW 为特大型装载机。

（2）传动形式：液力-机械传动，冲击振动小，传动件寿命长，操纵方便，车速与外载间可自动调节，在中大型装载机上多采用；液力传动，可无级调速，操纵简便，但启动性较差，一般仅在小型装载机上采用；电力传动，无级调速，工作可靠，维修简单，费用较高，一般在大型装载机上采用。

（3）行走结构：轮胎式，质量轻，速度快，机动灵活，效率高，不易损坏路面，接地比压大，通过性差，但被广泛应用；履带式，接地比压小，通过性好，重心低，稳定性好，附着力强，牵引力大，比切入力大，速度低，灵活性相对差，成本高，行走时易损坏路面。

（4）装卸方式：前卸式，结构简单，工作可靠，视野好，适合于各种作业场地，应用较广；回转式，工作装置安装在可回转 360° 的转台上，侧面卸载不需要掉头，作业效率高，但结构复杂，质量大，成本高，侧面稳性较差，适用于较狭小的场地；后卸式，前端装，后端卸，作业效率高，作业安全性欠佳。

3. 结构组成

装载机主要由发动机、传动系统、驱动轮和轮胎、工作装置、液压系统、操纵杆和控制阀、框架和悬挂系统等组成。发动机提供动力源。传动系统包括变速箱、驱动桥等，将发动机的动力传递至轮胎。驱动轮和轮胎用于提供牵引力和支撑装载机。工作装置包括铲斗、连接杆、摇杆等，用于装载和搬运物料。液压系统提供动力至工作装置，实现各种动作的控制。操纵杆和控制阀用于操作装载机的各种动作。框架和悬挂系统提供机械结构支撑，并保持稳定性。

7.1.7 挖掘机

挖掘机（图 7-7）是用铲斗挖掘高于或低于承机面的物料，并装入运输车辆或卸至堆料场的土方机械。挖掘的物料主要是土壤、煤、泥沙以及经过预松后的岩石矿石。挖掘机已经成为工程建设中最主要的工程机械之一。

1. 应用场景

在建筑施工、基础设施建设、矿山开采、农田改造、环境整治等多种场景中广泛应用，能够执行土方作业、挖掘、装载、运输等任务，是现代化建设中不可或缺的工程机械。

图 7-7 挖掘机

2. 分类

（1）按照规模大小不同，可以分为大型挖掘机、中型挖掘机和小型挖掘机。

（2）按照行走方式不同，可分为履带式挖掘机和轮式挖掘机。

（3）按照传动方式不同，可分为液压挖掘机和机械挖掘机。机械挖掘机主要用在一些大型矿山上。

（4）按照用途分，可分为通用挖掘机、矿用挖掘机、船用挖掘机、特种挖掘机等不同类别。

（5）按照铲斗分，可分为正铲挖掘机、反铲挖掘机和拉铲挖掘机。正铲挖掘机多用于挖掘地表以上的物料，反铲挖掘机多用于挖掘地表以下的物料。

①正铲挖掘机。正铲挖掘机的铲土动作形式特点是"前进向上，强制切土"。正铲挖掘力大，能开挖停机作业面以上的土，宜用于开挖高度大于 2 m 的干燥基坑，但需设置上下坡道。正铲挖掘机的挖斗比同当量的反铲挖掘机的挖斗要大一些，可开挖含水量不大于 27% 的一类至三类土，且与自卸汽车配合完成整个挖掘运输作业，还可以挖掘大型干燥基坑和土丘等。开挖方式根据开挖路线与运输车辆相对位置的不同，挖土和卸土方式有：正向挖土，侧向卸土；正向挖土，反向卸土。

②反铲挖掘机。反铲挖掘机最常见，向后向下，强制切土，可以用于停机作业面以下的挖掘，基本作业方式有：沟端挖掘、沟侧挖掘、直线挖掘、曲线挖掘、保持一定角度挖掘、超深沟挖掘和沟坡挖掘等。

③拉铲挖掘机。拉铲挖掘机也叫索铲挖土机，其挖土特点是"向后向下，自重切土"。工作时，利用惯性将铲斗甩出去，挖得比较远，挖土半径和挖土深度较大，但不如反铲灵活准确。尤其适用于开挖大而深的基坑或水下挖土。

3. 结构组成

挖掘机组成基本同装载机，工作装置是挖掘斗。

7.1.8　扫雪车

扫雪车（图 7-8）又被称为推雪车、扫雪机，是清理道路积雪的专用车辆，通常在冬季风暴后用于确保道路畅通和交通安全。

1. 应用场景

扫雪车用于城市和乡村的道路清扫，高速公路、立交桥、隧道等交通设施的清扫，机场跑道和停机坪的清扫，火车站、港口等公共交通设施的清扫。

2. 分类

根据工作原理不同，可分为推移式扫雪车、抛雪式扫雪车和吹雪式扫雪车。

（1）推移式扫雪车：将推雪铲刀、扫雪犁等装置安装在大型车辆如推土机上，将雪推走，留出行走通道，然后用其他车辆将堆雪拉走。其缺点是只能将雪推到路边，没有集雪、抛雪能力，只适合于新鲜雪或破碎后的冰雪，清理效率低，很容易划伤地面，并且耗费时间多。

（2）抛雪式扫雪车：先收集积雪，再利用抛雪泵将积雪抛到路边或抛上运输车辆。

图 7-8　扫雪车

其中最为常见的是螺旋式类型，叶片高速旋转将雪旋进扫雪车里，再通过导管运到储雪箱中，其特点是采用大功率主机，宽幅、高效，使用较广。

（3）吹雪式扫雪车：利用航空发动机来产生强大的高压空气流，由喷口吹出来清除地面积雪。吹雪式扫雪车运行速度快，生产率高，成本很高，其缺点是只适用于新鲜雪，只能在机场、桥梁和高速公路上应用。

3. 结构组成

扫雪车主要由动力系统、扫雪装置、积雪收集系统等组成。动力系统是扫雪车的核心部分，通常包括发动机和传动系统，为扫雪车提供必要的动力。扫雪装置是扫雪车的工作部分，通常包括旋转滚刷或者推雪板。旋转滚刷由多个紧密排列的条状物组成，能够将积雪聚集起来并推向路边；推雪板则像一个巨大的铲子，可以将雪推到路边或收集到收集箱中。积雪收集系统包括一个或多个收集箱，用于收集扫雪装置堆积或卷起的雪。收集箱可以是固定式的，也可以是可翻转的，方便倒雪。根据需要，扫雪车还可能配备撒布机，用于撒布融雪剂，如盐或者化学融雪剂，以加速积雪融化。

7.1.9　自卸车

自卸车（图 7-9）又称翻斗车，是指通过液压或机械举升而自行卸载货物的车辆。

图 7-9　自卸车

1. 应用场景

自卸车是具有自动卸载功能的卡车，用于运输土方、矿石、煤炭等散装物料。可以在施工现场、矿山、港口等地进行作业，提高运输效率，减轻劳动强度。还可以改装成洒水车、垃圾车等，用于城市环卫、园林绿化等领域。

2. 分类

（1）根据外形可分为平头自卸车、尖头自卸车。

（2）根据连接形式可分为直推式倾斜机构自卸车、连杆式倾斜机构自卸车。

（3）根据用途可分为农用自卸车、矿山自卸车、垃圾自卸车、煤炭运输自卸车、工程机械自卸车、污泥自卸车。

（4）根据驱动方式可分为4×2（单桥）自卸车、6×2（前四后四）自卸车、6×4（后双桥）自卸车、8×4（前四后八）自卸车、双桥半挂自卸车、三桥半挂自卸车。

（5）根据翻动方式可分为前举式和侧翻式自卸车，还有双向侧翻自卸车，主要应用于建筑工程。

3. 结构组成

自卸车主要由车架和车身、动力系统、传动系统、驱动轮和轮胎、卸载装置等组成。车架和车身提供车辆的结构支撑和运输空间。动力系统发动机提供车辆的动力。传动系统包括变速箱、驱动桥等，将发动机产生的动力传递至车轮。驱动轮和轮胎提供车辆的牵引力和支撑力。卸载装置包括手动卸载机构、液压卸载系统等，用于实现货物的自动卸载。操纵杆和控制阀用于操作自卸车的各种动作。

7.1.10 安全标志牌

安全标志牌是一种用于传递安全信息的图形标识，通常包括一个符号、图像、颜色和文字，以警告、禁止、指令、提示或信息的形式，向人们传递有关安全的特定信息。设计和颜色都遵循国际或国家标准，以确保信息的清晰和一致性。

1. 应用场景

安全标志牌通常设置在工作场所、公共场所等，用以提醒和指导人们注意安全，预防事故发生。

2. 分类

（1）警告标志：用于提醒人们注意潜在的危险。

（2）禁止标志：用于指示某些行为是被禁止的。

（3）指令标志：用于指示必须采取的行动或遵守的规定。

（4）指示标志：用于指示某个地点、方向或通道。

（5）信息标志：用于提供特定信息或提示。

3. 结构组成

安全标志牌的底色可以用于区分不同类型的标志。图案或文字用于表达特定的安全信息。边框是围绕图案或文字的边界，增强标志的视觉效果。反光材料起到提高标志在夜间或低能见度条件下可见性的作用，如图7-10所示。

图 7-10　安全标志牌

7.1.11　交通信号灯

交通信号灯（图 7-11）是指挥交通运行的信号灯，一般由红灯、绿灯、黄灯组成。红灯表示禁止通行，绿灯表示准许通行，黄灯表示警示。

1. 应用场景

应用于道路交叉口，通过红、黄、绿三种颜色灯光的定时变换，指挥车辆和行人有序通行，保障交通流畅，减少交通事故。

2. 分类

交通信号灯分为机动车信号灯、非机动车信号灯、人行横道信号灯等。

（1）机动车信号灯是由红色、黄色、绿色三个无图案圆形单位组成的一组灯，指导机动车通行。绿灯亮时，

图 7-11　交通信号灯

准许车辆通行，但转弯的车辆不得妨碍被放行的直行车辆、行人通行。黄灯亮时，已越过停止线的车辆可以继续通行。红灯亮时，禁止车辆通行。红灯亮时，右转弯的车辆在不妨

碍被放行的车辆、行人通行的情况下，可以通行。

（2）非机动车信号灯是由红色、黄色、绿色三个内有自行车图案的圆形单位组成的一组灯，指导非机动车通行。

（3）人行横道信号灯是由红色行人站立图案和绿色行人行走图案组成的一组信号灯，指导行人通行。绿灯亮时，准许行人通过人行横道。红灯亮时，禁止行人进入人行横道，但是已经进入人行横道的，可以继续通过或者在道路中心线处停留等候。

3. 结构组成

灯体是用于安装信号灯的框架。光源通常是 LED 灯或高压钠灯等，提供信号灯的照明。控制装置包括计时器、传感器等，用于控制信号灯的变化。电缆和接线盒用于连接信号灯与控制系统。反光材料用于提高信号灯在夜间或低能见度条件下的可见性。

7.1.12　红锥筒

红锥筒（图7-12）又称锥形交通路标、道路标筒，俗称路锥、三角锥，一般为锥形或柱形的临时道路标志。

1. 应用场景

红锥筒常用于道路上进行临时警示或警示障碍物，以确保车辆和行人安全。通常为鲜艳的红色筒体，可以快速设置，易于搬运，适用于各种施工现场、交通事故现场、道路施工、突发事件等场景，提供有效的警示和保护作用。

图7-12　红锥筒

2. 结构组成

筒体是红锥筒的主要组成部分，通常由塑料、金属或泡沫材料制成。底座用于稳固红锥筒，防止其倾倒。锥尖是红锥筒的顶部，通常为硬质材料，以增加耐用性。一些红锥筒可能包含反光材料，以提高夜间可见性。

3. 使用注意事项

（1）根据需要提示的危险程度和交通流量选择合适尺寸和材质的红锥筒。

（2）确保红锥筒的颜色鲜艳，字样清晰，以保证其可见性。

（3）在使用红锥筒时，应将其放置在适当位置，确保其稳定性和安全性。

（4）定期检查红锥筒的损坏情况，及时更换损坏或褪色的红锥筒。

7.1.13　水马

水马（图7-13）是一种用于分割路面或形成阻挡的艳色塑制壳体障碍物，通常是上小下大的结构，上方有孔以注水增重，故称水马。部分水马还有横向的通孔以便通过杆件连接形成更长的阻挡链或阻挡墙。

1. 应用场景

道路施工时，用于隔离施工区域，保证施工安全。交通事故或紧急情况现场，用于划定事故区域，防止二次事故发生。临时交通管制区域，如道路封闭、车

图7-13　水马

道变更等。

2. 结构组成

水马的主体部分，通常由塑料、橡胶或金属材料制成。底座用于稳固水马，防止其倾倒。桶内填充物通常为水或沙子，用于增加水马的稳定性和重量。一些水马可能包含反光材料，以提高夜间可见度。

7.2　铁路应急交通装备

铁路是国家的重要基础设施，是国民经济的大动脉，是综合交通运输体系中的骨干，在推动经济社会持续健康发展、适应保障国防建设等方面具有不可替代的作用。根据《铁路技术管理规程》规定，在铁路总公司指定地点设置救援列车、电气线路修复车和接触网抢修车等事故抢险救援专业队伍，配置救援抢险设备机具与专用车辆，并经常处于整备待发状态。在无救援列车的编组站、区段站和较大中间站设置救援队，配备必要的救援起复设备。铁路局应在无救援列车的二等以上车站及较大中间站成立救援队，配置复轨器、液压起复机具、千斤顶、钢丝绳和转向架索具等简易救援起复设备和工具。

7.2.1　铁路救援起重机

铁路救援起重机是铁路交通事故的主要救援设备。

1. 应用场景

铁路救援起重机（图 7-14）是用于铁路运输系统中，对发生故障或事故的列车进行救援、起吊和搬运的重要设备。通常应用于铁路车辆段、车站、铁路沿线等地，能够在列车脱轨、车辆故障或其他紧急情况下，快速、高效地进行事故车辆的救援和处理，保障铁路运输安全与畅通。

图 7-14　铁路救援起重机

2. 结构组成

铁路救援起重机由起重机构、行走机构、旋转机构、驾驶室和控制系统等组成。起重机构负责实现列车的起吊和搬运；行走机构使起重机能够在轨道上移动；旋转机构能够使起重机在轨道上旋转，以调整作业位置；驾驶室是操作人员的控制中心，操作人员可以通过控制系统对起重机的各项动作进行控制；还配备有检测和监控系统，用于实时监测起重机的运行状态，确保作业安全。

7.2.2 牵引复轨工具

牵引复轨工具是铁路交通事故中一种主要的救援起复工具。

1. 应用场景

牵引复轨工具用于脱轨事故救援、车辆维修、车辆装卸、铁路施工、训练和演示。

2. 分类

（1）手动牵引复轨工具：通常由人力操作，适用于小型车辆或短距离的复轨作业。

（2）电动牵引复轨工具：通过电力驱动，具有较大的牵引力和操作便利性，包括电动绞车、电动复轨器等。

（3）液压牵引复轨工具：利用液压系统产生力，具有输出力大、操作简便、能远程控制等特点，包括液压复轨器、液压绞车等。

（4）轨道复位器：一种专门用于复位脱轨车辆的设备，通常由钢制构件和牵引机构组成。根据复轨方式不同，分为推移式、旋转式等多种类型。

（5）复轨吊车：一种专门用于吊运和复轨的大型设备，通常由起重机和复轨装置组成。可以对脱轨车辆进行整体吊运，适用于各种大型车辆的复轨作业。

3. 结构组成

（1）牵引装置：复轨工具的主要力量来源，可以是人、电动机、液压马达或其他动力源，用于提供足够的拉力，以移动脱轨的车辆。

（2）导向装置：用于确保牵引力量正确地作用于车辆轮对，使车辆能够平稳地回到轨道上，包括滑轮、滚轮、导轨或其他引导机构。

（3）连接装置：用于将牵引装置与车辆连接起来，包括钩环、夹具、链条、钢丝绳或其他连接元件。

（4）控制系统：用于操作和调节牵引复轨工具的运行。对于手动操作工具，是一个简单的操纵杆或手柄；对于自动或远程操作工具，是一个复杂的控制系统，包括按钮、开关、传感器和计算机接口。

（5）支撑装置：用于稳定工具和车辆，在复轨过程中提供支持，包括支架、底座、轮子或其他支撑结构。

（6）安全装置：为了确保操作人员和车辆的安全，通常配备有安全装置，如限位器、紧急停止按钮、过载保护等。

（7）动力传输系统：对于电动或液压驱动的工具，动力传输系统包括电线、油管和其他连接组件，用于将动力从源头传输到牵引装置。

（8）附件：根据特定的应用需求，还包括一些附件，如照明设备、通信设备、测量工具等，以提高夜间作业的安全性或辅助操作。

液压牵车机如图7-15所示。

图7-15 液压牵车机

7.2.3　顶移复轨工具

千斤顶是一种结构简单而又实用的救援起复工具，在事故应急救援作业中发挥着重要作用。按其结构主要分为螺旋式、液压式、横移式等多种形式，救援作业中常用的有 20 t、32 t、50 t、100 t 等几种起重吨位的千斤顶。

液压起复机具（便携式液压起复机具、液压复轨器、液压侧顶扶正机具等）（图 7-16）是一种新型的超高压救援起复设备，具有结构紧凑、操作方便、性能可靠等优点。

图 7-16　液压起复机具

1. 应用场景

顶移复轨工具是一种用于铁路线路维修和紧急救援的装置，能够在不影响铁路正常运行的情况下，对轨道进行调整和修复。通常应用于铁路施工区域、车站或铁路沿线，当轨道出现偏移、损坏或其他故障时，它可以迅速将被顶起的轨道复位，恢复铁路交通的正常秩序，确保列车安全和准时运行。

2. 分类

顶移复轨工具分为机动式和手动式两种操作方式，适用于电气化铁路区段、隧道、桥梁及特殊地段的机车车辆救援起复作业，已在各局救援列车配备应用，并在车站救援队配置了便携式液压起复机具。

3. 结构组成

（1）液压泵：提供液压动力。

（2）液压缸：执行举升或支撑动作。

（3）控制阀：控制液压油的流向和压力。

（4）液压油箱：储存液压油。

（5）支撑结构：用于固定和支撑被起复物体。

（6）导向机构：确保被起复物体在正确轨迹上移动。

（7）安全装置：包括压力继电器、限位开关等，用于保障操作安全。

7.2.4　救援吊索具及辅助救援设备

钢丝绳是起重工作和事故应急救援作业中常用的一种挠性构件。铁路救援起重机卷扬机构、救援吊索具以及机车车辆牵引复轨时都需要使用钢丝绳。合成纤维吊带（迪尼玛吊带）作为一种新型吊装工具器材，具有重量轻、载荷量大、防止静电、使用方便等优点，已在铁路交通事故应急抢险救援工作中广泛应用，如图 7-17 所示。

除以上几种主要救援设备机具外，还有部分救援辅助设备机具，如铁路救援起重机组合式支腿垫块、简易组合式台车、机车车辆抬轮器、多功能起重气袋、便携式等离子束切割机等。

图 7-17　铁路救援吊具

7.3　水路应急交通装备

水路应急交通装备包括应急舟桥、水陆两用气垫船、应急组合式机动驳船、浮式海岸滩涂通道、拼装式浮动码头等。

7.3.1　应急舟桥

1. 应用场景

应急舟桥是一种在自然灾害或突发事件中，用于快速构建水上交通工具的紧急救援设备，应用于洪水、地震等灾害导致的交通中断，河流、湖泊等水域障碍，以及需要水上救援和物资输送的场合，为受困人员和物资提供及时的水上通道，协助完成救援和重建工作。

2. 结构组成

通常由桥脚舟、桥面结构和栈桥等组成。

3. 分类

（1）按架设浮桥的器材分为制式舟桥器材和民舟器材。

（2）按其载重量区分，又分为轻型的（载重 25 t 以下）、重型的（载重 40~80 t）和特种的。

（3）按桥脚舟的配置形式又分为桥脚舟分置式的和带式的。

（4）按其是否具有水陆自行能力又分为非自行与自行两种，后者是将舟体和桥面结构合为一体，且具有水陆行驶能力的一种专用两栖车辆，便于迅速连接和拆解浮桥。

（5）舟桥器材按照结构形式可分为普通舟桥器材、特种舟桥器材、带式舟桥器材、自行舟桥器材。

①普通舟桥（图7-18）又称为桥脚分置式舟桥，是舟桥装备的早期形式。可快速构建水上通道，适用于洪水、地震等灾害救援现场，为受困人员提供紧急援助。它是由多艘舟体通过连接装置组合而成的水上交通工具，主要结构包括舟体、支承结构、连接装置和动力系统。舟体用于承载人员和物资，支承结构保持舟体稳定，连接装置使舟体之间紧密相连，动力系统则负责驱动舟体前进。

图 7-18 普通舟桥

②特种舟桥（图 7-19）是用于长江、黄河等特大江河的专用舟桥装备，具有较强抗风浪能力，克服江河水急、水面宽的能力。适用于复杂环境下的大规模人员疏散、装备补给和灾害救援等任务，相较于普通舟桥，特种舟桥携带有各种特种设备，根据任务需求而设置，如医疗救护、通信保障、油料供应等设施，使其具备执行特定任务的能力。

图 7-19 特种舟桥

③带式舟桥（图 7-20）是舟桥的主要形式，适用于洪水、地震等灾害救援现场，能大幅提高水上通道的运输效率和安全性，为受困人员和物资提供紧急援助。带式舟桥是一种创新的水上交通工具，其结构主要包括舟体、带式传送系统、支承结构、连接装置和动力系统。舟体和支承结构确保稳定性，带式传送系统实现人员和物资快速运输，连接装置使舟体之间紧密相连，动力系统负责驱动舟体前进。与普通舟桥相比，其舟、桁、板合为一体，架设使用作业简单、架设速度快、劳动强度低，总体性能高。

图 7-20　带式舟桥

④自行舟桥（图 7-21）能够在多种环境中快速部署，提供灵活且稳定的水上通道，适用于军事、救援和民用等。与带式舟桥相比，其舟体、舟车、水上动力合为一体，具有水陆两栖行驶、防护能力强、自动化程度高等特点。自行推进系统是自行舟桥的核心特点，它使舟桥能够在水面上自主推进，而不需要外部动力源，通常包括螺旋桨、轮桨或者水喷射推进器。通常在舟体下方装备有特殊设计的车轮或履带，这些车轮或履带可以在水上漂浮，并在陆地上提供足够的抓地力，使得舟桥能够在水陆两栖环境中移动。此外，现代自行舟桥可能配备先进的自主控制系统，具有导航、自动驾驶和远程控制功能，以提高操作效率和安全性。

图 7-21　自行舟桥

7.3.2　气垫船

水陆两用气垫船采用的是一种水陆两用工艺，能够在土地、水、泥、冰和其他表面行进。

1. 分类

按产生气垫的方式，可分为全垫升气垫船和侧壁式气垫船两种。

1）全垫升气垫船

全垫升气垫船（图7-22）是利用垫升风扇将压缩空气注入船底，与支承面之间形成"空气垫"，使船体全部离开支承面的高性能船，英国制造的世界第一艘气垫船即为全垫升式。由于全垫升气垫船具有良好的通过性，受潮汐、水深、雷障、登陆障碍及近岸海底坡度、底质的限制小，因而可在全世界70%以上的海岸实施登陆。

全垫升气垫船由船体、气垫、推进系统、控制系统、浮沉系统等组成。船体是全垫升气垫船的基础部分，用于承载人员和货物；气垫是实现船体与水面垫升的关键部件，通常由多层橡胶或其他弹性材料制成；推进系统用于提供动力，使船舶能够在水面上航行；控制系统用于控制船舶的航行方向和速度；浮沉系统则用于调整船体的浮力和稳定性。

2）侧壁式气垫船

侧壁式气垫船（图7-23、图7-24）适用于浅水区、沼泽地、冰封水域等复杂或不适宜传统船舶航行的地带，因其较高的适应性和通过能力而广泛用于军事、运输、勘探等。与全垫升气垫船相比，这种气垫船的船底两侧有刚性侧壁插入水中，首尾有柔性围裙形成的气封装置，可以减少空气外溢。航行时，利用专门的升力风机向船底充气形成气腔，使船体漂行于水面。它常选用轻型柴油机或燃气轮机作为主要动力装置，用水螺旋桨或喷水推进，航速可达20~90节；具有较好的操纵性和航向稳定性，但不具备登陆性能。

图7-22　全垫升气垫船

图7-23　侧壁式气垫船（1）

图7-24　侧壁式气垫船（2）

2. 结构组成

气垫船多用轻合金材料制成，船上装有鼓风机和轻型柴油机或燃气轮机等产生气垫和驱动船舶前进的动力装置，并有空气螺旋桨或水螺旋桨、喷水推进器等推进器。由鼓风机产生的高压空气，通过管道送入船底空腔的气室内形成气垫托起船体，并由发动机驱动推进器使船贴近支撑面航行。

7.3.3 应急组合式机动驳船

驳船是本身无自航能力，需拖船或顶推船拖带的货船，其特点为设备简单、吃水浅、载货量大。一般为非机动船，可与拖船或顶推船组成驳船船队，可航行于狭窄水道和浅水航道，并可根据货物运输要求而随时编组，适合内河各港口之间的货物运输。少数增设了推进装置的驳船称为机动驳船（图7-25），具有一定的自航能力。

图7-25 机动驳船

1. 分类

根据驳船结构形式可分为敞舱驳、甲板驳、半舱驳、罐驳。

（1）敞舱驳，又名敞口驳船，有设有几个货舱口的舱口驳，只设一个货舱、货舱上方全敞开的。

（2）甲板驳，不设货舱，在甲板上堆装货物，甲板四周设有挡货围板。

（3）半舱驳，甲板上堆装货物，甲板四周设有舱口围板。

（4）罐驳，在甲板上设置罐等密闭容器以装运油、液化气体等液体货物。

2. 结构组成

（1）船体：船体是机动驳船的主体部分，通常由钢板、铝合金或其他材料制成。船体的设计取决于船只的用途和工作环境，以满足承载能力、稳定性和耐久性等要求。

（2）甲板：甲板是船上的平面部分，用于装载货物。甲板的结构和尺寸应根据货物类型和数量进行设计，以确保安全和高效地装载和卸载。

（3）动力系统：机动驳船通常配备有柴油发动机或其他类型的动力系统，用于驱动螺旋桨或轮桨，从而实现船只的推进和控制。

（4）控制系统：包括舵机、油门和刹车等装置，用于操控船只的行驶方向和速度。

（5）船舶设备：根据不同应用场景，机动驳船还可配备导航设备、通信设备、安全设备和其他特种设备，如起重机、输送带和仓库设施等。

（6）船员设施：机动驳船通常还配备有船员生活区，包括卧室、食堂、卫生间等设施，以满足船员的生活需求。

7.3.4 浮式海岸滩涂通道

1. 应用场景

浮式海岸滩涂通道（图7-26）是一种适用于潮涨潮落、水位变化较大的海岸线和滩涂区域的交通工具，能够根据水位高低进行浮动，为人员和车辆提供稳定的通行路径，广泛应用于沿海地区的旅游、勘探、建设等活动中。特别是在难以建造固定桥梁的地点，浮式海岸滩涂通道成为一种便捷且经济的解决方案。

图7-26 浮式海岸滩涂通道

2. 结构组成

浮式海岸滩涂通道主要由浮体、支撑结构、连接桥、导航系统、锚定装置和动力系统等组成。浮体提供浮力，支撑结构和连接桥连接浮体与岸线，形成通道；导航系统确保通道在水中稳定行驶，锚定装置固定通道位置，动力系统提供通道移动的动力。这些部分协同工作，使浮式海岸滩涂通道能为潮汐变化的海岸线和滩涂区域提供稳定的通行路径。

3. 使用注意事项

浮式海岸滩涂通道的优点和积极效果是适用于沿海滩涂和陆地湿地环境；钢结构箱体模块通过铰链、可控连杆等拼接而成，便于快速组装和拆分，灵活拼装，方便快捷，运输和铺排过程中收开、折叠和捆绑都比较方便，能提高工作效率，有效保护海洋环境；箱体模块上设置了进水阀和进出水口，起到箱体调节功能，可以漂浮和沉底。

7.3.5　装配式浮动码头

浮动码头是一种可以随水位高低上下浮动的码头，可根据需要多节多形状拼接；承载力较高，筒体平稳、耐久；除自然环境中不可抗力及人为的不当使用外，几乎不需花费保养、维修费用；组装简易、快速、灵活、造型多样，整体采用模块结构，可配合各种灾情环境的需要，迅速更换平台造型。

1. 应用场景

装配式浮动码头（图7-27）广泛应用于需要临时或可移动水上设施的场合，如船舶维修、水上娱乐、海上施工、灾区救援、港口扩展等。也可用于替代传统固定式码头，在环境敏感区或不适合建造永久结构的水域提供船舶停泊和货物装卸功能。还适用于作为船舶加油站、补给站或其他水上服务设施。

图7-27　装配式浮动码头

2. 结构组成

装配式浮动码头主要由浮体、支撑结构、连接组件、甲板以及可能的附加设施组成。浮体提供浮力，使码头能够在水面上漂浮；支撑结构连接浮体和甲板，确保甲板的稳定性和承重能力；连接组件用于将多个浮动码头单元组装在一起，形成所需的长度或形状；甲板是供船舶停靠和人员活动的平台；附加设施可以根据需要设置，包括导航灯光、围栏、梯子、坡道等。这些组件通常预先制造并在现场快速组装，以提供灵活、可扩展的水上基础设施。

7.4　航空应急交通装备

空中救援能够在发生自然灾害、事故灾难时，提供灾情侦察、抢运遇险人员、转移受困群众和伤员、运送救援指挥人员和救援力量、运输救灾物资、吊运大型设备等服务，最大限度降低事故灾害造成的人员伤害和经济损失。空中救援可以到达全市各个角落，有效弥补救援时间紧迫、救护车无法到达情况下的救援短板，有效缩短紧急救援转运时间，提升区域内突发事件处置效率，满足人民群众的应急救援需求。

航空应急交通装备包括应急起飞跑道、应急直升机停机坪、机场升降摆渡平台、机场路面防护链板、机场应急综合保障装备等。

7.4.1　应急起飞跑道

通常在有飞机洞库和疏散区的机场设置，与主跑道保持一定的安全距离。以拖机道与主跑道、飞机洞库、飞机疏散区相连。主跑道被破坏时，供飞机洞库和疏散区的飞机在最短时间内起飞作战、疏散和转移使用。

7.4.2　应急直升机停机坪

直升机停机坪是供直升机、垂直起降战斗机起降的场地，其一般要求配备相应的助航设备、航管通信设备、气象设施、消防救援设备、机场标识等，使之能符合直升机安全起降要求。作为直升机的主要活动区域，停机坪有着至关重要的作用。

（1）按停机坪的几何形式分为圆形、方形、矩形，如图7-28、图7-29所示。

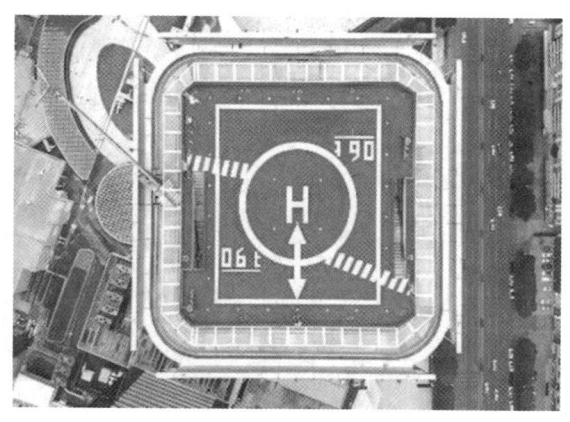

图7-28　方形直升机停机坪

（2）按形式划分为地面直升机停机坪、高架直升机场、船上直升机场、直升机水上平台。

7.4.3　机场升降摆渡平台

升降摆渡平台是一种多功能起重装卸机械设备，常用于机场的旅客交通工具，用于连接航站楼和飞机。能够平稳地移动，以便将旅客从航站楼运送到飞机旁，或者从飞机旁返回航站楼。

图 7-29　圆形直升机停机坪

1. 固定式升降平台

固定式升降平台（图 7-30）是一种升降稳定性好、适用范围广的举升设备，主要用于高度差之间货物运送；物料上线、下线；根据使用要求，可配置附属（可配置有人工液压动力、方便与周边设施搭接的活动翻板、滚动或机动辊道、防止轧脚的安全触条、风琴式安全防护罩、人动或机动旋转工作台、液动翻转工作台、防止升降平台下落的安全支撑杆、不锈钢安全护网、电动或液动升降平台行走动力系统、万向滚珠台面）装置，进行任意组合，如安全防护装置、电气控制方式、工作平台形式、动力形式等。各种配置的正确选择，可最大限度地发挥升降平台的功能，获得最佳的使用效果。

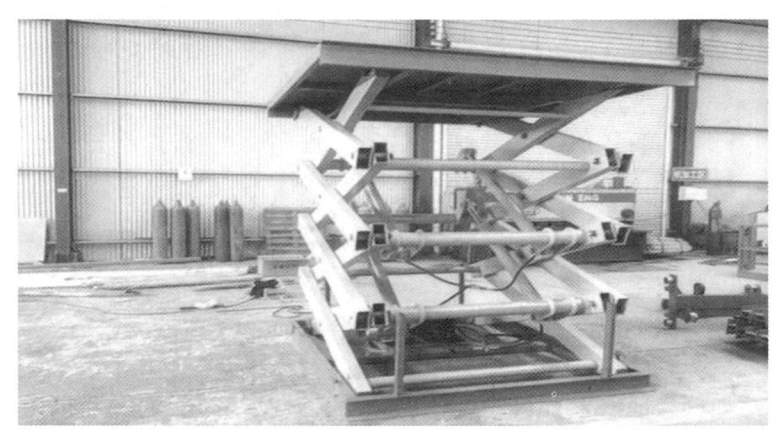

图 7-30　固定式升降平台

2. 车载式升降平台

车载式升降平台（图 7-31）是为提高升降平台的机动性，将升降平台固定在电瓶搬运车或货车上，接取汽车引擎动力，实现平台的升降功能，以适应厂区内外的高空作业，广泛应用于机场、车间、仓库等场所的高空作业。

车载式升降平台主要由升降机构、支撑结构、平台、驱动系统、控制系统和安全保护装置等组成。升降机构负责平台的升降动作，支撑结构为平台提供稳定承载，平台是工作区域，驱动系统提供升降动力，控制系统负责指令升降平台动作，安全保护装置则确保升降过程安全可靠。这些部分协同工作，使车载式升降平台能在多种工作环境中提供便捷、高效、安全的垂直运输解决方案。

图 7-31　车载式升降平台

3. 液压式升降平台

液压式升降平台（图 7-32）广泛适用于汽车、集装箱、模具制造、木材加工、化工灌装等各类工业企业及生产流水线，满足不同作业高度的升降需求，同时可配装各类台面形式（如滚珠、滚筒、转盘、转向、倾翻、伸缩），配合各种控制方式（分动、联动、防爆），具有升降平稳准确、频繁启动、载重量大等特点，有效解决工业企业中各类升降作业难点，使生产作业轻松自如。剪叉式升降平台结构使平台起升具有更高的稳定性、宽大的作业平台和较大的承载能力，使高空作业范围更大，并适合多人同时作业。它使高空作业效率更高、更安全。

图 7-32　液压式升降平台

4. 曲臂式升降平台

曲臂式升降平台（图 7-33）能悬伸作业、跨越一定的障碍或在一处升降进行多点作业；平台载重量大，可供两人或多人同时作业并可搭载一定的设备；可以旋转 360°，具有一定的作业半径；升降平台移动性好、转移场地方便、外形美观，适于室内外作业和存放，用于车站、码头、商场、体育场馆、小区物业、厂矿车间等大范围作业。

图 7-33   曲臂式升降平台

曲臂式升降平台主要由伸缩臂、支腿、工作平台、驱动系统、控制系统和安全保护装置等组成。动力有柴油机、柴油机和电双用、纯电瓶驱动三种；伸缩臂和支腿协同工作，实现工作平台的稳定扩展；工作平台是高空作业区域；驱动系统提供升降动力；控制系统负责指令升降平台动作；安全保护装置确保升降过程安全可靠。曲臂式升降平台适用于复杂高空作业环境，能有效提高工作效率和安全性。

5. 套缸式升降平台

套缸式升降平台（图 7-34）适用场合有厂房、宾馆、大厦、商场、车站、机场、体育场等，用于电力线路、照明电器、高架管道等安装维护、高空清洁等单人工作的高空作业。为多级液压缸直立上升，液压缸高强度的材质和良好的机械性能，塔形梯状护架，使升降平台有更高的稳定性，即使身处 30 m 高空，也能感受其优越的平稳性能。

图 7-34   套缸式升降平台

6. 可驾驶式升降平台

可驾驶式升降平台（图7-35）又名车载式高空升降平台，由升降平台和汽车配套改装而成。接取汽车引擎动力，实现升降平台的升降功能，适用于大流动量的高空作业。

7.4.4 机场路面防护链板

机场路面防护链板（图7-36）应用于机场跑道、滑行道等区域，用于保护路面免受飞机起降时产生的冲击和磨损，确保飞机安全运行。有不锈钢、工程塑料、碳钢等材质，规格品种繁多，可根据输送物料和工艺要求选用，能满足各行各业不同的需求。

图7-35 可驾驶式升降平台

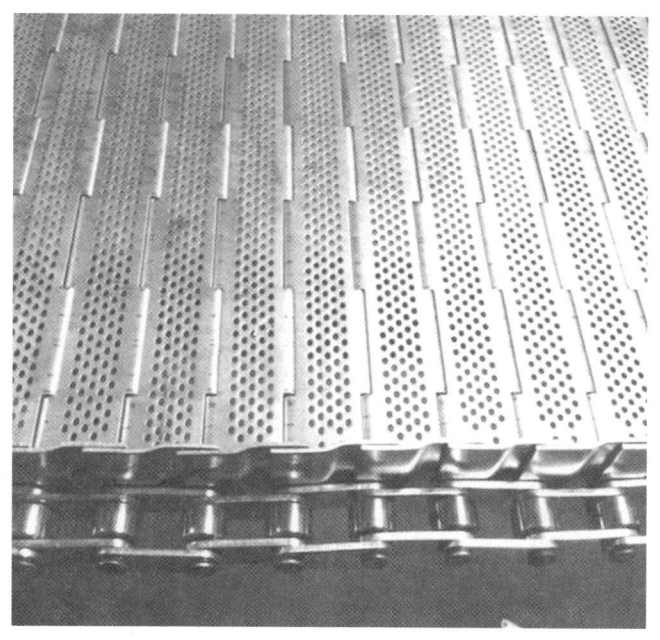

图7-36 机场路面防护链板

7.4.5 机场应急综合保障装备

机场应急综合保障装备是用于机场应急救护的仪器、器材、药品、物资、车辆等的统称。要求配备担架、毛毯、车辆、应急氧气、呼吸设备、高级生命维持系统、充气帐篷、固定式靠垫、复苏式救护车、普通应急设备、尸体袋及通信设备、应急医疗转运设施、航空运送设备。

【本章重点】

1. 简述应急交通装备的概念与分类。
2. 公路应急交通装备的应用场景、分类与结构组成。
3. 铁路应急交通装备的应用场景、分类与结构组成。
4. 水路应急交通装备的应用场景、分类与结构组成。
5. 航空应急交通装备的应用场景、分类与结构组成。

【本章习题】

1. 什么是应急交通装备？请说出应急交通装备的概念和种类？
2. 什么是公路应急交通装备？请说出典型公路应急交通装备的应用场景、分类与结构组成。
3. 什么是铁路应急交通装备？请说出典型铁路应急交通装备的应用场景、分类与结构组成。
4. 什么是水路应急交通装备？请说出典型水路应急交通装备的应用场景、分类与结构组成。
5. 什么是航空应急交通装备？请说出典型航空应急交通装备的应用场景、分类与结构组成。

8 危险化学品救援装备

危险化学品救援装备是指用于处理危险化学品的泄漏、火灾、爆炸等突发事件的专业设备，它们在应急救援中发挥着至关重要的作用，能够提高救援效率，降低事故危害，保护人民群众的生命财产安全。

8.1 堵 漏 装 备

在石油化工生产、危险化学品运输等过程中，管线、高压压力容器等设备、装置因腐蚀穿孔、罐体破裂等导致泄漏的情形很常见，如果处理不及时，就可能造成中毒、火灾、爆炸等事故。堵漏技术及设备具有重要的应急处置、保障安全生产的作用。科学技术的进步推动了堵漏技术水平的发展、成熟和完善，特别是带压堵漏技术与设备的成熟，大大提高了堵漏效率，降低了事故概率，减少了因此造成的生产损失。

堵漏设备种类繁多，包括堵漏楔、堵漏袋、堵漏垫、堵漏带、注胶堵漏器具、磁压堵漏器、小孔堵漏枪、真空堵漏系统等。

8.1.1 堵漏楔

堵漏楔为木质（图8-1）或橡胶质的（锥形、楔形），用于罐壁孔洞、裂缝堵漏。

8.1.2 堵漏袋

1. 堵漏机理

将堵漏袋置于管道内，进行充气，利用圆柱形气袋充气后的膨胀力与管道之间形成的密封比压，堵住泄漏。

2. 结构组成

内封式堵漏袋如图8-2所示。

（1）堵漏气袋：圆锥形或圆柱形橡胶，可以充气。

（2）压缩空气瓶：用于向气垫充气，可用脚踏泵或手压泵供气。

（3）连接器（带减压阀、安全阀）：用于连接气瓶和气垫，当气垫内的压力达到其操作压力时，安全阀自动打开。

8.1.3 堵漏垫

堵漏垫用于密封管道、容器、油罐车或油槽车、油桶、储罐等的泄漏部位。

图 8-1　木质堵漏楔

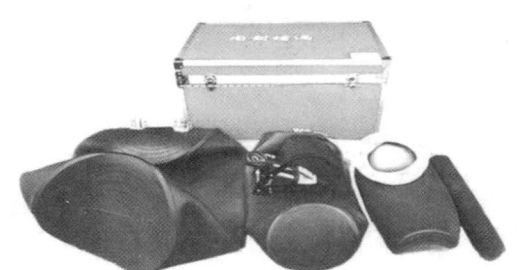

图 8-2　内封式堵漏袋

1. 堵漏机理

将堵漏垫外覆于泄漏部位，并通过绳索拉紧，利用压紧在泄漏部位外部的气垫内部的压力对气垫下的密封垫产生的密封比压，在泄漏部位重建密封，从而达到堵漏目的。

2. 结构组成

外封式堵漏垫（图 8-3）由气垫、固定带、密封垫、耐酸保护袋、脚踏气泵等组成。

（1）气垫：带有充气接口和固定导向扣，规格和大小根据介质的压力和泄漏部位的大小确定。对于需要排流的介质，气垫上可带排流管接口。

（2）固定带：用于将气垫固定压紧在泄漏部位，带有棘爪，用于张紧带子，对于小型气垫可直接用带毛刺粘的捆绑带。

（3）密封垫：材料一般选用能耐温、耐介质的橡胶，如氯丁橡胶等。

（4）耐酸保护袋：用于密封垫和气垫不受酸性介质的腐蚀，如聚氯乙烯。

（5）脚踏气泵：用于向气垫充气，为保证气垫不会超压，气泵上带有安全阀。

8.1.4　堵漏带

1. 应用场景

堵漏带（图 8-4）由高强度橡胶和增强材料复合制成，可在狭窄空间使用，适用于

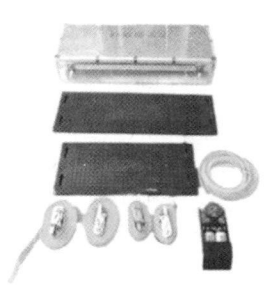

图 8-3　外封式堵漏垫

图 8-4　捆绑式堵漏带

管道堵漏，封堵管道裂缝。其具有耐化学腐蚀、耐油、耐热性能稳定、抗老化等显著特点。独特的拉紧固定装置，一次充气可长时间不泄漏。

2. 结构组成

套装组成包括堵漏包扎带、紧绳器、高压软管、排气接头、脚踏气泵组件。

8.1.5　注胶堵漏器具

1. 应用场景

注胶堵漏器具（图8-5）广泛用于石油、化工、化肥、发电、冶金、医药、化纤、煤气、自来水、供热等各种工业流程。可以消除管线、法兰面、阀门填料、三通、弯头、焊缝处泄漏，适用温度-200~900 ℃，压力从真空到32 MPa以上。

2. 堵漏机理

用机械方法将密封剂挤入夹具与泄漏部位形成的空腔内或挤入泄漏处本身的空腔内，剂料在短时间内热固或冷固成新的密封圈，达到堵漏目的。

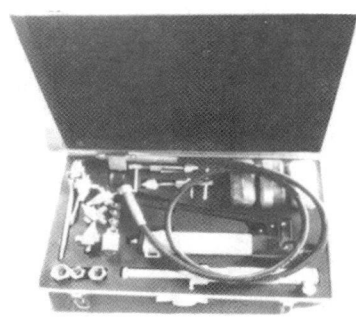

图8-5　注胶堵漏器具

3. 结构组成

注胶堵漏器具由注胶堵漏枪、液压泵、高压油路、无火花钻、各种卡具及密封胶等组成。注胶工具是由注射枪和液压泵，用压力表和胶管等连接而成。液压泵一般采用手抬泵，由液压泵出来的液压油进入注射枪的油缸，推动柱塞，把注射枪中的密封剂压出来。注射阀和换向阀是连接注射枪和夹具的工具。夹具是注胶堵漏器具的重要组成部分，它与泄漏部位的外表面构成封闭的空腔，包容注入的密封剂，承受泄漏介质的压力和注射压力，并由注射压力产生足够的密封比压，从而消除泄漏。注胶堵漏的密封剂有多种，常用的剂料有热固型和非热固型两大类，它们是用合成橡胶做基体，与填充剂、催化剂、固化剂等配制而成。

8.1.6　磁压堵漏器

1. 应用场景

磁压堵漏器（图8-6）可用于大直径储罐和管线的堵漏作业，使用简单、可靠，是中低压设备理想的堵漏工具。

2. 堵漏机理

磁压堵漏技术是利用磁铁对受压体的吸引力，将密封胶、胶黏剂、密封垫压紧和固定在泄漏处堵住泄漏，适用于不能动火，无法固定压具和夹具，用其他方法无法解决的裂缝松散组织、孔洞等低压泄漏部位的堵漏，对大型罐体、管线具有独到的快速堵漏作用。

3. 结构组成

磁压堵漏器包括外壳和装在外壳内的磁铁，

图8-6　磁压堵漏器

其特征在于在外壳内有上磁铁和下磁铁形成的磁铁组。上磁铁和下磁铁在外壳内至少有一个可以转动，通过改变转动磁铁 N 极和 S 极的位置形成工作磁场，上磁铁与下磁铁之间有隔磁板，上磁铁固定在隔磁板的上方，下磁铁固定在隔磁板的下方，在堵漏器的下面为可更换的铁靴，铁靴对应的下磁铁部位为隔磁板，铁靴的其他部位为导磁板。系统由磁压堵漏器、不同尺寸的铁靴及堵漏胶组成。

8.1.7　小孔堵漏枪

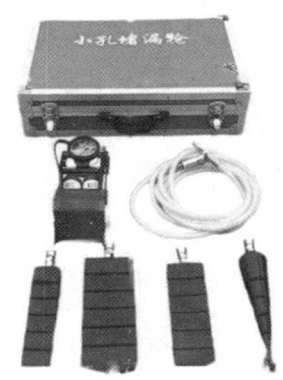

图 8-7　小孔堵漏枪

小孔堵漏枪（图 8-7）是用于单人快速密封油罐车、储存罐、液柜车裂缝的堵漏设备，其显著特点是根据泄漏口的大小和形状，配备有圆锥形、楔形、过渡形等不同规格尺寸的枪头，枪头由高强度橡胶和增强材料复合制成。各组件之间采用快换接头连接，拆装方便，安全可靠。

8.1.8　真空堵漏系统

1. 应用场景

真空堵漏系统可用于大直径储罐和管线的堵漏作业。

2. 结构组成

真空堵漏系统由真空泵、模具、连接管等部分组成。

8.2　氯气捕消器

氯气捕消器是氯气泄漏现场有效的抢险清除净化设备，外观及使用方法类似消防部门的干粉灭火器，内装粉剂具有比表面积大、防潮防结块性能强、流动性好、与氯气反应效率高的特点。

1. 应用场景

氯气捕消器（图 8-8）应用于含有氯气等有害气体的场合，用于安全、有效地去除氯气，防止其对环境和人体造成危害。常见的应用场景包括化工生产、自来水处理、废水处理、应急处理等。

2. 结构组成

氯气捕消器由进气部分、吸收介质、接触装置、排气部分、控制系统、安全装置、框架和支撑结构等组成。

（1）进气部分：氯气通过进气管道进入捕消器，通常包括进气阀、流量计等设备，确保氯气稳定供应。

（2）吸收介质：捕消器中用来吸收氯气的部分，常见的吸收介质有活性炭、氢氧化钠溶液、硫酸铁溶液等，这些介质能与氯气发生化学反应，从而去除氯气。

图 8-8　氯气捕消器

（3）接触装置：为了提高氯气与吸收介质的接触效率，捕消器内通常会有搅拌器、喷淋装置或者其他使气体与液体充分接触的装置。

（4）排气部分：处理过的气体从捕消器中排出，包括排气阀和排气管道。

（5）控制系统：包括温度、压力、流量等传感器和控制阀门，用于监测和调节捕消器内的操作条件，确保其安全、高效运行。

（6）安全装置：如泄压装置、报警系统等，用于应对可能出现的异常情况。

（7）框架和支撑结构：用于支撑整个捕消器的重量，并将其固定在适当位置。

8.3　硫化氢捕消器

1. 应用场景

硫化氢是一种有毒气体，具有强烈的臭鸡蛋味，能对人体呼吸系统、眼睛和皮肤造成伤害，也是大气污染源。硫化氢捕消器（图8-9）是一种用于捕捉和消除硫化氢气体的设备，主要用于工业过程、环境治理和化学实验室等领域。

2. 结构组成

硫化氢捕消器由进气系统、处理单元、吸收/反应介质、排气系统、控制系统和安全装置等组成。

（1）进气系统：包括进气管道和进气口，用于引入含有硫化氢的气体。

（2）处理单元：捕消器的核心部分，根据工作原理不同，可以包括吸附材料、催化剂、生物填料等。

图8-9　硫化氢捕消器

（3）吸收/反应介质：用于与硫化氢发生化学反应或物理吸附的液体或固体材料。

（4）排气系统：包括排气管道和排气口，用于将处理后的气体排放到大气中或其他地方。

（5）控制系统：用于监控和调节捕消器的运行参数，如气体流量、温度、压力等。

（6）安全装置：包括泄压装置、温度传感器、爆炸防护等，以确保设备安全运行。

3. 工作原理

硫化氢捕消器的工作原理主要基于物理或化学方法来捕捉和转化硫化氢。

（1）物理吸附：硫化氢气体通过进气系统进入捕消器，接触到填充有吸附剂（如活性炭或分子筛）的处理单元，吸附剂表面吸附硫化氢分子，从而减少气体中的硫化氢浓度。

（2）化学吸收：硫化氢气体在捕消器中被喷淋的吸收液（如碱性溶液）吸收，发生化学反应，转化为无害的物质（如硫化物和水）。

8.4　液体捕集器材

1. 应用场景

在石油化工生产事故中，经常会遇到易燃易爆、有毒有害液体泄漏的情况，此时，必须及时进行阻隔、收集，避免发生火灾、爆炸、中毒和环境污染事故。液体捕集器材主要包括专用于油类的吸油袋（图8-10）、吸油垫、吸油片、围油栅、挡油栅，以及用于酸、碱类的专用吸垫，用于油类、酸、碱等的万能吸垫，废液罐、控泄盘、管道渗漏分流器等专用托盘。

2. 结构组成

液体捕集器材的设计和材料选择根据所需要捕集的液体类型、污染物的性质以及使用的环境条件而定，以布放围油栏为例，如图 8-11 所示。

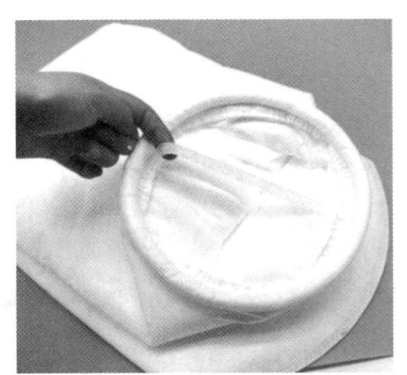

图 8-10　液体过滤器袋式除油吸油过滤袋

图 8-11　布放围油栏

（1）围油栏布料：围油栏的主要组成部分，通常由特殊的聚合物材料［如聚氯乙烯（PVC）、聚乙烯（PE）或聚丙烯（PP）等］制成，具有良好的耐油性和耐水性。布料的质地和厚度会根据预期的使用环境和油污的类型与流量来选择。

（2）浮子：围油栏布料的一端通常连接有浮子，以便围油栏能够漂浮在水面上。浮子可以是由轻质塑料、泡沫或其他浮力材料制成的。

（3）固定装置：围油栏的另一端连接有固定装置，用于将围油栏固定在水域的特定位置，包括锚、重物、桩或其他可以插入水底或固定在岸边的结构。

（4）连接件：围油栏的各个部分通过连接件连接在一起，确保围油栏的整体稳定性和有效性，连接件包括扣环、钩子、拉带或其他可以快速连接和拆卸的组件。

（5）辅助设备：根据需要，围油栏可能还包括其他辅助设备，如传感器、照明设备、标识牌等，以便在夜间或低能见度条件下使用。

8.5　洗　消　装　备

对化学事故现场进行洗消处理是降低受害人员、装备的受害程度，为救援人员提供防毒保护的重要手段，也是化学事故救援工作的重要一环。化学洗消早已在军事领域得到广泛应用，对沾染有毒剂、放射性物质的人员、装备等进行消毒和消除，是军队作战中防化专业保障的重要内容之一。随着近年来化学事故的频繁发生，化学洗消作业已开始"军为民用"，成为消防部队完成化学事故抢险救援任务的重要组成部分。

洗消任务主要是对人员的洗消，可以分为人体消毒和毒物消除。

（1）人体消毒：人员皮肤染毒，在撤出危险区后应立即进行消毒处理。对化学事故中毒人员进行抢救时，经常采取脱掉患者衣服，用酒精或清水先清洗消毒，再进行医疗处理的方法，这种方法对大多数中毒者适用。但对于染毒较深，症状严重的受害者达不到彻底消毒的目的。因为如果染毒时间较长，毒剂已深入皮肤，单靠表面清洗，是无法将毒剂全部洗掉的。对于这种受害者，应采用针对毒剂类型配制的专用消毒液进行消毒，用消毒液擦拭后，再洗一次澡，以消除皮肤上残留的消毒液和生成物。对于进入现场的消防特勤人员，由于配备了相应的防护服装，在完成任务后，直接清洗皮肤即可。如不慎受到化学品灼伤，可用随车配备的敌腐特灵溶剂及时进行消毒。

（2）毒物消除：人员受到放射性等毒害物沾染，则要通过消除的方法进行洗消，消除分全部消除和局部消除。现在通用的是全部消除，即利用淋浴装置进行全身各部位的消除。消除时在专门设置的人员洗消场内进行，用热水、肥皂或洗涤剂等清洗全身，将沾染在皮肤表面的放射性物质除去。消除时按手、头、颈、躯干的顺序进行。

8.5.1　洗消车辆

洗消具体实施时，可分为人员洗消、装备洗消、地面洗消和服装洗消4种形式。如淋浴车（图8-12）、喷洒车（图8-13）、洗消车（图8-14）和消毒车（图8-15）等，可对人员、装备和地面进行洗消。

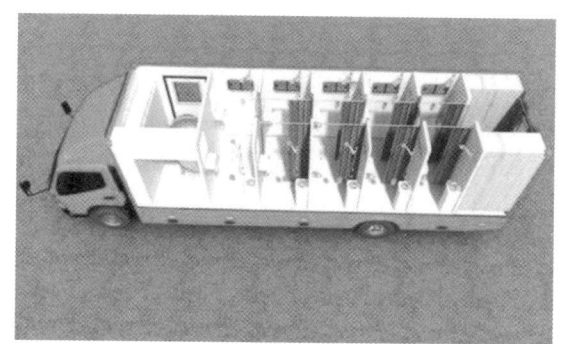

图8-12　淋浴车

图8-13　喷洒车

图8-14　洗消车

图8-15　消毒车

8.5.2　充气帐篷

1. 应用场景

充气帐篷（图8-16）因其便携性和适应性强的特点，在多种场景中都有广泛应用。以下是一些常见的应用场景。

图 8-16　充气帐篷

（1）在户外医疗救援点或疫苗接种点，充气帐篷可以作为临时诊所使用。

（2）在自然灾害如地震、洪水等情况下，充气帐篷可以作为临时避难所，为受灾群众提供遮风挡雨的场所。

（3）在军事训练中，充气帐篷可以作为临时住所或指挥中心。

2．结构组成

（1）一个运输包（内有帐篷、放在包里的撑杆）和一个附件箱（内有一个帐篷包装袋、一个拉索包、两个修理用包、一个充气支撑装置、塑料链和脚踏打气筒）。

（2）帐篷内有喷淋间、更衣间等场所。使用时，尽量选择平整且产生磨损较小的地方搭设，避免帐篷损坏；使用后，要清洗晾干。

8.5.3　空气加热机

1．应用场景

空气加热机（图 8-17）主要用于对充气帐篷内供热或送风，由手动、恒温器自动控制，应定期检查养护，保证动力系统正常。

2．结构组成

（1）加热元件：空气加热机的核心部分，负责产生热量。加热元件可以是电阻丝、陶瓷加热器、红外线加热器等，它们根据不同的加热原理工作。

（2）散热器：加热元件通常安装在散热器上，散热器有助于将热量传递给周围的空气。散热器的材料和设计会影响加热效率和热交换能力。

图 8-17　空气加热机

（3）风扇或风机：在大多数空气加热机中，风扇或风机用于将空气吹过加热元件，以加快热交换过程，有助于提高加热效率和均匀分布热量。

（4）控制系统：空气加热机通常配备有控制系统，用于调节加热器的温度和运行时间，包括温控器、定时器、遥控器等。

（5）电源接口：加热器需要与电源连接以获得电力供应，电源接口可以是普通的电源插头或连接到电路的接线端子。

（6）外壳：外壳用于保护加热器内部组件，防止热量散失，并提供必要的机械支撑。外壳材料通常是金属或塑料，具有良好的耐热性和防腐性。

（7）安全保护装置：为了防止过热和意外，空气加热机可能包括热保护开关、熔断器、接地装置等安全装置。

（8）过滤器：一些空气加热机可能包括空气过滤器，以清除空气中的灰尘和污染物，保持空气清洁。

（9）附件：根据具体应用，空气加热机还可能包括管道、阀门、连接件等附件，用于连接到通风系统或进行定制安装。

8.5.4 热水加热器

1. 应用场景

热水加热器（图 8-18）主要用于对供人洗浴帐篷内的水进行加热。

2. 结构组成

热水加热器主要部件有燃烧器、热交换器、排气系统、电路板和恒温器。

8.5.5 燃烧器

1. 应用场景

燃烧器（图 8-19）是使燃料和空气以一定方式喷出混合燃烧的装置的统称。根据所用燃气和助燃气的种类不同，燃烧器缝隙的长度、宽度各有不同，一般燃烧器上都标注有适用的燃气和助燃气。按类型和应用领域分工业燃烧器、燃烧机、民用燃烧器、特种燃烧器几种。多用不锈钢或金属钛等耐腐蚀、耐高温的材料制成。

图 8-18 热水加热器

图 8-19 燃烧器

2. 结构组成

燃烧器由燃料供应系统、空气供应系统、燃烧室、控制系统、安全保护装置、辅助设备等组成。

1) 燃料供应系统

燃料储存装置：如油箱、气瓶等。

燃料输送装置：如油泵、气泵等。

燃料调节装置：如调节阀、流量计等，用于控制燃料的流量和压力。

2) 空气供应系统

空气输送装置：如风机、空气压缩机等，用于提供燃烧所需的氧气。

空气调节装置：如风门、调节阀等，用于控制空气的流量和压力。

3) 燃烧室（燃烧器本体）

燃烧器壳体：用于容纳其他组件，起保护和固定作用。

燃烧器喷嘴：用于喷射燃料和空气混合物进入燃烧室。

点火装置：如电火花塞、点火丝等，用于点燃燃料和空气的混合物。

4) 控制系统

自动控制装置：如控制器、传感器、执行器等，用于实现燃烧器的自动控制，包括点火、熄火、调节燃料和空气的比例等。

手动控制装置：如开关、调节阀等，用于实现燃烧器的手动控制。

5) 安全保护装置

过压保护：如安全阀、爆破片等，用于防止系统内部压力过高。

熄火保护：如熄火检测器、自动切断阀等，用于在熄火时切断燃料供应，防止火灾事故。

6) 辅助设备

过滤装置：如空气过滤器、油过滤器等，用于净化燃料和空气，保证燃烧质量。

冷却装置：如水冷器、风冷器等，用于冷却燃烧器，防止过热。

3. 工作原理

燃烧器的作用是通过火焰燃烧使试液原子化。被雾化的试液进入燃烧器，在火焰温度和火焰气氛作用下，经过干燥、熔融、蒸发、离解等过程，产生大量的基态原子，以及部分激发态原子、离子和分子。一个设计良好的燃烧器应具有原子化效率高、噪声小、火焰稳定的性能，以保证有较高的吸收灵敏度和测定精密度。原子吸收光谱分析中常用缝隙燃烧器产生原子蒸气。

8.5.6　便携式洗消器

现代便携式洗消器（图8-20）一般采用压缩空气为动力，具有核生化战剂及工业有毒化学品洗消功能。该洗消器体积小、质量轻，新型小包装各种洗消剂，使用简单方便，并且具有快速灌装服务条件，可以现场快速灌装、便捷使用。实现了单兵手持式使用，携带方便，尤其适用于防毒面具、防护服和人员的专用洗消。

图 8-20　便携式洗消器

8.5.7　高压清洗机

1. 应用场景

高压清洗机（图8-21）主要用于清洗各种机械、汽车、建筑物、工具上的有毒污渍，也可用于清洗地面和墙壁等。

2. 结构组成

高压清洗机由长手柄、高压泵、高压水管、喷头、开关、入水管、接头、捆绑带、携带手柄、喷枪、清洗剂输送管、高压出口等组成。电源启动，能喷射高压水流，必要时可以添加清洗剂。

3. 工作原理

图 8-21　高压清洗机

1）洗消基本原理

（1）水解作用。多数毒剂皆可因水解失去毒性（路易氏剂除外），但常温下水解较慢，加温加碱可使水解加速。

（2）碱洗作用。碱可以破坏多数毒剂，特别是 G 类神经毒和路易氏剂。故常用氨水、碳酸钠、碳酸氢钠和氢氧化钠等碱性消毒剂来消除上述毒剂。

（3）氧化作用。糜烂性毒剂易被多种氧化剂氧化而失去毒性。因此，可用漂白粉浆（液）、氯胺、过氧化氢、高锰酸钾等溶液消毒。路易氏剂还可用碘酒消毒。因氧化剂通常有腐蚀作用，不宜用来消毒金属医疗器械或服装等棉毛制品。

（4）氯化作用。芥子气易被氯化生成一系列无糜烂作用的多氯化合物。因此常用漂白粉、三合二、氯胺或二氯异三聚氰酸钠消除芥子气。

（5）溶解作用。利用不同物质相互易溶的特性进行溶解，常用的溶剂有水、酒精、汽油、溶剂油等。

（6）吸附作用。利用一些物质如炭及特制吸附材料的吸附特性，对有毒气体、液体进行吸附。为了取得良好的消毒效果，要根据具体情况，选择一种或几种相互配合应用。例如，皮肤被液滴态毒剂污染时可先用干净敷料吸去可见液滴，然后用化学消毒剂，最后水洗。

2）常用洗消剂

（1）氧化氯化消毒剂，如次氯酸钙（也称漂白粉、氯化石灰）、次氯酸钠、三合二、氯胺、二氯胺、二氯异三聚氰酸钠等，主要通过氧化、氯化作用来达到消毒目的。

（2）碱性消毒剂，如氢氧化钠、氢氧化钙、氨水、碳酸钠、碳酸氢钠等。

（3）物理洗消剂，包括常用的溶剂，如水、酒精、汽油以及吸附剂等。

（4）简易洗消剂，如草木灰水、肥皂粉水等。因含有碱性成分，故也可用于洗消。

在一些特殊的事故现场，如遇到被泄漏的化学品灼伤喷溅的伤员，为避免严重烧伤导致死亡的严重后果，人们急需一种能及时有效地处置化学灼伤的洗消药液。化学抢险救援车上普遍配备的"敌腐特灵"是适用于所有化学物对人体侵害的多用途洗消溶剂，用于处置强酸碱和化学品灼伤的伤口创面。它的化学分子结构经过改变后具有极强的吸收性能，能立即同侵入人体的化学物质结合，裹挟着它们从人体中排出，是水所无法比拟的，并具有高效、快速的特点。使用之前不要用水洗，因为水只能清洗表面而不能捕获进入皮肤内的化学物质，且用水洗会耽误时间，影响"敌腐特灵"冲洗效果。使用时最重要的是抓紧时间，若超过规定时间，则需用大量溶液冲洗。敌腐特灵强酸碱洗消剂如图 8-22 所示。

便携式洗眼器（图 8-23）可以放在衣袋里或用特制的皮套别在腰带上，随时使用。在接触化学物 10 s 内使用效果最佳，用完当即扔掉。

图 8-22　敌腐特灵强酸碱洗消剂　　　　图 8-23　便携式洗眼器

4. 洗消方法及其选择

1）洗消方法

（1）化学消毒法。即用化学消毒剂与有毒物直接起氧化、氯化作用，使有毒物改变性质，成为无毒或低毒的物质。消毒剂水溶液装于消防车水罐内，经消防泵加压后通过水带、水枪以开花或喷雾水流喷洒。

（2）燃烧消毒法。即用燃烧来破坏有毒物及其毒性。对价值不大或火烧后仍可使用的设施、物品可采用这种方法。需要注意的是，燃烧虽可破坏毒物，但也可能使毒物挥发，造成邻近及下风方向空气污染，故使用此法时人员应采取防护措施。

（3）物理消毒法，有三种方式：

①吸附。即利用有较强吸附性能的物质（如专用吸附垫、活性白土、活性炭等）吸附染毒物品表面或过滤空气、水中的有毒物，亦可用棉花、纱布等去除人体皮肤上的可见有毒物液滴。

②溶洗。即用棉花、纱布等蘸取汽油、酒精、煤油等溶剂，将染毒物表面的毒物溶解并擦洗掉。

③机械转移。即利用切除、铲除或覆盖等机械（如破拆工具、铲车、推土机等），将有毒物移走或覆盖掉，使人员不与染毒的物品、设施直接接触。

2）洗消方法的选择

（1）应根据有毒有害物质的性质及状态选择洗消方法。如对毒性大且又较持久的油状液体毒物，一般应用氧化、氯化消毒剂或碱性消毒剂消毒，消毒后还需用大量清水冲洗；对气体毒物，一般可不做专门消毒，但可将污染区暂时封闭，依靠自然条件，如日晒、通风等使毒气逸散消失，对高浓度染毒区，则可喷洒一些雾化消毒剂溶液，加速消毒。

（2）根据染毒物品、设施的性质及染毒程度选择洗消方法。如对染毒的金属、水泥结构生产设施，可喷洒消毒剂实施消毒；对精密仪器、设备可用有机溶剂擦拭。但无论使用哪种洗剂和洗消方法，都应遵循既要消毒及时、彻底有效，又要尽可能不损坏染毒物品，尽快恢复其使用价值的原则。

（3）需特别注意的是，对参与化学事故抢险救援的消防车辆及其他车辆、装备、器材也必须进行消毒处理，否则会成为扩散源。对参与抢险救援的人员，除必须对其穿戴的防化服、战斗服、作训服和使用的防毒设施、检测仪器、设备进行消毒外，还必须彻底淋浴，冲洗躯体、皮肤，并注意观察身体状况，进行健康检查。

8.6　输转装备

输转装备主要包括污水袋、手动隔膜抽吸泵、防爆水轮驱动输转泵、有害液体抽吸泵、排污泵、有毒物质密封桶、围油栏、吸附袋等。

8.6.1　污水袋

1. 应用场景

污水袋（图8-24）主要用于收集污水等有害液体，送入专门处理场所进行净化处理，避免造成外排污染。污水袋适用于野外或缺乏水源的地方，是

图8-24　污水袋

进行洗消的辅助设备，采用特殊材料制成，可折叠，轻便坚固，可清洗再用。

2. 结构组成

污水袋由外层材料、内层材料、密封装置、支撑结构、处理装置、悬挂或固定装置、标识和信息标签等组成。

（1）外层材料：通常采用防水、耐腐蚀的合成纤维或天然纤维材料，如聚酯、尼龙等。材料需要具有一定的强度和耐磨性，以承受污水和固体颗粒的冲击。

（2）内层材料：防水且具有一定强度，以防止污水泄漏。有时内层会采用更加柔软的材料，以便于折叠和储存。

（3）密封装置：污水袋通常配备有密封装置，如拉链、搭扣、粘扣或其他类型的密封装置，以确保污水不泄漏。需要方便操作，同时保持长期的密封性能。

（4）支撑结构：为了保持污水袋的形状和稳定性，可能会有金属或塑料的支架，帮助污水袋站立或固定在特定位置。对于便携式污水袋，可能会有便携性设计，如软质支架或可伸缩的支撑结构。

（5）处理装置：某些污水袋可能包含过滤或分离装置，以防止固体颗粒堵塞排放系统；也可能包含装有化学处理剂的容器，用于对污水进行简单的化学处理。

（6）悬挂或固定装置：污水袋通常会有悬挂或固定装置，如吊钩、扣环、绳索等，将其固定在适当位置或吊起以便清空。

（7）标识和信息标签：污水袋上可能会有标识，包括使用说明、警示信息、容量标识等，以确保安全正确地使用。

图 8-25　有毒物质密封桶

8.6.2　有毒物质密封桶

1. 应用场景

有毒物质密封桶（图 8-25）主要用于收集并转运有害物体和污染严重的土壤。

2. 结构组成

密封桶由金属内桶及盖子、聚乙烯外桶及盖子组成。金属内桶由不锈钢制造，底部加强；盖子材质与金属内桶相同，带空封胶边及夹子。聚乙烯外桶及盖子由环保聚乙烯制造，防酸、防碱、防油，桶及盖子带螺丝式密封环。

8.6.3　吸附袋

吸附袋（图 8-26）用于小范围内吸附酸、碱和其他腐蚀性液体，包括吸附块、吸附纸、塑料收集袋等。

8.6.4　液体吸附垫

液体吸附垫（图 8-27）可快速有效地吸附酸、碱和其他腐蚀性液体。可围成圆形进行吸附，吸附时，不要将吸附垫直接覆于泄漏物表面，应将吸附垫置于泄漏物周围。

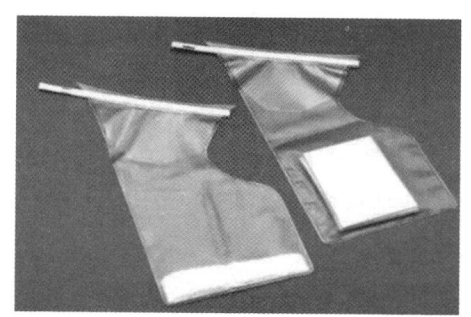

图 8-26　吸附袋

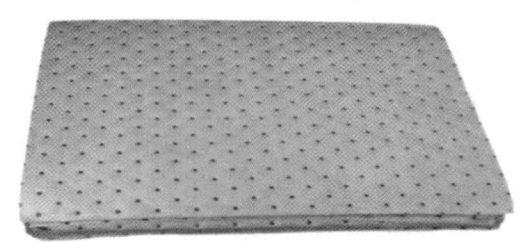

图 8-27　液体吸附垫

8.6.5　有害液体抽吸泵

有害液体抽吸泵（图 8-28）是一种专门用于转移、抽取和排放有害、有毒、有腐蚀性或危险液体的泵，能吸走地上的化学液体或污水，有效防止污染扩散。这种泵的设计必须能够抵御所处理液体的化学性质，并确保操作安全。有害液体抽吸泵由电动机驱动，配有接地线，安全防爆。

8.6.6　手动隔膜抽吸泵

手动隔膜抽吸泵是一种便携式或台式泵，它通过压缩空气或弹簧力来驱动隔膜移动，从而抽取和排放液体。

1. 应用场景

手动隔膜抽吸泵（图 8-29）用于化学工业、油漆业、涂料业、印刷业、药剂行业以及其他需要处理危险或腐蚀性液体的场合。

图 8-28　有害液体抽吸泵

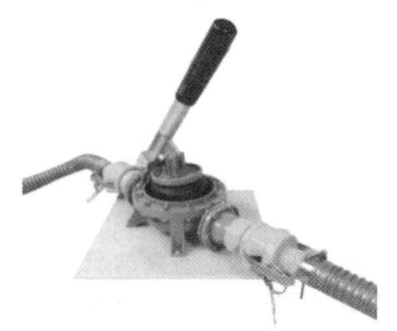

图 8-29　手动隔膜抽吸泵

2. 结构组成

手动隔膜抽吸泵由泵体、传动杆、隔膜（氯丁橡胶膜或弹性塑料膜）、活门、接口等组成。

8.6.7　水力驱动传输泵

水力驱动传输泵（图 8-30）安全防爆，其动力源为消防高压水流。高压水流注入泵体内，带动泵内水轮机工作，从而抽吸各种液体，特别是易燃易爆液体，如燃油、机油、废水、泥浆、易燃化工危险液体、放射性废料等。

8.6.8　多功能毒液抽吸泵

1. 应用场景

多功能毒液抽吸泵（图 8-31）可输送黏性极大或极小的液体、粉状物，也可输送固体粒状物（直径可达 8 mm）。

图 8-30　水力驱动传输泵　　　　　　图 8-31　多功能毒液抽吸泵

2. 结构组成

多功能毒液抽吸泵主要部件包括：驱动电机，为抽吸泵提供动力；抽吸泵，用于产生负压以抽吸毒液；储液瓶，用于收集和储存抽吸出的毒液；导管，连接抽吸泵和伤口，以及过滤装置，用于过滤掉抽吸过程中可能产生的杂质；负压调节装置，用于调节和控制抽吸过程中的负压值，确保安全和有效性。此外，一些高级型号还可能包括数字显示屏、电池或电源适配器等附件，以提供更好的用户界面和便携性。

3. 使用注意事项

（1）应垂直安装泵，将泵连到管子上之前，取下泵抽吸及传送两边的保护罩。泵罩上安装的真空计指示抽吸一边的真空度，泵运行一会儿后，真空计开始显示数字。如真空计不指示真空度，应检查泵的密封性。

（2）检查传动设备的润滑情况。检查油箱内油量，如不够应及时注满。

（3）确保安全装置的安装及运行。在加压阀门关闭的情况下不能开启泵，启动传送装置，泵的输送器可用安装在泵前面的测定阀调节。

8.7　化学救援车

化学救援车是一种配备破拆工具、堵漏工具、呼吸器、洗消器、排烟机、防毒衣、空气呼吸器、照明灯具、起重器、牵引洗消帐篷、加压泵、侦检仪器、重型防化服等化学应急装备的专用车辆，功能齐全，战斗力强。

1. 应用场景

化学救援车（图 8-32）是一种专业的应急响应车辆，其主要应用场景包括化学品泄漏事故的现场处理，如化工厂、仓库或运输途中发生的泄漏；有毒有害物质污染环境的紧急清理，例如水体或土壤污染事件；以及提供现场化学分析、危险品识别和安全处置等服务。还常用于支持消防、警察和医疗等部门在处理涉及化学品的事故时，确保事故现场的安全和减轻环境污染。

图 8-32　化学救援车

2. 结构组成

化学救援车由车辆底盘、救援工具舱、消防灭火系统、化学品吸附和中和装置、洗消设备、监测和检测设备、通信设备、供电系统等组成。

（1）车辆底盘：用于搭载整个救援系统。

（2）救援工具舱：存放各种救援工具和设备，如防护服、呼吸器、防化手套等。

（3）消防灭火系统：用于扑灭火灾或控制火势。

（4）化学品吸附和中和装置：用于处理和中和泄漏的化学品。

（5）洗消设备：用于对污染区域和人员进行洗消。

（6）监测和检测设备：用于对现场环境进行实时监测和分析。

（7）通信设备：用于与其他救援力量保持联系。

（8）供电系统：为车辆上的各种设备提供电力。

8.8　电气安全用具

电气安全用具是指用以保护电气作业人员，以避免触电事故、弧光灼伤事故或高空坠落等伤害事故的用具。主要包括起绝缘作用的绝缘安全用具，如绝缘棒、绝缘鞋等；起验电作用的电压指示器；保证检修安全的临时接地线、遮栏、标示牌等。

绝缘安全用具指有一定绝缘强度，用以保证电气工作人员与带电体绝缘的工具。它又分为基本安全用具和辅助安全用具。基本安全用具的绝缘强度能长期耐受电气设备工作电压，可直接接触带电体，有绝缘棒、绝缘夹钳、验电器等。辅助安全用具的绝缘强度不能承受工作电压，只能用来加强基本安全用具的防护作用，不能直接接触带电体，有绝缘手套、橡胶绝缘靴、绝缘垫、绝缘站台、绝缘毯等。

一般防护安全用具指本身没有绝缘强度，只用于保护工作人员避免发生人身事故的工具，主要用来防止停电检修设备突然来电、工作人员走错间隔、误登带电设备以及电弧灼伤、高空坠落等。属于这一类的工具有携带型接地线、临时遮栏、标识牌、警告牌、防护目镜、安全帽和安全带等。

8.8.1　绝缘杆

1. 应用场景

绝缘杆（图 8-33）可用来操作高压隔离开关，操作跌落式保险器，安装和拆除临时接地线，安装和拆除避雷器，以及进行测量和试验等工作。

2. 结构组成

绝缘杆是绝缘基本安全用具，由工作部分、绝缘部分和握手部分等组成。

3. 使用注意事项

（1）下雨、雾或潮湿天气，在室外使用绝缘杆，应装有防雨的伞形罩，下部保持干燥。

（2）要有足够的强度，使用中要穿戴好绝缘手套和绝缘靴。

（3）使用中要防止碰撞，以避免损坏表面的绝缘层。

（4）要定期进行电气试验，平时要妥善保管并应防潮。

8.8.2　绝缘夹钳

1. 应用场景

绝缘夹钳（图 8-34）是绝缘基本安全用具，适用于拆除和安装熔断器及其他类似工作，用于 35 kV 以下的电气操作。

图 8-33　绝缘杆

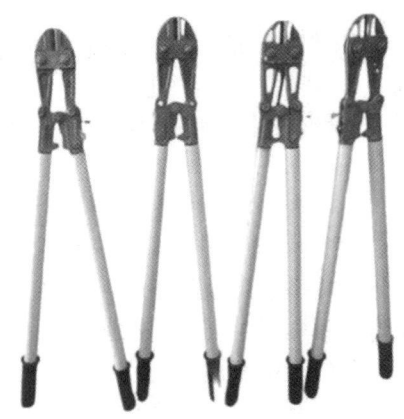

图 8-34　绝缘夹钳

2. 结构组成

绝缘夹钳由工作部分、绝缘部分和握手部分组成。

（1）握手和绝缘部分用浸过绝缘漆的木材、硬塑料、胶木或玻璃钢制成，其间有护环分开。

（2）工作部分金属钩的长度，在满足工作要求的情况下，不宜超过 5~8 cm，以免操作时造成相间短路或接地短路。

（3）绝缘夹钳应保存好，必须按规定进行电气试验，使用时不允许装接地线。

8.8.3　绝缘手套

绝缘手套（图 8-35）在低压操作中是基本安全用具，但在高压操作中只能作为辅助安全用具使用。严禁用医疗或化学用的手套代替绝缘手套，并要按规定做电气试验。

8.8.4　绝缘靴

绝缘靴（图 8-36）作为辅助安全用具使用，是作为防止跨步电压的基本安全用具。绝缘靴应采用特种橡胶制成，不能用普通防雨胶靴代替绝缘靴，并应将绝缘靴存放在专用的柜子里。使用前要进行外观检查，并定期进行电气试验。

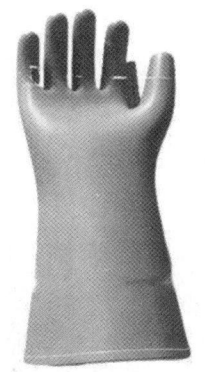

图 8-35　绝缘手套

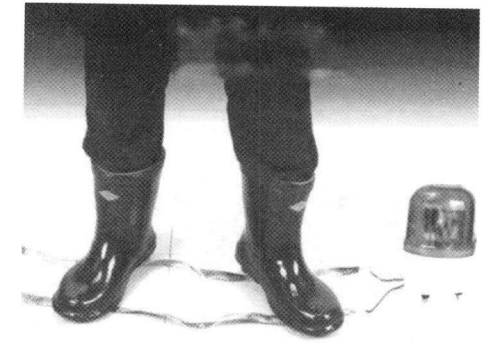

图 8-36　绝缘靴

8.8.5　绝缘垫

绝缘垫（图 8-37）是一种辅助安全用具，铺在配电装置的地面上，以便在进行操作时增强人员的对地绝缘，防止接触电压与跨步电压对人体的伤害。绝缘垫用厚度 5 mm 以上、表面有防滑条纹的橡胶制成，其最小尺寸不宜小于 0.8 m×0.8 m。

8.8.6　绝缘台

绝缘台（图 8-38）用木板或木条制成。相邻板条之间的距离不得大于 2.5 cm，以免鞋跟陷入，站台不得有金属零件；台面板用支持绝缘子与地面绝缘，支持绝缘子高度不得小于 10 cm；台面板边缘不得伸出绝缘子之外，以免站台翻倾，人员摔倒。最小尺寸不宜小于 0.8 m×0.8 m，但为了便于移动和检查，最大尺寸也不宜超过 1.5 m×1.0 m。要放在干燥的地方，经常保持清洁，一旦发现木条松脱或瓷瓶破裂，应立即停止使用。

图 8-37　绝缘垫

图 8-38　绝缘台

8.8.7　遮栏

遮栏（图 8-39）分为固定遮栏和临时遮栏两种，其作用是把带电体同外界隔离开来。遮栏装设应牢固，并悬挂各种不同的警告标识牌，遮栏高度不应低于 1.7 m。

图 8-39　遮栏

8.8.8　高压验电器

1. 应用场景

高压验电器主要用于电力系统、电子电器制造和维修行业，以及科研实验等领域，用于检测对地电压在 250 V 以上的高压电气设备、线路和绝缘材料在高电压下的安全性能，确保人员操作安全和设备正常运行。

2. 结构组成

高压验电器（图 8-40）有发光型、声光型、风车式三种类型，由检测部分（指示器部分或风车）、绝缘部分、握手部分三大部分组成。绝缘部分指自指示器下部金属衔接螺丝起至罩护环止的部分，握手部分指罩护环以下的部分。其中绝缘部分、握手部分根据电压等级不同，其长度也不相同。

图 8-40　高压验电器

3. 使用注意事项

1）正确选型

验电时必须选用电压等级合适而且合格的验电器，并在电源和设备进出线两侧各相分别验电，否则可能会危及操作人员的人身安全或造成错误判断。

2）双人操作

在使用高压验电器进行验电时，必须认真执行操作监护制，一人操作，一人监护。操作者在前，监护人在后。

3）用前检查

在使用高压验电器验电前，一定要认真阅读使用说明书，检查是否超周期，外表是否损坏。

4）操作规范

验电时，操作人员一定要戴绝缘手套，穿绝缘靴，防止跨步电压或接触电压对人体的伤害。操作者应手握罩护环以下的握手部分，先在有电设备上进行检验。检验时，应渐渐地移近带电设备至发光或发声止，以验证验电器的完好性。再在需要进行验电的设备上检测。同杆架设的多层线路验电时，应先验低压，后验高压，先验下层，后验上层。

5）小心保管

在保管和运输中，不要使其强烈振动或受冲击，不准擅自调整拆装，在雨雪等影响绝缘性能的环境，一定不能使用。不要把它放在烈日下暴晒，应保存在干燥通风处，不要用带腐蚀性的化学溶剂和洗涤剂进行擦拭或接触。

6）特别注意事项

高压验电器不能检测直流电压。

8.8.9　低压验电器

1. 应用场景

低压验电器（图 8-41）主要用于家庭、学校、企业等场所的日常用电安全检查，以及电气设备的安装、维护和修理过程中，用于确认电路是否带电，以防止触电事故发生，并确保电气设备安全运行。

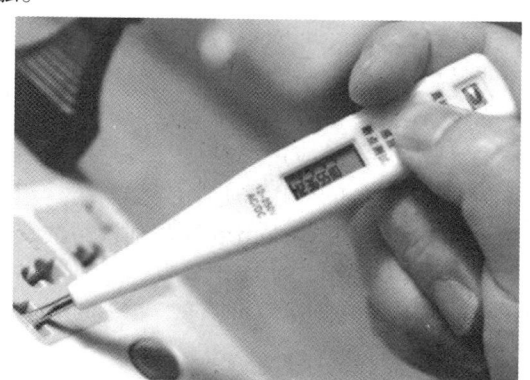

图 8-41　低压验电器

低压验电器除了用来检查低压电气设备和线路外，还可区分相线与零线，交流电与直流电以及电压的高低。通常氖泡发光者为火线，不亮的为零线；但中性点发生位移时要注意，此时，零线同样也会使氖泡发光；对于交流电通过氖泡时，氖泡两极均发光，直流电通过时，仅有一个电极附近发亮；当用来判断电压高低时，氖泡暗红轻微亮时，电压低；氖泡发黄红色光，亮度强时电压高。

2. 结构组成

低压验电器，一般就是生活中常用的验电笔，用来检验对地电压在 250 V 及以下的低压电气设备，也是家庭中常用的电工安全工具，主要由工作触头、降压电阻、氖泡、弹簧等部件组成。

3. 工作原理

低压验电器是利用电流通过验电器、人体、大地形成回路，其漏电电流使氖泡起辉发光而工作的。只要带电体与大地之间电位差超过一定数值（36 V），验电器就会发出辉光，低于这个数值，就不发光，从而来判断低压电气设备是否带有电压。

4. 使用注意事项

1）用前检查

使用前，首先应检查验电器的完好性，四大组成部分是否缺少，氖泡是否损坏，然后在有电的地方验证一下，确认验电笔完好后，才可进行验电。

2）正确操作

在使用时，一定要手握笔帽端金属挂钩或尾部螺丝，笔尖金属探头接触带电设备，湿手不要去验电，不要用手接触笔尖金属探头。

3）维护保养

电气安全用具必须加强日常的保养维护，防止受潮、损坏和脏污，使用前应进行外观检查，表面应无裂纹、划痕、毛刺、孔洞、断裂等外伤。电气安全用具不许当作其他用具使用。各种安全用具应定期进行检查和电气试验。

【本章重点】

1. 危险化学品救援装备的概念与分类。
2. 堵漏装备的应用场景、分类与结构组成。
3. 氯气捕消器的应用场景与结构组成。
4. 硫化氢捕消器的应用场景与结构组成。
5. 液体捕集器材的应用场景与结构组成。
6. 洗消装备的应用场景、分类与结构组成。
7. 输转装备的应用场景、分类与结构组成。
8. 化学救援车的应用场景与结构组成。
9. 电气安全用具的应用场景、分类与结构组成。

【本章习题】

1. 什么是危险化学品救援装备？请说出危化救援装备的概念和种类。

2. 什么是堵漏装备？请说出堵漏装备的应用场景、分类与结构组成。

3. 什么是氯气捕消器？请说出氯气捕消器的应用场景与结构组成。

4. 什么是硫化氢捕消器？请说出硫化氢捕消器的应用场景与结构组成。

5. 什么是液体捕集器材？请说出液体捕集器材的应用场景与结构组成。

6. 什么是洗消装备？请说出洗消装备的应用场景、分类与结构组成。

7. 什么是输转装备？请说出输转装备的应用场景、分类与结构组成。

8. 什么是化学救援车？请说出化学救援车的应用场景与结构组成。

9. 什么是电气安全用具？请说出电气安全用具的应用场景、分类与结构组成。

9 工程救援装备

工程救援装备是指在自然灾害或突发事故中，用于救援、抢修、保障人民生命财产安全的各类工程技术装备，具有强大的功能、高度的可靠性和适应性，能够在恶劣的环境条件下有效进行救援工作。

9.1 通风设备

通风又称换气，是用机械方法向室内空间送入足够的新鲜空气，同时把室内不符合卫生要求的污浊空气排出，使室内空气满足卫生要求和生产过程需要。建筑中完成通风工作的各项设施统称通风设备，有通风机、强力风扇、鼓风机等。

9.1.1 通风机

通风机是依靠输入的机械能，提高气体压力并排送气体的机械流体。广泛用于工厂、矿井、隧道、冷却塔、车辆、船舶和建筑物的通风、排尘和冷却，锅炉和工业炉窑的通风和引风，空气调节设备和家用电器设备的冷却和通风，谷物的烘干和选送，风洞风源和气垫船的充气和推进等。其性能参数主要有流量、压力、功率、效率和转速。另外，噪声和振动大小也是通风机的主要技术指标。流量也称风量，以单位时间内流经通风机的气体体积表示；压力也称风压，是指气体在通风机内压力升高值，有静压、动压和全压之分；功率是指通风机的输入功率，即轴功率；通风机有效功率与轴功率之比称为效率，可达90%。

按气体流动方向不同，通风机主要分为离心式、轴流式、斜流式和横流式等类型。

1. 离心式通风机

离心式通风机（图9-1）主要由叶轮和机壳组成，小型通风机的叶轮直接装在电动机上，中、大型通风机通过联轴器或皮带轮与电动机连接。一般为单侧进气，用单级叶轮。流量大的可双侧进气，用两个背靠背的叶轮，又称为双吸式离心通风机。

离心式通风机是以动力机（主要是电动机）驱动叶轮在蜗形机壳内旋转，空气经吸气口从叶轮中心处吸入。由于叶片对气体的动力作用，气体压力和速度得以提高，并在离心力作用下沿着叶道甩向机壳，从排气口排出。因气体在叶轮内的流动主要是在径向平面内，故又称径流通风机。

2. 轴流式通风机

轴流式通风机（图9-2）由叶轮、机壳和集流器等部件组成，主要零件大都用钢板焊接或铆接而成，通常安装在建筑物的墙壁或天花板上；大型高压轴流式通风机由集流器、叶轮、流线体、机壳、扩散筒和传动部件组成。叶片均匀布置在轮毂上，数目一般为 2~24。叶片越多，风压越高；叶片安装角一般为 10°~45°，安装角越大，风量和风压越大。

图 9-1 离心通风机   图 9-2 轴流式通风机

　　轴流式通风机工作时，动力机驱动叶轮在圆筒形机壳内旋转，气体从集流器进入，通过叶轮获得能量，提高压力和速度，然后沿轴向排出。轴流式通风机的布置形式有立式、卧式和倾斜式三种，小型的叶轮直径只有 100 mm 左右，大型的可达 20 m 以上。

　　3. 斜流式通风机

　　斜流式通风机（图 9-3）又称混流通风机，气体以与轴线成某一角度的方向进入叶轮，在叶道中获得能量，并沿倾斜方向流出。通风机的叶轮和机壳的形状为圆锥形。这种通风机兼有离心式和轴流式的特点，流量范围和效率均介于两者之间。

　　4. 横流式通风机

　　横流式通风机（图 9-4）是具有前向多翼叶轮的小型高压离心式通风机。气体从转子外缘的一侧进入叶轮，然后穿过叶轮内部从另一侧排出，气体在叶轮内两次受到叶片的力的作用。在相同性能的条件下，它的尺寸更小、转速更低。

图 9-3 斜流式通风机   图 9-4 横流式通风机

与其他类型低速通风机相比，横流式通风机具有较高的效率。它的轴向宽度可任意选择，而不影响气体的流动状态，气体在整个转子宽度上仍保持均匀流动。它的出口截面窄而长，适宜于安装在各种扁平形的设备中用来冷却或通风。

9.1.2 鼓风机

1. 应用场景

鼓风机输送介质以清洁空气、清洁煤气、二氧化硫及其他惰性气体为主，也可按生产需要输送其他易燃、易爆、易蚀、有毒及特殊气体。

在运转中利用鼓风机的压力差自动将润滑油送到滴油嘴，滴入气缸内以减少摩擦及噪声，同时可保持气缸内气体不回流，此类鼓风机又称为滑片式鼓风机。罗茨鼓风机（图9-5）属于容积回转鼓风机，是利用两个叶形转子在气缸内作相对运动来压缩和输送气体的回转压缩机。这种鼓风机结构简单，制造方便，适用于低压力场合的气体输送和加压，也可用作真空泵。

图 9-5 罗茨鼓风机

2. 结构组成

罗茨鼓风机主要由电机、空气过滤器、鼓风机本体、空气室、底座（兼油箱）、滴油嘴等组成，靠气缸内偏置的转子偏心运转，并使转子槽中的叶片之间的容积变化，将空气吸入、压缩、吐出。

9.2 起 重 设 备

起重机是现代工业生产不可缺少的设备，广泛用于工厂、港口、建筑工地、矿山、铁路、宾馆、居民楼等场所，完成各种物料的起重、运输、装卸、安装和人员输送等施工与作业，大大减轻了体力劳动强度，提高了劳动生产率，也提高了人们的生活质量。有些起重机还能在生产中进行某些特殊的工艺操作，使生产过程较容易地实现机械化和自动化。

吊车是起重机的俗称，起重机是起重机械的一种，是一种做循环、间歇运动的机械。一个工作循环包括：取物装置从取物地把物品提起，然后水平移动到指定地点卸下物品，接着进行反向运动，使取物装置返回原位，以便进行下一次循环。如固定式回转起重机、塔式起重机、汽车起重机、轮胎、履带起重机等。它主要包括起升机构、运行机构、变幅机构、回转机构和金属结构等。起升机构是起重机的基本工作机构，大多由吊挂系统和绞车组成，也有通过液压系统升降重物的。运行机构用以纵向水平移运重物或调整起重机的工作位置，一般由电动机、减速器、制动器和车轮组成。变幅机构只配备在臂架型起重机上，臂架仰起时幅度减小，俯下时幅度增大，分平衡变幅和非平衡变幅两种。回转机构用以使臂架回转，由驱动装置和回转支承装置组成。金属结构是起重机的骨架，主要承载件如桥架、臂架和门架可为箱形结构或桁架结构，也可为腹板结构，有的可用型钢作为支撑梁，主要用于吊装设备、抢险、起重、机械、救援。

9.2.1　可移动式吊车

1. 汽车吊

汽车吊（图9-6）俗称随车吊，随车吊的概念是把汽车和吊机相结合，可以自行行驶，不用组装便可直接工作。优点是方便灵活、工作效率高、转场快，缺点是受地形限制，大型设备不能完成。

图9-6　汽车吊

2. 履带吊

履带吊（图9-7）是履带起重机的简称，是一种下车地盘式履带行走机构，靠履带行走的吊车，适用于大型工厂，在厂区内工作。优点是起重量大，可以吊重行走，具有较强的吊装能力。缺点是拆装麻烦，起重臂不能自由伸缩，局限性太强。

3. 轮胎吊

轮胎吊（图9-8）是利用轮胎式底盘行走的动臂旋转起重机，把起重机构安装在加重型轮胎和轮轴组成的特制底盘上的一种全回转式起重机，其上部构造与履带式起重机基本相同。优点是车身短，作业移动灵活，工作效率高；缺点是受地形限制，大型设备不能完成。

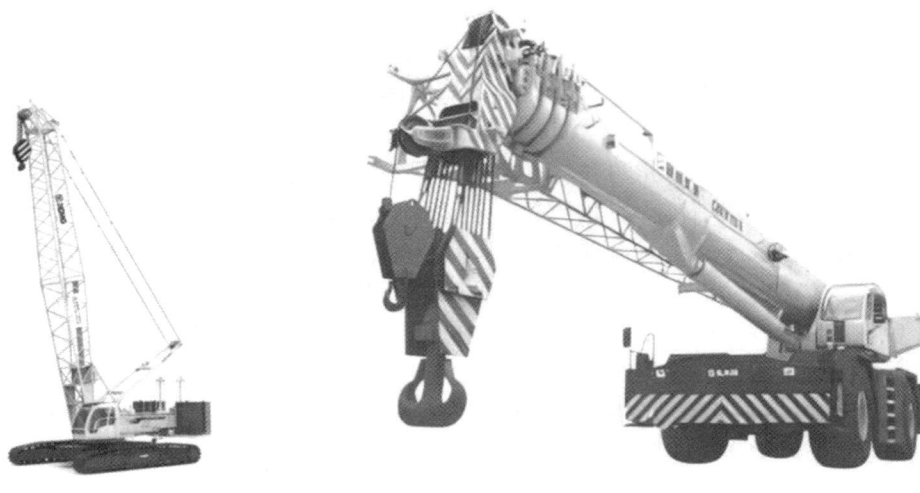

图 9-7　履带吊　　　　　　　　　　　图 9-8　轮胎吊

9.2.2　码头吊

1. 应用场景

码头吊（图 9-9）是指用于集装箱码头岸边对船舶进行集装箱装卸作业的起重机，一般固定安装在港口码头岸边。个别码头还利用岸桥的大跨距和大后伸距直接进行堆场作业。岸桥的装卸能力和速度直接决定码头作业生产率，因此岸桥是港口集装箱装卸的主力设备。岸桥伴随着集装箱运输船舶大型化的蓬勃发展和技术进步不断更新换代，科技含量越来越高，正朝着大型化、高速化、自动化和智能化，以及高可靠性、长寿命、低能耗、环保型方向发展。

图 9-9　码头吊

2. 结构组成

（1）起重机械主体，包括臂架系统、驾驶室和行走机构。

（2）电气系统，包括控制系统、电源和电缆等。

（3）液压系统，用于驱动起重机械的动作。

（4）金属结构，包括塔架、支撑腿和臂架等。

（5）安全保护装置，如限位器、超载保护器等。

9.2.3　塔吊

塔吊是建筑工地上最常用的一种起重设备，又名塔式起重机，以一节一节的接长（高）（简称"标准节"），用来吊钢筋、木楞、混凝土、钢管等施工的原材料，它是工地上必不可少的设备。

1. 结构组成

（1）塔吊尖的功能是承受臂架拉绳及平衡臂拉绳传来的上部荷载，并通过回转塔架、转台、承座等的结构部件直接通过转台传递给塔身结构。

（2）自升塔顶有截锥柱式、前倾或后倾截锥柱式、人字架式及斜撑架式。凡是上回转塔机均需设平衡重，其功能是支撑平衡重，用以构成设计上所要求的作用方向与起重力矩方向相反的平衡力矩。

（3）除平衡重外，还常在其尾部装设起升机构。起升机构之所以同平衡重一起安放在平衡臂尾端，一则可发挥部分配重作用，二则增大绳卷筒与塔尖导轮间的距离，以利于钢丝绳的排绕并避免发生乱绳现象。平衡重的用量与平衡臂的长度成反比，而平衡臂长度与起重臂长度之间又存在一定的比例关系。平衡重量相当可观，轻型塔机一般要 3~4 t，重型的要近 30 t。

2. 分类

1）按有无行走机构

按有无行走机构，塔吊分为移动式塔式塔吊和固定式塔式塔吊。

（1）移动式塔式塔吊（图 9-10）根据行走装置不同，可分为轨道式、轮胎式、汽车式、履带式。轨道式塔式塔吊塔身固定于行走底架上，可在专设的轨道上运行，稳定性好，能够带负荷行走，工作效率高，因此广泛应用于建筑安装工程。轮胎式、汽车式和履带式塔式塔吊无轨道装置，移动方便，但不能带负荷行走，稳定性较差。

（2）固定式塔式塔吊（9-11）根据装设位置不同，又分为附着自升式和内爬式两种。附着自升式塔式塔吊能随建筑物的升高而升高，适用于高层建筑，建筑结构仅承受由塔吊传来的水平载荷，附着方便，但占用结构用钢多；内爬式塔式塔吊在建筑物内部（电梯井、楼梯间），借助一套托架和提升系统进行爬升，顶升较烦琐，但占用结构用钢少，不需要装设基础，全部自重及载荷均由建筑物承受。

2）根据起重臂的构造特点

根据起重臂的构造特点，塔吊分为俯仰变幅起重臂（动臂）和小车变幅起重臂（平臂）塔式塔吊。

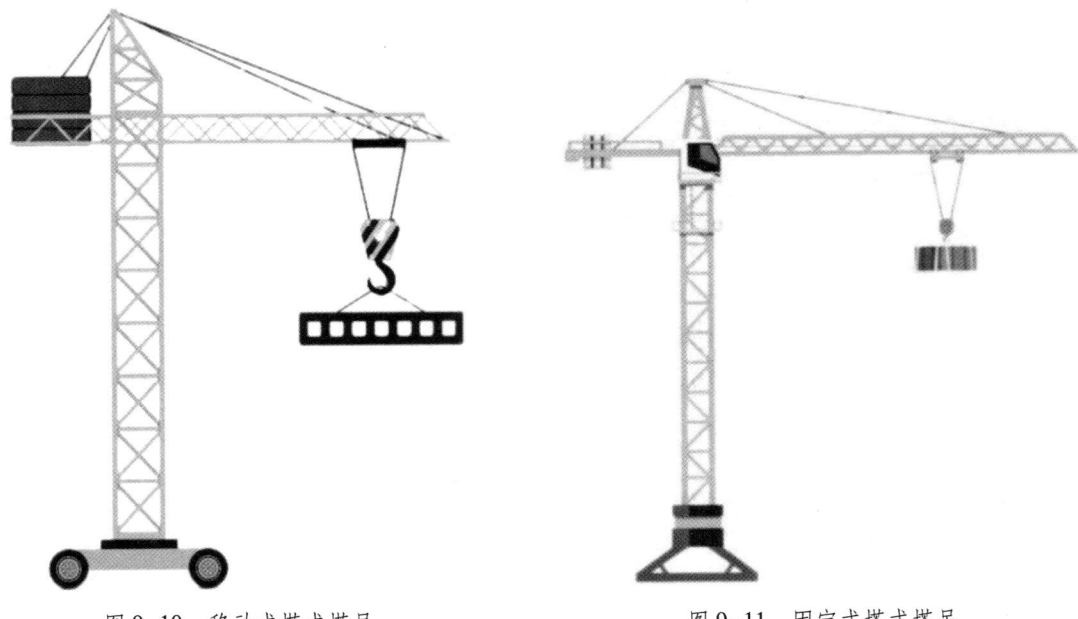

图 9-10　移动式塔式塔吊　　　　　　　　图 9-11　固定式塔式塔吊

（1）俯仰变幅起重臂塔式塔吊（图 9-12）是靠起重臂升降来实现变幅的，其优点是能充分发挥起重臂的有效高度，结构简单；缺点是最小幅度被限制在最大幅度的 30% 左右，不能完全靠近塔身，变幅时负荷随起重臂一起升降，不能带负荷变幅。

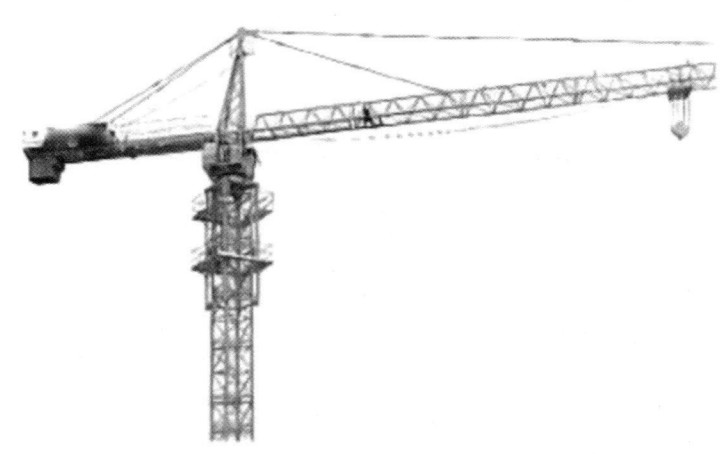

图 9-12　俯仰变幅起重臂塔式塔吊

（2）小车变幅起重臂塔式塔吊（图 9-13）是靠水平起重臂轨道上安装的小车行走实现变幅的，其优点是变幅范围大，载重小车可驶近塔身，能带负荷变幅；缺点是起重臂受力情况复杂，对结构要求高，且起重臂和小车必须处于建筑物上部，塔尖安装高度比建筑物屋面要高出 15~20 m。

图 9-13　小车变幅起重臂塔式塔吊

3）根据塔身结构回转方式

根据塔身结构回转方式，塔吊分为下回转（塔身回转）和上回转（塔身不回转）塔式塔吊。

（1）下回转塔式塔吊将回转支承、平衡重、主要机构等均设置在下端，其优点是塔吊所受弯矩较少，重心低，稳定性好，安装维修方便；缺点是对回转支承要求较高，安装高度受到限制。

（2）上回转塔式塔吊将回转支撑、平衡重、主要机构均设置在上端，其优点是由于塔身不回转，可简化塔身下部结构，顶升加节方便；缺点是当建筑物超过塔身高度时，由于平衡臂的影响，限制塔吊的回转，同时重心较高，风压增大，压重增加，使整机总重量增加。

4）根据塔吊安装方式不同

根据塔吊安装方式不同，塔吊分为能进行折叠运输、自行整体架设的快速安装塔式塔吊和需借助辅机进行组拼和拆装的塔式塔吊。

（1）能自行架设的快装塔式塔吊属于中小型下回转塔式塔吊，主要用于工期短，要求频繁移动的多层建筑上，主要优点是能提高工作效率，节省安装成本，省时省工省料；缺点是结构复杂，维修量大。

（2）需经辅机拆装的塔式塔吊主要用于中高层建筑及工作幅度大、起重量大的场所，是建筑工地上的主要机种。

5）按有无塔尖的结构

根据有无塔尖的结构，塔吊分为平头塔式塔吊和尖头塔式塔吊。

（1）平头塔式塔吊（图 9-14）是一种新型塔式塔吊，其特点是在原自升式塔机的结构上取消了塔尖及其前后拉杆部分，增强了大臂和平衡臂的结构强度，大臂和平衡臂直接相连。其优点是整机体积小，安装便捷安全，降低运输和仓储成本；起重臂耐受性能好，受力均匀一致，对结构及连接部分损坏小；部件设计可标准化、模块化，互换性强，减少设备闲置，提高投资效益。缺点是在同类型塔式塔吊中价格稍高。

图 9-14　平头塔式塔吊

（2）尖头塔式塔吊的尖头设计使其能够更好地承受风力，因此在高层建筑施工中尤为适用。它的塔身可以设计得很高，从而在更远的地方进行材料吊运。尖头塔式塔吊的尖头结构有助于分散风力对塔吊的集中压力，提高整机的稳定性。

9.2.4　门式起重机

门式起重机（又称龙门吊）是桥架通过两侧支腿支撑在地面轨道上的桥架型起重机。在结构上由门架、大车运行机构、起重小车和电气部分等组成。有的门式起重机只在一侧有支腿，另一侧支撑在厂房或栈桥上运行，称作半门式起重机。

1. 应用场景

门式起重机主要用于室外的货场、料场、散货场的装卸作业，具有场地利用率高、作业范围大、适应面广、通用性强等特点，在港口货场得到了广泛使用。

2. 结构组成

门式起重机由门架上部桥架（含主梁和端梁）、支腿、下横梁等部分构成。它的金属结构像门形框架，承载主梁下安装两条支脚，可以直接在地面的轨道上行走，主梁两端可以具有外伸悬臂梁。为了扩大起重机作业范围，主梁可以向一侧或两侧伸出支腿以外，形成悬臂，也可采用带臂架的起重小车，通过臂架的俯仰和旋转扩大起重机作业范围。

3. 分类

门式起重机可按门框结构形式、主梁形式、用途形式分类。

1）根据门框结构形式

按门框结构形式不同，分为全门式起重机、半门式起重机和悬臂门式起重机。

（1）全门式起重机（图 9-15）：主梁无悬伸，小车在主跨度内行进。

（2）半门式起重机：支腿有高低差，可根据使用场地的土建要求而定。

（3）悬臂门式起重机（图 9-16）：又分为双悬臂门式起重机和单悬臂门式起重机。

图 9-15 全门式起重机

图 9-16 悬臂门式起重机

①双悬臂门式起重机：最常见的一种结构形式，其结构的受力和场地面积的有效利用都是合理的。

②单悬臂门式起重机：这种结构形式往往是因场地的限制而被选用。

2）根据主梁形式

根据主梁形式不同，分为单主梁门式起重机和双主梁门式起重机。

（1）单主梁门式起重机（图9-17）结构简单，制造安装方便，自身质量小，主梁多为偏轨箱形架结构。与双主梁门式起重机相比，整体刚度要弱一些。因此，当起重量 $Q \leqslant 50$ t、跨度 $S \leqslant 35$ m 时，可以采用这种形式。单主梁门式起重机门腿有 L 型和 C 型两种形式。L 型的制造安装方便，受力情况好，自身质量较小，但是吊运货物通过支腿处的空间相对小一些。C 型的支脚做成倾斜或弯曲形，目的在于有较大的横向空间，以使货物顺利通过支脚。

图 9-17　单主梁门式起重机

（2）双主梁门式起重机（图 9-18）承载能力强，跨度大，整体稳定性好，品种多，但自身质量与相同起重量的单主梁门式起重机相比要大些，造价也较高。根据主梁结构不同，又可分为箱形梁和桁架两种形式，一般多采用箱形结构。

3）根据用途形式

根据用途形式不同，分为普通龙门起重机、水电龙门起重机、造船龙门起重机、集装箱龙门起重机等。

（1）普通龙门起重机多采用箱型式和桁架式结构，用途最广泛。可以搬运各种成件物品和散状物料，起重量在 100 t 以下，跨度为 4~39 m。用抓斗的普通门式起重机工作级别较高。普通门式起重机主要是指吊钩、抓斗、电磁、葫芦门式起重机，同时也包括半门式起重机。

（2）水电站龙门起重机（图 9-19）主要用来吊运和启闭闸门，也可进行安装作业。起重量达 80~500 t，跨度较小，为 8~16 m；起升速度较低，为 1~5 m/min。这种起重机虽然不是经常吊运，但一旦使用，工作却十分繁重，因此要适当提高工作级别。

图 9-18　双主梁门式起重机

图 9-19　水电站龙门起重机

（3）造船龙门起重机用于船台拼装船体，通常配备两台起重小车：一台有两个主钩，在桥架上翼缘的轨道上运行；另一台有一个主钩和一个副钩，在桥架下翼缘的轨道上运行，以便翻转和吊装大型的船体分段。起重量一般为 100~1500 t；跨度达 185 m。

（4）集装箱龙门起重机用于集装箱码头。拖挂车将岸壁集装箱运载桥从船上卸下的集装箱运到堆场或后方后，由集装箱龙门起重机堆码起来或直接装车运走，可加快集装箱运载桥或其他起重机的周转。可堆放高 3~4 层、宽 6 排的集装箱堆场，一般用轮胎式，也有用有轨式的。集装箱龙门起重机与集装箱跨车相比，它的跨度和门架两侧的高度都较大。为适应港口码头的运输需要，这种起重机的工作级别较高。起升速度为 8~10 m/min；跨度根据需要跨越的集装箱排数来决定，最大为 60 m，相应的 20 英尺、30 英尺、40 英尺长集装箱的起重量分别约为 20 t、25 t 和 30 t。

9.3　气　象　设　备

干旱、暴雨、洪涝等气象灾害是影响应急救援活动的主要因素，气象设备主要用于气象环境的监测，为气象灾害预警服务提供技术支撑，为应急救援活动的开展提供科学的参考依据，提前做好灾害防御措施，降低损失，主要包括人工增雨防雹炮弹、气象雷达等。

9.3.1　人工增雨防雹炮弹

人工增雨防雹炮弹简称人雨弹，在弹头内装填适量碘化银，通过高炮射击，从地面发射到云中适当部位后，碘化银以烟雾形式喷洒。气化时会吸收大量热量，从而使高空中还未形成雹的积云尽快以降水形式降落到地面，属于危险爆炸物品，如图 9-20、图 9-21 所示。

图 9-20　增雨防雹火箭弹

图 9-21　人工增雨现场

9.3.2 气象雷达

气象雷达是专门用于大气探测的雷达,属于主动式微波大气遥感设备。

1. 应用场景

气象雷达用于警戒和预报中、小尺度天气系统(如台风和暴雨云系)的探测。

2. 结构组成

雷达装置由定向天线、发射机、接收机、天线控制器、显示器和照相装置、电子计算机和图像传输等部分组成,是气象监测的重要手段,在突发性、灾害性的监测、预报和警报中具有极为重要的作用。

3. 分类

凡是不具有多普勒性能的雷达称为非相干雷达或常规气象雷达;具有多普勒性能的雷达称为相干雷达或多普勒雷达。主要的气象雷达有以下几种。

(1)测云雷达。用来探测未形成降水的云层高度、厚度以及云内物理特性的雷达。其常用的波长为 1. 25 cm 或 0. 86 cm。工作原理和测雨雷达相同,主要用来探测云顶、云底的高度。如空中出现多层云时,还能测出各层的高度。由于云粒子比降水粒子小,测云雷达的工作波长较短,只能探测云比较少的高层云和中层云,对于含水量较大的低层云,如积雨云、冰雹等,测云雷达的波束难以穿透,因而只能用测雨雷达探测。

(2)测雨雷达。又称天气雷达,是利用雨滴、云状滴、冰晶、雪花等对电磁波的散射作用来探测大气中的降水或云中雨滴的浓度、分布、移动和演变,了解天气系统的结构和特征,能探测台风、局部地区强风暴、冰雹、暴雨和强对流云体等,并能监视天气的变化。

(3)测风雷达。用来探测高空不同大气层的水平风向、风速以及气压、温度、湿度等气象要素。探测方式一般是利用跟踪挂在气球上的反射靶或应答器,不断对气球进行定位。根据气球在单位时间内的位移,就能定出不同大气层水平风向和风速。在气球上同时挂有探空仪,遥测高空的气压、温度和湿度。

(4)圆极化雷达。一般的气象雷达发射的是水平极化波或垂直极化波,而圆极化雷达发射的是圆极化波。雷达发射圆极化波时,球形雨滴的回波将是向相反方向旋转的圆极化波,而非球形大粒子(如冰雹)对圆极化波会引起退极化作用,利用非球形冰雹的退极化性质的回波特征,可用来识别风暴中有无冰雹存在。

(5)调频连续波雷达。一种探测边界层大气的雷达,有极高的距离分辨率和灵敏度,主要用来测定边界层晴空大气的波动、风和湍流(见大气边界层)。

(6)气象多普勒雷达。利用多普勒效应来测量云和降水粒子相对于雷达的径向运动速度的雷达。

(7)高频和超高频多普勒雷达。利用对流层、平流层大气折射率的不均匀结构和中层大气自由电子的散射,探测 1~100 km 高度晴空大气中的水平风廓线、铅直气流廓线、大气湍流参数等的雷达。

(8)在试验研究的雷达中还有双波长雷达和机载多普勒雷达等。机载多普勒雷达的机动性很强,可以用来取得分辨率很高的对流风暴的多普勒速度分布图。

9.4 牵 引 设 备

世界各国灾难频发，地震、洪涝、泥石流、塌方等自然灾害无时无刻不威胁着人类的生命安全，特别是针对近期频发的地震造成的大型坍塌灾难和交通事故，现场环境复杂，诸如泥泞、多障碍物、高温、浓烟、化学腐蚀、易燃易爆、辐射等，采用人工操作存在巨大风险和困难，难免会造成人员损失，大大增加了救援成本。牵引设备是具有牵引和挖掘功能的救援车，能够在复杂的救援环境下，提供快捷、安全的抢险救援。

常见的牵引设备有牵引车（轮式、轨式）、拖船、拖车等。

牵引车就是车头和车厢之间用工具牵引的一般的大型货车或半挂车，也就是该车车头可以脱离原来的车厢而牵引其他车厢，而车厢也可以脱离原车头被其他车头所牵引。

轮式牵引车和挂车的连接方式有两种：第一种是挂车的前面一半搭在牵引车后段上面的牵引鞍座上，牵引车后面的桥承受挂车的一部分重量，这就是半挂；第二种是挂车的前端连在牵引车的后端，牵引车只提供向前的拉力，拖着挂车走，但不承受挂车向下的重量，这就是全挂。

【本章重点】

1. 工程救援装备的概念与分类。
2. 通风设备的应用场景、分类与结构组成。
3. 起重设备的应用场景、分类与结构组成。
4. 气象设备的应用场景、分类与结构组成。

【本章习题】

1. 什么是工程救援装备？请说出工程救援装备的概念与种类。
2. 什么是通风设备？请说出通风设备的应用场景、分类与结构组成。
3. 什么是起重设备？请说出起重设备的应用场景、分类与结构组成。
4. 什么是气象设备？请说出气象设备的应用场景、分类与结构组成。

10 应急技术装备

随着科技的不断进步，人工智能时代的来临，科技进步推动着应急技术与装备的发展。面对未来，我国应继续加大应急技术装备研发投入，提高应急救援能力，为保护人民生命财产安全提供有力保障。

10.1 全球定位系统（GPS）应急指挥系统

全球定位系统（Global Positioning System，GPS）是一种以人造地球卫星为基础的高精度无线电导航的定位系统，它在全球任何地方以及近地空间都能够提供准确的地理位置、行车速度及精确的时间信息。GPS 是美国从 20 世纪 70 年代开始研制，历时 20 年，耗资 200 亿美元，于 1994 年全面建成，具有在海、陆、空进行全方位实时三维导航与定位功能的新一代卫星导航与定位系统。自问世以来，就以其高精度、全天候、全球覆盖、方便灵活吸引了众多用户。

1. 应用场景

GPS 应急指挥系统通过整合全球定位技术、无线通信技术、地理信息技术的车辆动态信息监控及语音调度系统，可以实现对反恐及刑事案件、消防安全、交通安全、电力和煤气抢修、公共卫生事件、防汛指挥、抗震救灾等突发事件的紧急处理及救援，增强社会应急救援行动能力。

GPS 技术已经广泛应用于城市灾害应急救援工作。作为一种高科技、非常规管理手段，GPS 在灾害救援中，首先是通过在车辆上安装 GPS 接收器和导航设备，并通过 GPRS 或 CDMA 网络的实时数据技术传输来实现对人、车的管理，进而达到对灭火救援与执勤战备进行管理的目的。

GPS 在城市灾害应急救援中的作用主要体现在有利于实现高效的指挥调度机制，提高灾害救援调度的速度和质量。指挥调度是整个灾害应急救援工作的关键环节和重要组成部分，一直是城市灾害应急救援工作的重心。结合 GPS 和 GIS（Geographic Information System，地理信息系统）的灾害应急救援指挥平台，应用于城市各类灾害事故处置的指挥调度工作中，城市灾害应急中心可以通过它们直观全面地了解到全市所有救援力量的具体位置，特别是事故现场就近救援力量的状态、方位和到达现场的交通路线，从而可以有选择地调动距离现场最近、到达现场最快的车辆和人员临场处置，能够有效提高临场处置速度，缩短救援时间，并节约人力和物力投入。有很多经济发达地区的城市都使用了集成

GPS 在内的指挥调度系统，也取得了很多成功的经验，大大提高了城市灾害事故救援、处置突发事件的能力。同时，借助于 GPS 定位信息，能有效强化对灾害事故现场的控制，并能减少和避免不必要的人员伤亡和装备损耗。

另外，在城市灾害应急救援中，依靠 GPS 和 GIS 分层次地规划和调整接处警模式，将救援人员和车辆向重点地区和时段倾斜，形成重点控制区域和时段，有效增强防控力度，维护地区稳定；并且这种调整的效果能够立即显现出来，发现问题后能够依靠 GPS 随时随地调整，工作效率高，效果好。

GPS 技术在灾害应急救援及车辆日常管理中一经应用，便显现出定位准确、管理便捷、调整及时、高效节能的突出优势，为灾害应急救援处置决策提供了科学依据，在维护社会稳定方面发挥了重要作用。

2. 结构组成与技术特点

GPS 有空间星座、地面监控和用户设备三大组成部分。空间星座部分由 24 颗均匀分布在 6 个轨道平面内的卫星组成。21 颗实用卫星和 3 颗备用卫星在离地面 12000 km 的高空上，以 12 小时的周期环绕地球运行。

1）定位精度高

用 GPS 接收设备定位，同时接收 4 颗以上的卫星信号，可以计算出自己在地球上的位置（经度、纬度和高度）。此外，大气对流层、电离层也会对信号产生影响，为提高定位精度，普遍采用差分 GPS（DGPS）技术，建立基准站（差分台）进行 GPS 观测，利用已知的基准站精确坐标与观测值进行比较，从而得出一个修正数，并对外发布。接收机收到该修正数后，与自身的观测值进行比较，消去大部分误差，得到一个比较准确的位置。实验表明，利用差分 GPS，定位精度可提高到 5 m 以内。但有时在建筑物中、高楼林立的街道、峡谷、森林中定位不太准确，是因为不能与足够的卫星联系，无法定位或者只能得到二维坐标。把 GPS 接收器天线贴在挡风玻璃上，或者在车顶上加一个外置天线，有助于得到更多的卫星信号。

2）定位速度快

由于 GPS 的不断完善、软件的不断更新，GPS 接收机的定位时间越来越短，精度不断提高，稳定性不断增强。常用的 12 通道的 GPS 手持机冷启动时间约为 3 分钟，热启动的时间为 15 秒，在完成首次定位后，接收机即可保持不间断的实时定位。

3）操作简便

随着 GPS 技术的不断改进，接收机的自动化程度越来越高，体积也越来越小，重量越来越轻，有的已达"傻瓜化"程度。只要预先设置好软件程序，GPS 接收机就能够随时记录行程路线、速度和方位等信息。

4）全天候作业

使用 GPS 测量，不受时间限制，也不受风雨雪雾等气候影响。只要观测点的 GPS 信号不受建筑物和地形的屏蔽，就可以随时随地定位。

5）扩展空间广阔

GPS 不仅用于定位，还可用于测速、测时。测速精度可达 0.1 m/s，测时精度可达几十毫秒。特别是结合 GPRS（General Packet Radio Serv-ice）无线 IP 连接技术后，可以通过 GPS 随时掌控监控对象的位置和状态，在保护人身财产安全方面发挥着越来越重要的作用。随着人们对 GPS 的不断开发和与其他学科的交叉结合，其应用领域正在不断扩大。

图 10-1　带北斗/GPS 定位模块的救生衣

3. 应用实例

某款内置北斗/GPS 定位发射模块的水域专业救生衣（图 10-1），除满足普通救生衣的性能外，还能在人员落水后第一时间自动触发求救信号给后方显示终端以及附近的船舶，实现及时的人员救援任务。产品内置自动或手动激活模块，符合相关标准要求，并且具有报警及时、简洁美观、使用成本低廉等优势，适合各类水域施救、作业人员使用。

救生衣载体采用专业级 PFD 水域救援产品，设计有快速逃离装置，可以在需要的时候与鱼尾绳及其他牵引装置快速脱离。面料材质采用耐水磨面料，内料采用整块 PVC 闭孔泡棉，寿命长，浮力大，触感柔软，韧性好。

10.2　地理信息系统（GIS）

地理信息系统（Geographic Information Systems，GIS）是以地理信息为核心，集地理空间数据采集、存储、分析、管理、显示及描述于一体的软件系统。

1. 应用场景

GIS 技术的发展和推广在世界范围内被视为国家层面信息战略的重要组成部分，作为一种聚焦地理信息科学和技术的基础性、支撑性信息技术，在许多领域有着广泛应用，如地理学、林学、农学、海洋学、自然资源管理、城市规划、景观设计、应急管理等。

从国内外发展状况看，GIS 技术在重大自然灾害和灾情评估中有广泛应用。从灾害类型看，它既可用于火灾、洪灾、泥石流、雪灾和地震等突发性自然灾害，又可应用于干旱灾害、土地沙漠化、森林虫灾和环境危害等非突发性事故。就其作用而言，从灾害预警预报、灾害监测调查到灾情评估分析各个方面，综合起来有如下几点：进行灾情预警预报；对灾情进行动态监测；分析探讨灾情的成因与发生规律；进行灾害调查；灾害监测；灾害评估等。

2. 结构组成与技术特点

GIS 是一种特定的空间信息系统，它是在计算机硬件、软件系统支持下，对整个或部分地球表层（包括大气层）空间中的有关地理分布数据进行采集、存储、管理、处理、分析、显示和描述的技术。

3. 应用实例

由联合国环境署、联合国人居中心与生态环境部共同支持的"长江流域洪水易损性评价"，利用 GIS 技术首次全面地从多因子、全方位对洪水灾害进行了综合研究与评估，改变了传统防洪观念，对未来洪水灾害控制提供了新思路。明确指出了哪些区域可合理开发，哪些区域需进行严格保护，针对性强，对洞庭湖区产业结构调整、避洪农业发展、水资源开发利用、生态环境保护、土地利用与规划布局有现实意义，为地方政府及相关部门编制环境、社会和经济发展规划，以及政策制定与措施实施等提供了科学依据。

10.3 无线射频识别（RFID）技术

无线射频识别（Radio-Frequency Identification，RFID）技术是一种自动识别技术，通过无线电信号实现远距离识别目标并获取相关数据，不需要建立机械或光学接触，该技术的核心是标签（Tag）和读取器（Reader）之间的无线通信。

1. 应用场景

RFID 技术能够增强应急管理的响应能力、提高资源利用效率、加快救援速度，并最终减少灾害造成的影响。随着技术的不断发展和完善，RFID 在应急管理领域的应用将更加广泛和深入。RFID 技术可以帮助救援人员快速追踪物资的存储位置、数量和流动情况，确保救援物资能够及时送达需要的地方。RFID 标签可以附在救援人员和受困者身上，通过地面或空中的 RFID 读取设备，救援指挥官可以实时追踪人员位置，提高搜救效率。RFID 技术可以帮助灾难现场的管理者监控受影响区域的情况，包括受害者的身份识别、伤员分类、临时避难所的分配等，从而更有效地组织和协调救援工作。在灾难过后，RFID 技术可以帮助政府和组织评估损失、监控重建进度和资源分配，以及管理长期恢复计划。RFID 技术可以用于应急管理的培训和演练活动，通过模拟不同灾难场景，培训人员如何使用 RFID 系统进行救援操作，提高应对真实紧急情况的能力。在处理化学泄漏、辐射污染等灾害时，RFID 技术可以用来追踪和监控危险物品的位置和状态，确保人员和环境安全。

2. 工作原理与技术特点

RFID 技术以无线通信技术及物联网技术等为载体，其技术原理主要是利用无线通信技术中的无线电信号来识别特定目标对象，同时读取目标对象相关数据信息。在应用 RFID 技术过程中，无须建立实际系统也能连接目标使用的中间设备，其应用软件系统具备可操作界面，能够根据用户指令来实现交互操作，为使用者提供丰富且完善的功能应用。

RFID 技术依靠无线通信技术中的电信号实现数据传递和交互，属于非接触式自动识别技术，在实际操作过程中无须人工干预，即使在各种恶劣工作环境中也能完成相关任务。其技术特点具体表现在以下几方面。

一是安全性高。在实际操作过程中，相关人员同时进行多个标签，即使在较远的地方也能读取到相关数据信息，由于设备标签具有安全保护功能，如密码保护，极大地增强了 RFID 技术的使用安全性。

二是数据信息读取与存储速度快。在应用 RFID 技术时，在没有光源条件的前提下，相关设备可以直接穿过物体表面来读取关键数据信息，抗外界因素干扰能力较强，使得数据信息读取与存储速度较快，无论是物体还是动物都可直接读取数据信息，适用范围较为广泛。

三是在应急装备器材管理中应用 RFID 技术是在扫描专用金属标签时，需要对金属标签采取防射频干扰的电路设计，可确保应急装备器材管理的有效性。

3. 应用实例

RFID 技术出现后，在受到越来越多关注的同时，也被应用到各行业领域中，随着经济与科学技术的不断发展，更多行业开始追求 RFID 技术的实用性和功能完善，一代又一代 RFID 技术相关设备被研发出来，其性能也越来越稳定，能够满足多种信息采集和信息存储需求，极大地扩展了 RFID 技术的应用范围。

应急装备器材是消防安全工作顺利开展的基础保障，对确保应急装备器材管理有效性十分必要。加强应急装备器材管理信息化建设，有利于提升应急装备器材监管能力，对整个应急装备器材管理水平提高有着重要作用，能够消除安全隐患。

在应急装备器材管理中应用 RFID 技术，对应急装备器材建立信息数据库，利用相关设备采集各关键点上的数据信息，既能提升应急装备器材管理效率，让管理工作更加高效，又能防止人工误操作和记录带来的各种数据错误，极大地节省了工作时间，有效地解决了原有器材管理中的潜在问题，为应急装备器材使用提供了安全保障。

1）基于 RFID 的应急装备器材管理系统构建

高可靠性、高保密性、操作便捷是基于 RFID 技术的应急装备器材管理系统的明显特征，在应急装备器材管理方面具有较好的应用优势，在对每个应急装备器材设置基础资料时，明确应急装备器材具体放置位置，有利于后期相关人员随时巡检，并确认该装备器材是否存在故障或到期等问题，实现动态显示每个应急装备器材使用现状。根据应急装备器材管理系统提供的实时巡检记录，来帮助巡检人员制订针对性的应急装备器材巡检计划，确保巡检工作到位，保障应急装备器材使用安全。

将 RFID 电子标签安装在应急装备器材上，同时在后台绑定对应的资产信息，通过采集应急装备器材上的 RFID 电子标签，即可获得该装备器材相关资产信息，如应急装备器材购买时间、到期时间、安装时间、负责人以及维护次数等；同时为各应急装备器材建立电子档案，集中统一存储在应急装备器材管理系统中央服务器中。设置到期报警指令，当应急装备器材即将到期时，系统会给出报警提示，或者直接将报警信息传输至相关负责人的手机上，确保应急装备器材使用安全。

2）以 RFID 为核心的应急装备器材管理体系

以 RFID 技术为核心建立应急装备器材管理体系，主要用于加强各应急装备器材数据信息管理，以及应急装备器材采购管理等，通过将应急装备器材生产商与供应商等相关信息进行搜集与整合，统一集中存储在应急装备器材管理系统中，有助于后期应急装备器材采购和管理工作顺利进行，推动应急装备器材管理向数字化、智能化以及网络化发展逐渐成为当下主流趋势。

从动态与实时两个方面入手，利用应急装备器材管理体系强化所有应急装备器材管理过程，既能减少安全事故发生，也能进一步提升应急装备器材管理工作效率。如危险化学品急救装备、医疗救助物资、消防救援装备等使用最为频繁的应急装备器材，对此类装备器材使用周期进行管理，对使用情况实施实时动态监督。针对应急装备器材采购管理，可根据当下公共安全工作实施情况及应急救援新形势等，对使用频率较高的应急装备器材进行采购，同时高性能也是应急装备器材采购的考虑因素，每次采购应急装备器材后都要对装备库进行盘点，审核应急装备器材出入库及库存盘点管理记录，在审核过程中一旦发现应急装备器材故障问题，及时向应急装备器材管理系统提交故障报修信息，最大限度保障应急装备器材使用安全。

应急装备器材更新换代较快，在一定程度上增加了应急装备器材管理难度。将 RFID 技术应用于应急装备器材出入库管理，在器材库外门装置无线射频识别系统，可对所有出入库的应急装备器材进行自动识别，相较于以往人工出入库管理方式，RFID 技术的应用实现了应急装备器材管理自动化，极大地提升了应急装备器材管理效率，同时也节省了人力资源，也为后期应急装备器材维护提供了便利和精准的参考依据。

3）基于 RFID 的抢险救援应用案例

抢险救援工作开展要求高效率，完备的应急装备器材是抢险救援工作顺利进行的关键要素，在紧急前提下，极易导致消防器材装备出现丢失或遗漏等问题，将 RFID 技术应用在消防器材装备管理中，明确消防单位所有消防器材装备种类、型号以及数量等关键信息，能够进一步提升抢险救援工作的效率和质量，缩减应急装备器材收整耗费的时间，同时也大大降低了应急装备器材管理难度。例如，将 RFID 技术应用在多功能抢险救援车上，多功能抢险救援车主要使用在地震、洪水以及泥石流等自然灾害中，利用多功能抢险救援车可快速清除道路上的障碍物，并疏通堵塞的河流，对第一时间开展抢险救援工作提供了极大的帮助。因多功能抢险救援车装置了大量作业工具，所以具备诸多功能，提高了抢险救援工作效率；通过将 RFID 技术应用在多功能抢险救援车上，建立作业工具自动识别与管理系统，通过连接该系统，抢险救援人员只需利用手机就可直接操作作业工具，在作业工具使用过程中，系统可同时记录每种作业工具使用频率、工作时间，以此来预测作业工具的各种故障，以便提前做好故障应对措施，实现对多功能抢险救援车的有效管理。

10.4　人工智能（AI）技术

人工智能（Artificial Intelligence，AI）是指由人制造出来的具有一定智能的系统，能理解或学习人类智能的含义，并针对特定问题做出智能决策。它是计算机科学的一个分支，企图了解智能的实质，并生产出一种新的能以与人类智能相似的方式做出反应的智能机器，该领域的研究包括机器人、语言识别、图像识别、自然语言处理和专家系统等。AI 从诞生以来，理论和技术日益成熟，应用领域也不断扩大，可以设想，未来人工智能带来的科技产品，将会是人类智慧的"容器"。AI 可以实现对人的意识、思维的信息化过程的模拟。人工智能不是人的智能，但能像人那样思考，也可能超过人的智能。

1. 应用场景

在应急管理中，人工智能可以帮助预测、评估和模拟事件，以缩短应急响应时间并简化物资调配流程。应急管理工作中一个很重要的需求就是可视化管理，而可视化管理主要依赖于视频监控系统，传统的视频监控手段主要用于监视、录像和回放，不能充分挖掘视频监控技术在应急管理工作中的应用效果。而 AI 技术可以将非结构化的视频数据进行结构化处理，这样就可以在对自然灾害、事故灾难、公共卫生事件和社会安全事件等公共安全事件潜在危险源的发掘等方面发挥作用。

2. 应用实例

美国洛杉矶、旧金山和圣马特奥县等多个城市现正在使用 One Concern 平台，该平台通过人工智能进行灾害评估和计算灾害损失。One Concern 为城市中的每个元素分配唯一的、经过验证的"数字指纹"，为整个系统进行建模，并监控每场灾害和气候变化对某个地区的影响。该平台团队利用城市基础设施和历史灾害数据来预测不同灾害发生时的损失程度，在城市街区一级，灾难发生 15 分钟内可以达到 85% 的预测准确率。

国际公共安全通信官员协会（APCO）和 IBM Watson 最近合作使用语音文本分析软件来帮助紧急救援机构主管更好地分析 911 呼叫对话内容，并实时将其与预编写的内容进行比较。因此，管理人员可以实时获取呼叫者和调度员（接线员）之间的对话内容，并从对话中学习，以便修正培训材料，从而提高 911 工作人员的绩效。孟菲斯市也使用 IBM Watson 分析来揭示紧急医疗服务的趋势。IBM 团队对孟菲斯市 911 流程进行了 80 多次调查，并从各个城市部门收集 911 流程的相关数据，包括 911 呼叫量和紧急服务的使用情况。IBM 帮助城市不同机构汇集和分析数据，以识别挑战和改善联合决策，并寻求第三方（如健康保险公司和医疗保健诊所）的帮助，用于解决非紧急呼叫。根据分析，该市确定大约 64% 的救护车呼叫者为慢性病患者，他们需要长期护理缓解，而非急诊服务，仅此一项就能够节省 2000 万美元的紧急服务费用。该市还使用数据可视化工具来确定城市的哪些区域 911 呼叫量最大，政府向这些地区派出流动诊所，以解决非生命威胁问题并提供预防性护理，从而减少非紧急呼叫。辛辛那提消防局已经开始使用一种新的预测分析系统，根据位置、天气和类似呼叫在内的多个不同变量，向调度员提出对紧急呼叫的适当响应建议。人工智能软件帮助该部门对每年收到的 8 万多个求助呼叫进行优先排序和更有效响应，据报道这大幅缩短了该部门的应急响应时间。

【本章重点】

1. 应急技术装备的概念与分类。
2. GPS 应急指挥系统的应用场景、技术特点与应用实例。
3. 地理信息系统（GIS）的应用场景与应用实例。
4. 无线射频识别（RFID）技术的应用场景、工作原理与应用实例。
5. 人工智能（AI）技术的应用场景与应用实例。

【本章习题】

1. 什么是应急技术装备？请说出应急技术装备的概念与种类。
2. 什么是 GPS 应急指挥系统？请说出 GPS 应急指挥系统的应用场景、技术特点与应用实例。
3. 什么是地理信息系统（GIS）？请说出地理信息系统（GIS）的应用场景与应用实例。

4. 什么是无线射频识别（RFID）技术？请说出无线射频识别（RFID）技术的应用场景、工作原理与应用实例。

5. 什么是人工智能（AI）技术？请说出人工智能（AI）技术的应用场景与应用实例。

11 应急装备及产业发展趋势

进入 21 世纪以来，我国经济高速持续发展及工业化进程的不断加快，给人们生产生活带来便利的同时，巨大的事故风险也隐藏其后。突发事件的发生不仅给劳动者个人与家庭造成了极大痛苦与损失，也给国家经济造成了巨大损失，引发不良社会影响甚至威胁社会安全、稳定。因此，探索减少事故损失、挽救人民生命财产安全的途径，实施科学有效的应急救援已成为当今社会的重要课题，而在救援过程中，先进救援装备的保障和支撑作用愈发重要。

我国正处在经济转轨社会转型期，面临的矛盾错综复杂，加上自然灾害、事故灾难、公共卫生和社会安全暴露的不和谐问题，存在爆发各种突发公共事件的可能性。"防灾减灾"属于处理突发公共事件范畴，是建设"以人为本"和谐社会必须解决的重大战略问题，加强包括应急预案体系、应急法治体系、应急规划体系在内的应急管理体系建设，有利于做好防灾减灾工作，而它们都离不开作为"硬件"的各种抢险救灾应急装备与产品的研发和储备。

应急救援需求的增长，客观上催生了应急救援类装备的研发。社会发展的多元化、高科技化，也相应要求应急救援在不断改进战术方法的同时，要不断提高救援装备的技术含量。装备系统高机动性响应、快速到位、实操性强，可最大限度地减少人民生命财产损失。通过对应急装备应用的组合、匹配，为不同类型、不同规模的事故灾害救助提供高效的系统解决方案。

11.1 应急装备发展

11.1.1 应急装备发展现状

回溯历史，在处理各种自然、人为与技术突发事件的过程中，人们发明了许许多多的应急装备，不断地调整应急装备的功能和适用性，完善应急装备系统。

11.1.1.1 国外应急装备发展现状

国外发达国家和地区均具有完善的应急救援体系和成熟的应急救援体制机制，应急救援法律体系完善，更加注重应急装备的技术研发和更新。从中央政府到地方政府都有固定的应急产品和技术研发经费预算，并建立专业的应急产品研发、试验检测及标准化机构，为应急科技的发展提供了良好的支持条件。美国的政府机构非常注重吸引全国的科技力量进行应急技术的研究，为相关科技单位提供科技合作与研究的经费和平台。德国是很多大型高端应急装备的主要出口国之一，其应急装备产品从需求提出到立项研发、检测试用、生产配备及演练使用等整个环节都有严谨规范的流程体系。

总体而言，发达国家的应急技术较为先进，很多技术装备出口到其他国家，在世界应急市场占据绝对份额。例如，德国的消防装备和危险化学品处置装备，美国的搜救装备和溢油处置装备，瑞士的医疗救援装备，美国、日本的工程救援装备，瑞典的破拆装备，俄罗斯的破冰除雪装备，荷兰的大功率供排水装备等。

在应急管理系统方面，美国的应急平台指挥系统具有典型的先进性。他们的应急平台体系由联邦、州、市政府应急平台以及相应的移动应急平台组成，由各级政府的应急运行中心（Emergency Operation Center，EOC）建设和使用。依靠高新技术的综合集成，具备风险分析、监测监控、预测预警、动态决策、综合协调、应急联动与总结评估等功能，为综合预测预警、形势通告、协调指挥等提供强大支撑，实现了突发事件应急管理的一体化、实时化、精确化与快速反应。

经过多年的发展，德国、英国、美国、日本等发达国家已经形成了较为系统和成熟的应急科技研发和支撑管理体系，整体应急科技水平发展较快，无论是应急救援和处置技术、应急管理系统技术，还是应急装备制造技术、应急培训演练技术等都较为先进，在世界上处于领先地位。但是世界小型国家基本没有独立的应急装备标准体系。譬如，德国的车辆类应急救援装备大都具有多功能特性，如 THW 多功能救援挖掘机，带附加工作装置——挖斗、抓斗、液压锤、货叉、起重吊钩，具备抓取、提升、搬运、拉拔、修剪和破碎等功能。随车工具装备，一般有轻质、便于携带、可集成、通用化等特性，如使用压缩空气的起重袋，可以通过泵入压缩空气，在事故现场快速而可控地扩大狭小区域，实现人员脱困。考虑模块化设计的理念，也可用功能的快速切换实现多功能要求。

11.1.1.2　国内应急装备发展现状

随着应急管理部的组建，我国将逐步克服过去部门分割、力量分散的弊端，形成统一指挥、专常兼备、反应灵敏、上下联动、平战结合的应急管理体制。应急救援是应急管理中减灾救灾的重要组成部分，作为应急救援行动的物质基础，应急装备作为各种抢险救灾必备的基本要素之一也有了长足的发展和更加规范的分类。在整个应急救援体系中，应急装备体系起到支撑和保障作用。

我国的高端应急产品，大多是从发达国家进口。过去手动式的破拆、搬运等救援装备几乎淘汰，现如今应急装备早已向着智能化、自动化方向前进。智能应急装备是指将智能技术与传统装备相结合，具有智能化、数字化、精准化、专业化等特点，能够实现人-环境-任务的高效融合，并具有一定决策能力，从而适应未来"快速、精确、高效"的救援需求的应急装备。据统计，智能应急装备目前已经大量应用到抢险救灾一线阵地。

11.1.2　应急装备发展中存在的问题

近些年我国发生的突发事件种类繁多，在应对突发事件的全过程中，暴露出应急装备产品方面的诸多问题，如应急产品种类不齐全、技术含量低、功能不完善、质量差等，在一定程度上降低了应急救援效率，甚至造成更多的人员伤害和财产损失。

1. 装备产品技术标准存在短板，配备标准滞后

应急装备标准体系对应急装备的发展具有基础性作用。国外在应急装备的理论研究和应急装备体系的建立方面起步较早，发展得也比我国完善。我国与之相比，在理论和实践方面均有较大差距，这与目前我国高速发展的经济状况以及安全生产的迫切要求是不相适应的。

大型事故的发生往往伴随着道路的损毁、交通与通信的中断。现有成套装备由于体积大、笨重，难以满足快速运输要求，且自身行驶速度低、通过性差，造成救援人员、装备、生活物资无法快速到达现场，从而延误了救援时机。救援装备到达现场后，由于设施不统一、缺乏生产标准，往往在事故现场呈"多国部队"化，装备之间不通用，在具备专业知识的救援力量有限的情况下，关键时刻无法形成合力，这就对装备的标准化和统一性提出了更高的要求。

以消防为例，消防车辆和防护装备已经建立了较为完善的产品技术标准体系，部分灭火及抢险救援器材也有相应的国家标准或行业标准，但消防装备产品标准体系还有待完善，部分装备技术标准更新慢，已不能满足实际需要，大部分抢险救援器材尚无国家或行业标准。此外，其他行业的应急装备标准更是稀少，如森林消防针对森林灭火防护服制定了标准，地震、矿山和危险化学品行业可参考消防行业的部分装备标准。

消防部门针对灭火救援装备配备，制定了《城市消防站建设标准》（建标 152—2017），制定了行业标准《消防特勤队（站）装备配备标准》（XF 622—2013）和《消防员个人防护装备配备标准》（XF 621—2013），对消防站的灭火和应急装备配备种类、数量做了详细规定。森林消防专业队伍的建设有国家标准《森林消防专业队伍建设和管理规范》（LY/T 2246—2014）。国家地震救援队主要参考国际搜索与救援咨询团（INSARAG）发布的《国际搜索与营救指南》进行装备配备和人员组成，但尚无符合我国实际国情的地震救援队建设标准。危险化学品专业救援队目前仅有针对企业的标准《危险化学品单位应急救援物资配备要求》（GB 30077—2023）。其他类型的专业救援队伍，如国家矿山救援队、国家危险化学品救援队、国家隧道坍塌救援队，目前缺乏相应的装备配备标准及队伍建设标准。

2. 装备配备的种类型号繁多，配套互补性差

与解放军和武警部队的军事装备不同，应急装备未纳入定型列装范畴，无法进行标准化统配，导致应急装备的种类多、型号繁杂，在使用、训练、维护时，一旦出现故障，不能互享互通，无法相互更换，售后维护保养一旦断档，严重影响装备效能的发挥。比如，在抢险救援中多次出现当一台液压泵损坏后，所配液压扩张器不能与另一台液压泵相连接，一辆消防车的吸水管接口与另一辆消防车的水泵无法连接的情况，这种配套互补性差的现状已经严重影响了应急救援队伍战斗力的发挥。

多次的应急救援行动已经反映出我国装备配套性较差的现状。如曾经出现需要调运的飞机因为装备技术不衔接而无法实现调运；液压破拆工具无法组合使用，接口不同造成器头损坏后无法更换；消防车因与吸水管的接口不通用无法吸水，更换战斗员时因为不熟悉另一种型号的车辆而导致战斗中断等诸多问题。由此可见，装备的配套性问题已经严重制约了我国应急救援队伍战斗力的发挥。

3. 局部地区装备配备率低，配备结构不够科学合理

部分应急救援队伍，如部分贫困偏远地区的政府或企业专职消防队、部分经济条件较差的矿山救援队，其装备配备率较低，甚至低于国家或地方标准，与其所承担的应急救援任务极为不符。

装备是应急救援行动的武器支撑，理想状态下应该是一套完整的体系。但部分救援队伍装备配备理念不正确、概念不清晰、针对性不强、结构层级不合理。设计人员对本地区实际情况掌握不到位，未能及时根据当地的经济发展水平、灾害事故特点、地质地理气候进行科学分析，合理采购所需的装备。从应急救援队伍建设的全局来看，当前我国应急装备配备面临着重数量轻效能、配备率低、缺乏装备及装备配备标准、配备结构不科学、配备的种类型号繁多配套互补性差、新技术新产品应用滞后等问题。

4. 新技术新产品应用滞后，装备现代化进展缓慢

当今社会，科学技术飞速发展，新技术新产品层出不穷，但应急救援队伍和装备的建设却相对滞后，没有广泛认识现代化高性能应急救援技术装备，没有充分发挥现代化技术装备在应急救援行动中的有效作用。如无人机、救援机器人、大型智能化机械、智能化装备管理系统、基于物联网和大数据的应急救援辅助决策技术等，这些前沿技术装备只在一些经济较发达的地区和国家级的救援队才得以应用，更多的救援队甚至还不了解这些新技术装备。

11.1.3　应急装备发展的影响因素分析

我国应急装备的发展虽然与各个时期的经济特征有一定程度的联系，但更多地受到诸多人类活动空间/探索领域、人类需求变化/文明程度、科技发展水平、社会分工等因素的影响，具有鲜明的社会特征。

11.1.3.1　人类需求变化对应急装备发展的影响

频繁的事故灾难、严重的恶性事件及非传统性灾害的频发教育了人们，使大家认识到在紧急状态下缺少救援的危害及实施救援的必要，其自救、互救的能力极大增强，对安全性及应急装备、措施的要求日益提升。经济的发展、社会的进步、人们生活水平的提高使得人们的需求发生变化，其中之一就是随着人的生命价值的提升而来的对安全及救援需求的提高，即人们日益关注自己的人身安全，更加关心自己在紧急状态下的逃生、救助、营救等救援问题。

对社会救援体系建设、救援能力配备的专业化要求也日渐提高，各国的救援机构基本是从医疗救援开始的，但近年在医疗救援的基础上，矿山、道路、航空、海上、化工、地震、旅游、心理等专业救援机构蓬勃发展。这些以某一领域的灾难事故为救援业务的救援机构，在应急装备配置、人员培训、业务流程、内部管理等方面都具有其他救援机构所没有的独特优势，这大大提高了救援速度和效率。

随着经济的发展、生态环境的改变、人口的增多以及人们生产生活方式的调整，突发事件的发生也呈现出非传统性、多样化、危害烈度加大等特点，传统的粗放式救援体制、机制、模式和手段已难以适应新的日益细化的事故灾难特点和形势需要，这就催生了应急救援作为一个新的专门领域的产生和发展。应急救援从政府到社会、从法律法规政策到具

体措施、从机构到装备再到人员等的专门化、专业化倾向日渐显著，这已被国际国内的发展进程所证明。

另外，人们工作、生活、活动场所对救援要求也大大提高，要求其在物资、产品、通信、交通、人员等方面适应大家新的需求，特别是对于一些事故灾难多发场所（如煤矿、高速公路、公众场所等）提出了更高的要求。

11.1.3.2　科技发展水平对应急装备发展的影响

科技创新是许多研究的主题，过去十年来，科技创新概念的使用一直在增加。应急装备的发展水平与社会科技发展息息相关，随着科技力量的发展，全球制造业发生着巨大的改变，第一次工业革命之前，世界上的应急装备大多是简易装置，具有功能单一、应用水平低、应急能力差等诸多弱点；第一次工业革命后，应急装备慢慢走上历史舞台，各种简易机械装置的设备被设计出来用于应急救援；第二次工业革命后，更多的工业设备被发明出来，1902—1903年，德国和英国相继造出了第一辆消防汽车；进入第三次信息革命后，世界各国对应急装备进行了系统研究与开发，随着信息时代的到来，应急装备具备了更强的针对性，工作状态更加安全，操作方式也更加简单。目前随着5G时代的到来，应急装备向着智能化、信息化、自动化、简易化方向前进，为世界各国的防灾救灾行动立下了汗马功劳。

当前，全球科技创新进入密集活跃时期，云计算、大数据、物联网、智能化和无人化技术等新兴技术正在向各领域加速渗透、深度融合，科技和救援上的深度融合对应急装备的发展建设必然产生深远影响。因此，加快构建智能化应急救援特色装备体系，是推进智慧应急发展战略，实现换道超车的一个有力抓手。

目前，云计算、大数据技术已经被广泛应用在灾害预测和实时分析中，例如大数据技术在滑坡灾害监测中的应用、大数据技术在环境监测中的应用等。随着大数据与云计算的融合发展，大数据的获取、挖掘、分析和可视化能力将得到进一步提升，通过对海量数据的深度分析和对实时数据的迅速处理，可以有效地对未来进行预测，提升风险预警能力。在大数据和云计算的帮助下，现有的灾害预警系统，如台风、冻灾等自然灾害预警和灾后损失预测将更加精准，后续的救援工作和灾害重建效率会大幅提升。在城市公共安全领域，在人员信息数据高度联网化、城市地理空间高度数字化、城市监控管理高度智能化的推动下，整合后的城市大数据系统，将给重大传染性疾病监控、公共安全事件监测预警、城市环境灾害、生产安全事故监测与防治等方面，带来更加精准、提前量更大的预判。在大数据处理技术的支持下，各类监测平台能够实现应急数据资源的全要素获取、全范围流转、全维度分析、全时段互联互通，将使信息孤岛现象不复存在。2020年初，新型冠状病毒感染疫情突然来袭，给国家治理体系和治理能力带来了严峻考验。此次疫情中，大数据等新兴技术为打赢疫情防控阻击战提供了有力支撑。我国基础电信企业、互联网企业及相关研究机构利用技术和数据优势，在疫情态势感知、迁移路径跟踪、企业复工复产等方面，为政府科学防治与精准施策提供了有力支撑。大数据技术的充分应用，不仅能更有效地处理防控部署、资源调配、数据利用、舆情监测、公众心理等疫情防控相关工作，而且能够快速、精准、全面地开展人员流向分析，定位接触人群，及时控制疫情扩散。通过大数据实现健康码通行，在疫情防控的同时，保障人们正常的生活，推动地区复工复产，缓解疫情对我国的经济冲击。

11.1.3.3　社会分工对应急装备发展的影响

在对应对突发公共事件前做应急装备发展方向规划和理论研究时，毋庸置疑，政府是突发公共事件应对的主要负责方，但企业作为社会主要力量之一，掌握大量社会资源，其能否有效参与直接关系到政府进行应急救援的成效。然而，现实中政府协调企业应对突发公共事件存在诸多困境，在应急救援工作中，忽视对执法对象的细致分析、应急救援工作检查、判断救援力量是否充足等内容，从而阻碍防控工作顺利开展。同时，对承灾载体分析时可能因分工不明确导致工作中出现意外，单纯地讲究公平而对应急救援工作盲目分配，忽视工作者的个人能力，导致部分救灾人员德不配位，在工作中由于心态疲惫，从而抗拒责任划分，阻碍救援工作高效开展。

当前政府面临的协调困境可以概括为三大层面：企业缺乏必要的安全生产责任意识、投入应急领域的积极性及承担社会责任的动力和积极性。前两者更多揭示的是经济领域中市场分工的不足，后者则是企业与社会在社会分工上的失调。就经济领域中市场分工的不足而言，市场容量、市场化程度、交易成本以及社会知识水平等诸多因素的综合作用导致应急装备市场的分工程度难以充分吸引企业。应急装备市场化研究的滞后，某种程度上也是因为面临着较大的风险和不确定性。这通常包括应急装备需求的风险和市场规模的不确定性。但也正是"企业和管理者掌握的突发事件信息的不完全性和不对称性，为管理者从市场角度满足突发事件对应急装备的需求提供了途径"。就企业与社会在社会分工上的失调而言，社会分工理论强调了社会分化后各有机体之间关系紧密和持续对于社会团结和秩序的重要性，但分工发展中带来的协作匮乏也不可避免。

11.1.4　应急装备发展趋势分析

习近平总书记指出，要强化应急管理装备技术支撑，优化整合各类科技资源，推进应急管理科技自主创新，依靠科技提高应急管理的科学化、专业化、智能化、精细化水平。要加大先进适用装备的配备力度，加强关键技术研发，提高突发事件响应和处置能力。要适应科技信息化发展大势，以信息化推进应急管理现代化，提高监测预警能力、监管执法能力、辅助指挥决策能力、救援实战能力和社会动员能力。

1. 完善产品技术标准和配备、维护管理技术标准体系，全面提升装备整体标准化水平

各行业应加大装备标准化建设步伐，尽快完善装备产品技术标准体系及装备配备标准，解决技术需求问题，以免因缺乏技术要求或技术标准不符合应急救援任务需求而影响救援队伍的战斗力甚至造成安全隐患。首先，应尽快更新已不能满足新形势下技术要求的装备产品标准；其次，各行业应尽快制定装备配备标准；最后，应完善相关法律法规，尝试对进入市场的关键应急救援产品进行技术鉴定和强制认证。

应急装备的科学配备对应急救援队伍战斗力的提升具有重要意义。综合分析，应依据法律法规和标准、预案，根据职责任务，根据地理条件、气候环境等因素，根据辖区的灾害事故评估和装备评估论证进行装备配备，应着重解决装备配套性问题、技术需求问题和亟须配备装备的问题。通过对应急装备进行统一定型，探讨建立应急装备定型列装制度，逐步为应急救援队伍配备标准化、系列化、通用化的装备。首先，应固定技术参数。采购

装备种类较多的单位，在制定采购技术文本之前，应当组织专家进行研究，在满足技术标准的前提下，对配备数量多、使用频率高、发挥作用大的装备的主要性能和设计参数进行固定，提升装备的外观统一性、尺寸互换性、功能一致性、使用重复性，尽量减少不必要的装备型号规格。其次，应修订技术标准。在前期固定技术参数取得一定效果后，对相应装备的技术标准进行修订，限制不必要的参数，减少装备型号规格。最后，适时出台政策法规。在取得一定成效的基础上，积极争取政策支持，出台相关法规，将应急救援的主要装备纳入定型列装的范畴。

随着我国应急救援形势的日趋严峻，各灾种、各专业救援队伍应针对自身救援实际提出装备需求，重点配备一些高性能的急需装备。消防部门除应对火灾外，还负有18项抢险救援的有关职责，其中主要承担的有8项，参与协助的有10项，因此消防部门应根据自身辖区灾害事故特点配备急需装备。森林消防队伍主要负责森林火灾的预防和控制，应着重加强三个方面的装备配备。首先是航空消防装备。目前我国已经实现自主制造AG600大型两栖灭火救援飞机，应以此为契机，加强航空消防装备配备。其次是方便携带、功率大、易操作的水泵等灭火器材。最后是高越野性能、大吨位、适合各林场地形的全道路消防车。危险化学品专业救援队伍主要集中在一些大型石油化工厂区，应着重配备大功率、大流量水罐车或泡沫车，具有一定跨度的举高喷射消防车，远程供水系统以及多功能灭火救援机器人等装备。地震救援队伍应结合我国地震救援实践经验，加强轻便灵活、集成性高的器材配备，如小型多功能组合机械、微型救援仓、智能救援机器人、多功能医疗救助器材、整体自装卸运油车等。矿山救援队伍主要负责矿山灾变事故的救援工作，煤矿井下环境恶劣、巷道错综复杂，救援难度大，应加强生命探测仪、潜水设备、多功能支护破拆工具、救援仓、救援机器人、矿山救援智能化可视化监测监控系统、大型抽排水系统等装备的配备。

除严格按照装备应用维护手册的要求维护管理外，还可借鉴建设施工行业的维护管理技术标准，建立专门的优于建设施工行业的装备使用与维护标准。

1）储备装备使用与维护

储备装备因长期处于闲置状态，重点做好防锈、防腐、防松、防漏工作。按规定检查和更换润滑油，加注润滑脂，保持良好的润滑性能，减少零件锈蚀和非正常磨损，降低机械故障率，保证装备的性能和使用寿命；经常检查电气线路是否松动，蓄电池电量是否充足，及时更换老化的线路，保证接线端子连接可靠，对于内燃机动力设备，要周期性开机、试机，按时给蓄电池充电，防止电路断路或短路引发事故，确保能够顺利启动装备；时刻关注装备的刹车、传动和转向系统是否漏气漏液，是否灵活可靠，确保装备运行安全。

2）日常执勤和训练装备使用与维护

除执行储备装备保养项目外，平时应按照等级保养制度进行维护保养，要加强执勤和训练装备工前、工中、工后的状态监测、性能检查和维护保养，减少故障隐患，出现故障及时修理，快速恢复装备性能。

3）灾害抢险时装备的使用与维护

在应对重大灾害时，需重点加强装备维护管理人员、应急装备和配件物资的调配。成立由机械工程师、操作手、修理技师组成的专门的装备保障突击队，配备专门的应急抢修车辆，能够应对各类突发的装备故障事故；应尽快对装备进行综合性能评估，选用性能最佳装备，并尽可能地采取预防性维护措施，科学预备抢修配件物资，按性能选出急用装备和备用装备，确保装备能上、能用、安全；在救援过程中，做好在用装备状态监测，尤其是救援重要目标的主战装备，需重点安排专人管理，制定装备抢修抢救预案，当装备性能异常时，及时调整部署装备，以免影响整个抢险进程；救援结束后，对所有参战装备进行全面检查，对受损装备进行恢复性维护和修理，以确保装备具备应急救援能力。

2. 健全应急装备保障体系，全面提升装备资源利用和使用效能

1）优化顶层制度设计，完善应急物资保障工作机制和预案体系

（1）建立部门协同、上下联动的应急物资保障协调机制。突发公共事件包括自然灾害、事故灾难、公共卫生事件和社会安全事件，由于每类突发事件所需的应急装备种类不同，负责应急物资保障的政府部门也不同。因此，应根据应急物资储备实际情况，针对不同类型的突发事件，确立应急装备调度的组织机构，明确牵头单位以及各职能单位的职责与分工，规范物资储备、调拨、配送等工作制度和运转流程，建立日常信息通报、应急联络、部门会商和信息共享等联络制度。通过建立省、市、县、乡四级应急装备调度协调联动机制，实现应急装备层层储备、互通有无的目标。

（2）完善应急预案体系。应急预案是健全统一高效的应急装备调度的重要指导，使应急装备调度工作有据可依。从近几年我国应对突发事件的反应行动整体来看，我国的应急预案体系已基本建立，但各个预案之间的协调互补还有所欠缺，没有形成统一有效的工作合力，特别是预案中对应急装备调度方面的描述和要求不够具体和清晰。应对现有应急预案中应急装备调度部分内容进行完善修订，并按照突发事件的不同类别，制定应急装备调度预案，针对突发事件的级别划分，制定相应的分级响应程序和响应措施。

2）健全应急物资储备体系，提升储备效能

应急装备储备的数量、品类、结构等是否科学合理，直接影响应急装备调度能力及效能的发挥。从整体来看，我国应急装备储备体系已基本形成，但目前的物资储备主要针对的是各省内的自然灾害，以救灾装备、物资为主，应急装备储备的种类与数量不足，社会参与程度低，同时在储备库布局、储备调度运行机制等方面也存在一些问题。

（1）健全统一的应急装备收储机制。增加承储企业和储备种类的多样性，将物资储备种类拓展到各类突发公共事件的应急环节的物资和装备。坚持"宁可备而不用，也不能用时无备"，按照短期、中期、长期精准测算需求，科学调整储备的品类、规模、结构，分级分类确定政府储备量和需求机构日常储备量，提升储备效能。

（2）建立多元化、多层次储备体系。构建以政府储备为核心、社会力量储备为补充、家庭储备为前端、生产企业提供代储的多元化、多层级应急装备储备网络体系。由政府负责应急重点和专业物资、装备的储备，社会组织负责一部分生活物资和救援物资的储备，各单位分别储备适用本单位的应急物资，家庭储备个人自救和应急防护装备，从而形成集应急物资生产能力储备与实物储备、社会储备于一体的多元化、多层次应急物资储备体系。

3）统筹资源，建立集中生产调度机制

（1）加强企业生产调度，确保源头供应。首先，根据企业规模大小、产品品类、生

产产能等情况，建立动态省级、市级重点应急装备生产企业名单，实行优进劣退。其次，建立联络机制，加强对企业的帮扶、沟通与协调，实行省、市、县、乡四级包联，帮助企业解决原材料供应、交通运输、配套产品不足等实际问题。同时，建议根据不同阶段物资需求的形势，建立企业生产转型改造机制，鼓励有条件的企业建立柔性化生产线，调整生产思路和用力方向，通过技术改造、质量提升、生产线调整等方式，向急需物资和相近物资进行转产，以便更好地集中优势资源，确保用最短的时间实现急需救援装备、物资的生产，做到关键时刻调得出、用得上。

（2）精准对接需求，保障物资统一调拨、合理分配。与需求单位密切沟通，摸清需求底数。在全面了解救援装备、物资需求的基础上，全面摸排掌握全省范围内相关生产企业情况。按照统一指挥、统一协调的要求，建立统一应急装备调度制度，保障物资合理分配和持续供应，以省级为单位对重点紧缺物资实行统一调配。

4）依托信息技术，构建应急物资供应保障网络体系

运用大数据、互联网、物联网等技术对上下游企业资源进行共享对接，建立应急装备、企业数据库，并对接有能力的物流调度配送机构。通过平台，为应急装备的供应和需求提供精准、高效的链接通路，为政府、需求单位、生产企业和物流企业等打造供需链群，实现供需信息的及时、准确对接，物资的高效、精准匹配，为政府物资调配提供技术支持。

5）运用调度模型，提高装备管理效率

利用物联网技术提出基于 RFID 技术的应急物资储备和调度系统，将 RFID 技术贯穿于整个应急物资的供应、储存和配送等全部物流环节，配合 GPS/GIS 技术，使应急物资的储存和配送都处于实时监控状态，保证应急装备储备完善以及减灾救灾时保证应急装备拥有良好的调度效率，在更大限度上提高应急装备管理效率并避免管理漏洞，如图 11-1 所示。

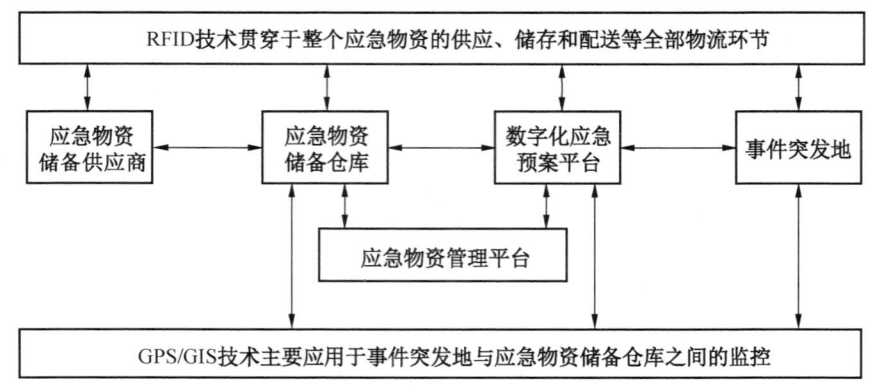

图 11-1 基于 RFID 技术的应急物资管理模型

数字化应急物资综合管理平台由仓储管理子系统、配送调度子系统、预案管理子系统及远程终端子系统等组成，管理平台要充分运用现有信息技术，特别是 RFID 和 GPS、GIS 等，如图 11-2 所示。

应急物资储备选址与调度数学模型包含应急物资选址模型和应急物资调度模型，选址模型由选址基础层和选址目标层组成，选址基础层含人员、设备、应急物资、应急仓库和

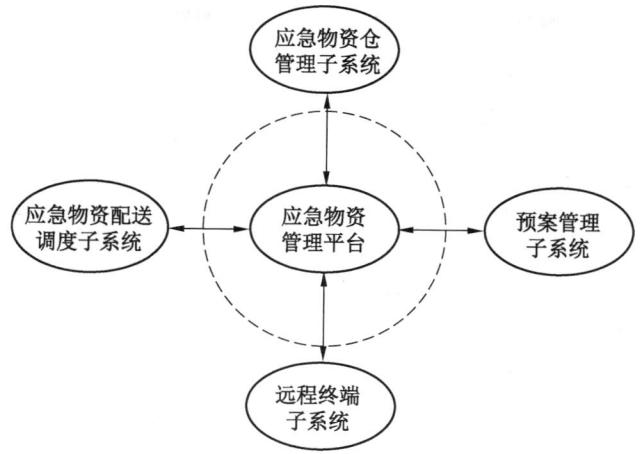

图 11-2 数字化应急物资综合管理平台主要功能模块

数据库等 Agent，选址目标层含应急物资运输及储存成本、应急仓库固定投入和应急仓库覆盖面等指标。

应急物资调度模块由调度基础层和调度目标层组成，基础层含搜索、计划、协商、决策、物流和数据库等 Agent；目标层含应急物资的品种和数量、储备物资利用率和应急物资到达时间等指标。应急物资选址目标指标和应急物资调度目标指标相互融合，得出优化储备选址和调度方案，基于 Multi-agent 的应急物资储备选址与调度模型如图 11-3 所示。

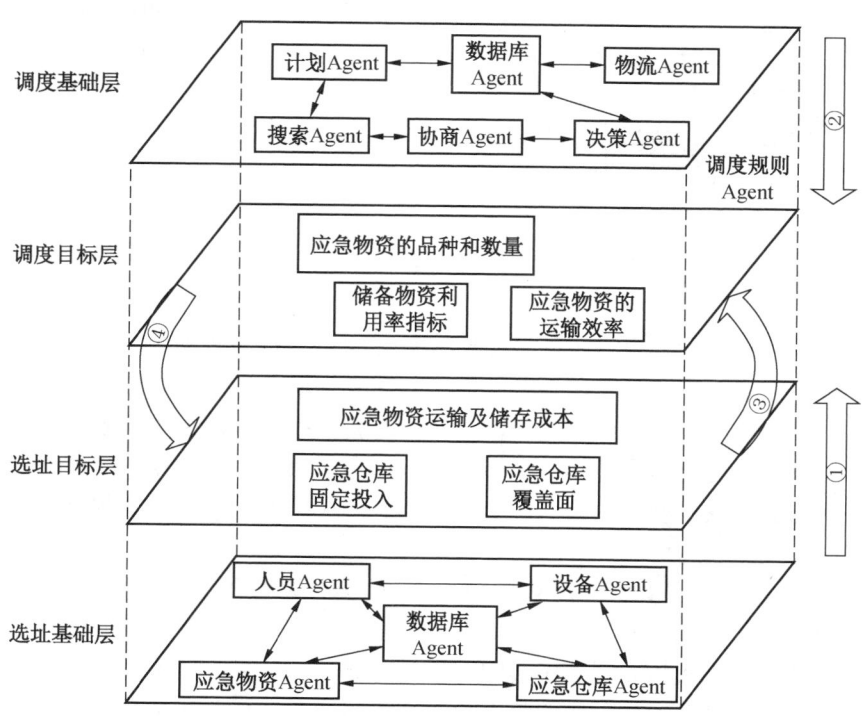

图 11-3 基于 Multi-agent 的应急物资储备选址与调度模型

　　结合实际突发事件的特点，结合多智能体的应急装备储备选址与调度数学模型，以应急装备储备布局设计模型、应急装备储备布局优化模型、应急装备调度约束模型、应急装备调度优化模型和应急物资智能决策支持系统为主线。采用二维细胞机建模技术，引入多智能体机制封装和扩展智能型细胞，采用脑模型连接控制器建立应急装备储备布局的多目标指标函数；在综合考虑储备点约束、应急需求约束、运力约束和路径约束等强约束以及应急装备捐赠点、需求物资响应成本等弱约束的基础上，构建应急装备调度状态空间表达式；根据应急装备需求的非线性时变特性，提出基于模糊不确定性的应急装备强时间鲁棒调度；建立反映突发事件实际需求的智能细胞机应急装备储备布局设计和优化调度模型，解决方案如图 11-4 所示。

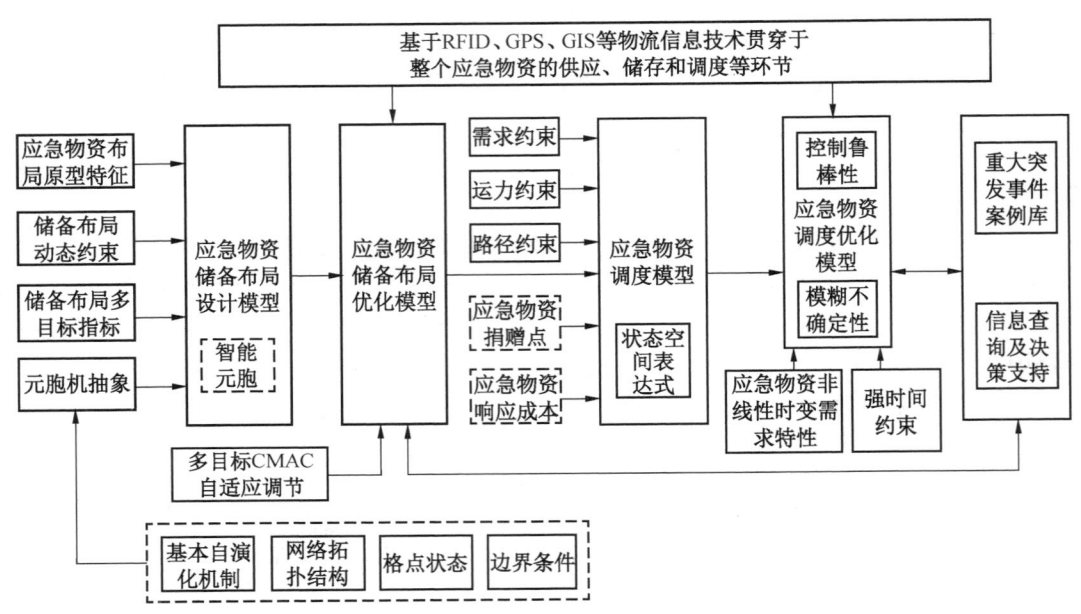

图 11-4　应急装备储备和调度解决方案

　　应急装备储备和调度解决方案的核心内容包括应急装备储备系统原型构建和应急装备调度算法，具体如下：应急装备储备系统原型的建立主要是把握系统层次结构、可能的全局行为，对整体表现的特征进行描述。描述目标是将多维、非线性、动态开放和伴随物性变化的复杂动态系统简化为个体简单局域自组织的离散事件，以实现从模型微观结构和自组织演化规则到宏观系统规律的跨层次描述。动态约束问题均进行整数规划处理，以匹配细胞基本规则。

　　3. 加强应急装备科学技术发展规律研究，全面提升装备技术保障性能和环境适应性

　　伴随我国城镇化步伐加快、危险源增多，应急救援任务也愈加繁重，若不加以重视，类似"香格里拉古城火灾"的悲剧还会重演，加强应急装备科学技术发展规律研究，发展环境适应性好、高机动性、可实施组合化救援的应急装备成为服务城镇化的必然选择。

1）加强现有装备性能变化规律、故障规律研究

通过对执勤和训练常用大中型应急装备进行全寿命、全过程、全系统状态监测，总结和分析同类型装备的性能变化趋势，评估掌握同类型装备性能状态。通过收集相似类型装备的故障案例，采用故障树法分析装备故障原因，研究故障的预防、诊断与维修技术，建立和完善故障智能诊断处理数据库平台，为应急装备使用与维护提供技术支撑。

2）增强装备承受恶劣环境条件能力

应急装备有时面临高寒、高温、辐射、沙尘、雨雪、泥水、化学品、毒气、浓烟等恶劣环境，不但需要装备在此环境条件下超常规使用和高强度长时间连续作业，还要保证操作使用人员的安全，这些都给装备维护管理增加了难度。应急救援专用的消防车辆、工程机械、综合保障装备、运输车辆等应急装备，需要特殊的结构设计和特殊的材料品质，使其具备耐雨雪严寒、耐高原缺氧、耐高温高热、耐风沙烟雾、防核生化等特殊的性能，增强装备承受恶劣环境条件能力，发挥装备专业性能。

3）增强装备灵活机动性能

灾害抢险有时面临高原、边坡、临崖、狭隘、沟壑等极限场景，应急装备无法到达，或装备无法正常运行，这些都给装备保障增加了困难。应急装备"轻型化、模块化、智能化"成为应急救援的现实要求，应急装备需要特殊的结构设计和机动灵活的功能，有时需对装备采取加装、改装、拆解、拼接等技术改进措施，增强装备灵活机动性能，保证装备在极限条件下的适用性。加强极限条件下装备应用和维护研究，主动克服外部困难因素，制定科学的多样化复杂情景下的装备保障预案，做到迅速投送、安全高效，是装备技术保障的重要任务。

4. 装备结构向着面向通用/专用复杂需求的环境、结构、材料、驱动一体化设计方向发展

针对不同灾害现场的救援需求，将新型机构、新材料、新驱动等应用于救援装备的机构设计中，并采用结构、尺度一体化设计方法，使其能够灵活高效地在狭小空间等特殊场合完成既定功能，并具有结构简便、刚度高、可靠性好等优点。例如，对于部分中度及重度自然灾害，道路、桥梁损坏严重或者边远山区交通闭塞，陆地运输严重受阻，而现有水路和空中运输工具的运输能力有限，缺乏可快速抵达救援现场的有效装备，模块化的快速拆装结构是救援装备的发展趋势之一。通过结构的模块化设计并建模分析不同的模块对结构刚度和可靠性的影响，可最终实现大型智能应急装备高效拆分与组装，该技术可实现救援装备快速组装后投入抢险救援任务，大幅提高救援的时效性。

在机构的数学建模中，实现结构、材料、环境一体化建模，将工作空间、材料变形、环境的振动、非周期性冲击载荷等复杂环境条件作为模型中的重要因素，精确建立一体化模型，精确反映其功能特征。在此基础上，可采用神经网络等算法，实现机构智能的构型综合及设计，以满足功能要求。

通用大型工程机械装备快速转化为专用大型救援装备技术发展趋势之一，该技术可实现通用大型工程机械装备在平时服务于国家经济建设，在灾害发生时能够转换成专用大型救援装备，在灾害救援中发挥一机多用的功能。为此，需要提出系统的结构设计方法。

5. 装备性能正向着高可靠性、低能耗、更好的环境适应性和操作便捷、人机友好的

方向发展

在可靠性方面，应急救援装备应具备在复杂地形（崎岖不平的道路、泥泞的土地等）、高环境不确定性（余震引起的建筑物倒塌等容易造成不可预测的影响）、高极端环境（高温、湿热、腐蚀性环境等）和长期使用的复杂条件下的高可靠性，不易造成疲劳、磨损、腐蚀等问题。因此，我们应该开展新材料的研究，如高温热场下的防护材料、极冷条件下的防护材料、自修复材料和高强度轻质材料。我们应该开展救援装备自润滑机制的研究，以减少摩擦和磨损。为了提高软件系统的可靠性，需要研究控制系统和自愈化合物在突发条件下的稳定性。同时，提出了地震、崩塌等复杂灾害的动静态可靠性分析方法，实现了不同救援装备可靠性的定量评估。

在能源利用方面，由于灾区能源短缺，很难及时提供大量能源供许多设备长期使用。应急救援装备应具有低能耗的特点，即在保证运行功率和使用时间的基础上，能耗最低。此外，对于未来的智能化应急救援装备，救援装备中可以使用太阳能、生物质能、地热能、氢能等体积小、转化率高的新能源装置，尽可能获取当地材料，完成能量转化，以解决灾区能源短缺的问题。

在环境适应性方面，智能结构将使移动式智能应急救援装备向极端地形适应性方向发展，使其具有较强的越障能力和移动效率。结合其在极端环境下信息传输的实时性和可靠性，以及夜间环境感知的准确性，智能救援装备应该能够在不同时间、不同空间和不同地形下使用。

操作的便捷性和人机交互的友好性是智能应急装备的发展趋势。对于前者，虽然智能装备因功能丰富，结构和控制系统都较为复杂，但操作的便捷性不容忽视，这可以降低救援装备对操作人员的专业度要求，使得救援人员可在灾难现场快速操作救援装备，提高救援效率。对于后者，救援装备应具有友好的交互界面，以提高救援人员对复杂救援情况的处理效率。

6. 装备智能化正朝着准确感知极端环境、多维信息自主决策、智能容错和多机动态协作的方向发展

在环境感知方面，微光学结构纳米传感器、钙钛矿单晶数字图像传感器等新型传感器和深度学习算法将应用于智能救援装备。通过多传感器融合技术、高效信息提取与处理技术、多任务并行动态分析等先进技术，结合遥感技术、多机多信息判断，在浑浊复杂的水下区域、动态混乱的环境以及烟尘造成视线障碍的条件下，将实现对危险化学品倒塌或爆炸造成的废墟更准确的环境感知，为运动决策提供准确参考。

在自主决策方面，对于救援现场的复杂任务，智能救援装备将采用动态概率网络决策法和基于贝叶斯网络的决策法等新的决策算法，通过与高维空间合作，突破大规模连续状态导向、强化学习等相关技术，将大大提高决策问题的求解效率。最终，智能应急救援装备将朝着高效独立决策、对复杂任务具有高鲁棒性的方向发展。此外，救援人员和救援装备决策的矛盾分析和独立判断也是未来独立决策的发展方向之一。

在智能容错方面，智能应急装备未来应能够实现智能容错，即在部分构件或系统因不可预知因素发生故障时，可通过自适应动态规划（Adaptive Dynamic Programming, ADP）等智能的自学习策略改变运动方式或控制模式，最大限度地继续完成相关工作，

以减少由于装备故障而对救援工作造成的影响。在多机协同方面，智能救援装备由单一装备独立完成某一任务向着多机协同的方向发展，通过采用元启发式优化算法、动态规划算法等先进的算法，多装备共同协作完成某一任务，扩大救援装备的使用范围，完成大量单一装备无法完成的工作，将更多的救援人员从危险的救援工作中解放出来。

7. 装备通信技术向着极速组网、复杂空间环境多元信息远距离高穿透性精准通信的方向发展

在硬件方面，应用于灾害现场的通信装备将向着小型化、集成化、一体化方向发展，通过移动式和固定式相结合的方式，省去烦琐的组网过程，实现在狭小空间内更加高效的硬件搭建。特别地，移动通信车辆也应向着小型化、模块化方向发展。

在关键技术方面，5G 通信技术将被用于救援装备，其高速、低功耗、低时延的特性将大幅提高救援效率。同时，高温、高压、多重覆盖物阻隔等极端条件下的信息传播衰减机理将被揭示，语音、视频、文字等多媒体通信方式同步采集及融合技术，空中、地面、地下、水下等具有复杂障碍物的多维空间的高穿透技术将被突破，最终实现极端环境下人机/机机高效通信。

8. 强化应急装备跨领域专业化人才培养，全面提升应急队伍的能力和专业水平

根据应急救援中的任务和形势，以及救援人员进行应急救援活动时，对应急装备都会提出较强的要求，例如高端化、个性化、大众化、智能化等。在进行应急救援过程中，救援者和应急装备的匹配程度也是影响应急救援效率的重要因素，其涉及救援效能的问题，要求在一定时间内有专业的救援队伍到达现场，实施专业高效的救援服务。

应急装备是构成救援队伍战斗力的基本要素之一。大量新型化、自动化、精密化、智能化的应急装备层出不穷，现代应急装备不仅涉及机械、电子、电气、液压、防化等传统学科领域专业知识，还融合了计算机、人工智能等现代学科专业知识，形成了应急装备学科知识体系，为保障装备的性能发挥，对装备管理人员、操作驾驶人员、维修人员的专业化水平要求也越来越高。救援人员应当对应急装备的原理、结构、技术参数、使用、维护保养和检测等方面进行了解，能够正确选用装备并合理使用、安全操作各种工具，以最大限度地提高救援装备在救援行动中的作用，避免或减少因不正确选用装备造成的人员伤害和设备损坏。建立应急装备人才培养机制，注重培养具备机械、电子、电气、液压和计算机智能控制等专业知识的综合型高素质装备管理人才；加强应急装备操作人员培养，特别是对于购置的新型装备，实行购机培训制度，充分利用厂家和售后服务机构的技术优势，在装备应用、维护、管理等方面进行定期培训，按照"会使用、会保养、会检查、会排除故障"标准选拔培养装备操作手，提高装备应用、使用与维护水平；特别需要加强对应急装备维护修理技术人员的培养，虽然修理技师培养周期长、成长慢，但是对装备性能保持和功能发挥起着重要作用。

应急救援的核心使命就是拯救生命，加强安全生产应急救援科技装备建设是以人民为中心的发展思想的根本要求，是践行以人为本、科学救援理念的具体体现，是大力实施科技兴安战略的重要内容。各地区、各部门和相关企业要高度重视，深入分析新形势、新任务、新使命，牢固确立向科技装备要战斗力的思想，坚持走"精兵之路"，强化队伍建设，优化装备布局，以高科技救援手段替代"人海战术"，以智能化救援方法减少人为操

作，不断加大队伍的救援辐射半径，提升队伍的应急机动能力和专业救援能力，推动安全生产应急救援科技装备工作取得新成效。

11.2 应急装备产业发展

应急产业是为突发事件的预防与应急准备、监测与预警、处置与救援等提供专用产品和服务的产业，具有覆盖面广、产业链长、涵盖领域多等特点。发展应急产业，既能为防范和应对突发事件提供物质保障、技术支撑和专业服务，满足社会各方面不断增长的应急产品和服务需求，提升应对突发事件的应急救援能力和全社会抵御风险能力，又有利于调整优化产业结构，促进相关行业自主创新和技术进步。

11.2.1 应急装备产业发展现状

11.2.1.1 国外应急装备产业发展现状

国外不同国家在应急装备方面的发展并不同步，人员配备使用应急装备水平也参差不齐，这就使得抢险救灾人员在面对突发公共安全事件时的救援效果和维护公共安全的水平和能力有所不同。随着工业技术的快速发展，以及应急装备体系和标准化的逐步确立，各国政府在应对突发公共安全事件时也有了充足的底气。譬如，2009 年 1 月 15 日下午，美国航空公司所属的 1549 航班（空中客车 A320 客机）起飞后不久在纽约哈德逊河紧急迫降。客机迫降哈德逊河不到 5 分钟，救援力量便赶到事故现场，警方迅速封锁了现场，维护现场秩序，指挥救援；飞机坠入哈德逊河 6 分钟之后，第一艘渡船就赶到事发地点并展开救援，此后陆续有救助力量加入救助行动中，整个救援行动开展得井然有序，最终取得了良好的救助效果，机上 155 人在飞机沉没之前全部获救。

国外发达国家尤其是美国、日本的应急管理工作起步较早，加之应急产品和服务的市场化程度较高，目前其应急产业已经达到相当成熟的阶段。而国外发展中国家的应急产业则发展相对较慢，虽然部分发展中国家的应急产业已经开始起步或者逐渐发展，但主要问题在于整个行业的产业链不够完整，应急产业体系不够完备。此外，由于大多数发展中国家的经济发展水平较低，导致其应急产业的科技水平较低，行业的发展水平有待进一步提高。

欧美以及日本等制造业强国先后出台了相关政策以适应制造业新时代的发展。同时，随着 5G 时代的到来，制造技术如工业自动化、智能化等的融合是潜在的发展趋势，这一系列发展趋势将使得制造业理念甚至是整个工业价值链都会发生一场重大变革。

11.2.1.2 国内应急装备产业发展现状

随着应急救援需求的增长，一是灾难复杂性和危险性不断加大。近年来，我国城市建设快速发展，新设备、新工艺、新技术、新材料广泛应用，不可预测的突发公共安全事件因素大量增加，救援难度加大，特别是高层、地下建筑、易燃易爆危险化学品企业、大型批发市场、仓储物流企业、人员密集场所等一旦发生突发事件，极易造成群死群伤和重大财产损失。二是部分城中村、群租房、小工厂、小作坊等场所环境乱、基础差、道路堵、人员杂、火险多、隐患大，且流动务工、老幼等弱势群体自防自救能力较差，灾情防控十分困难，小事件亡人时有发生。三是从历史上看，中国是世界上遭受灾害最为严重的国家之一，各种灾害多发频发，中国古籍中对地震、冰雹、干旱、洪涝、山崩、泥石流、飓风、自然火灾等灾害多有记载。中国遭受的灾害堪称种类多、频度大、分布广泛、受损严重。各种各样的灾害不仅制约了我国经济的发展，更是极大地影响了我国政治和社会稳定。

这也在客观上催生了应急救援类装备，目前，国内应急产品发展较快，已经形成了一个较为成熟的应急产品体系，产品种类多达上千种。在预防准备领域，已经形成了应急物资储备系统、应急管理系统、应急培训演练、应急物联网、应急探测评估、应急风险评估等六大类近百种产品。在监测预警领域，已经形成了自然灾害、事故灾难、公共卫生及社会安全监测预警系统等四大类近百种产品。如针对地震、地质、气象等不同自然灾害研发了地震立体监测、地质水文监测、空气监测等相关设备；针对不同突发事件的危险因素和有害物质识别特点研发了放射性物质、有毒生物介质、危险化学品、食品中毒等有害物质检测设备等。在救援处置领域，已经形成了应急通信指挥、应急交通运输、应急工程救援、应急搜索营救、应急医疗救援、应急安置保障、应急后勤保障、应急特种救援及个体防护自救等九大类近千种产品。如针对危险化学品行业研发了高危险化学品应急处置车、野外人员自动化洗消装置，以及针对紧急搜救和生命探测等特点研发了救援人员体征信息采集、防护等装备；针对受灾人员研制了受灾人员现场安置装备；针对地震、矿井、核生化以及火灾等多灾种研制了救援、清障、破拆装备和通信设备；针对应急救援人员研制了面向突发事件不同种类及其特点的防护服以及眼、头、面、手、脚等防护套装及辐射剂量仪、体温监测器等人员生理指标和安全性监测装备等。我国在应急装备制造和研发方面，已经涌现出了一大批专业的生产企业，包括以中国航天科工集团、中国兵器工业集团、中国北方工业公司、中国船舶重工集团、新兴际华集团等为代表的一批大型国有企业和部分民营企业，它们利用自己长期积累的技术及生产优势，投身应急装备制造业。

然而，由于我国应急产业起步较晚，大部分应急产品还没有摆脱低技术含量、低附加值的状况，特别是大型、关键性应急装备，难以适应应急需要。例如，2014年1月11日，云南省迪庆州香格里拉县建塘镇独克宗古城大火造成242栋房屋被烧毁，古城内部分文物、唐卡及其他文化艺术品被烧毁，经济损失不可估量。当地消防队员虽然在接警1 min后就出警，但由于街道狭窄，消防车辆无法进入，消防水源不足，又缺乏与消防车配合的远程供水装备，火势无法得到有效控制，拥有现代化救援装备的2000余名官兵"望火兴叹"，最后只能运用大型工程机械将木质结构建筑强行拆除，开辟出隔离带，阻止火势蔓延，但半座古城最终葬身火海。

进入21世纪以来，我国对于应急装备的发展越来越重视，回顾走过的路程，汲取了以往防灾救灾的教训，在近几年的抢险救灾中先进应急装备的应用极大地提高了我国的应急救援能力，使我国的应急抢险救灾水平取得了巨大进步。国内主要的专业市场有交通、安监、消防、地震等，其中消防市场相对成熟，其他专业市场还处在快速发展阶段。国内应急市场的用户主体目前主要还是政府和专业救援队，应急管理部的组建，将更加规范行业管理，对应急产业发展具有推动作用。和国外相比，国内的志愿者救援市场及公众市场还没有得到充分开发，蕴藏着巨大的市场潜力；国内的市场规范化管理和准入门槛尚未完全形成，除消防和医疗救援等较成熟的领域外，其他领域的检测和认证体系缺失，迫切需要应急领域的行业组织加强这方面的工作。

我国幅员辽阔、灾害频发，城乡差异大，基础设施发展不均衡。大城市聚集了庞大的人口、资源、产业，城市受灾对象的集中性、城市灾害后果的严重性和放大性，使应急管理工作任务繁重；而中小城镇、乡村往往基础设施发展不均衡、安全保障能力偏低，从而形成我国高风险的城市和不设防的乡村并存局面。近年来，应急产业在中国快速发展，随着公共安全应急需求越来越受到重视，相关政策和规定不断出台，社会发展应急产业的积极性达到前所未有的态势，中国应急产业发展迎来黄金期，应急领域相关产品和服务产值达到近万亿元规模。

11.2.2　应急装备产业发展中存在的问题

近年来，我国应急产业发展进入快车道，许多地方把应急产业作为重点发展方向，涉及应急救援和处置技术研发、应急装备制造、监测与预警、应急抢险服务等许多领域。随着产业规模不断壮大，应急产业已形成较为成熟的技术和产业链，部分关键共性技术已实现产业化。但也应看到，我国应急产业在发展中还存在一些问题，主要是：产业发展的市场主导性不强，产业集中度较低，具有领导力的龙头企业尚未出现；市场需求不稳定，需求主体不明确，供需不匹配；产业标准还未形成体系，相关产品标准分散于各个行业；自主创新能力不强，科研平台体系难以支撑应急产业基础理论研究、核心技术突破与关键装备研发，企业技术储备不足；企业大多在单一领域发展，在提供应急救援综合解决方案方面能力不足，难以保障新形势下各类突发事件的应对需要。

1. 产业组织结构不合理，关键应急装备发展滞后

在我国，无论是国有企业还是民营企业或外资企业，在某种程度上，其各个阶段的发展实际上都承载着推动经济发展和经济利益最大化的使命。自改革开放四十多年来企业与社会的相互剥离以及对企业追求利润最大化本性的信奉，在固化企业唯从事经济活动而无其他的观念的同时，进一步弱化了企业与其他社会主体相互依赖、互为共生的认识，从而造成企业短期内过度抽取有限的社会资源。正是现实社会中企业的这种"拔根"状态，造就了当前企业社会责任意识薄弱的现状。当前，只有部分企业参与到应急装备研发中，大多是以高校、研究所等单位为研发基础，企业再根据成果批量生产。由于装备制造业中的绝大部分行业是产业组织规模变化与企业经济效益依存性较强的行业，其企业规模的大小主要取决于主导设备功率的大小和生产率的高低，表现出典型的规模收益递增，企业规模越大，经济效益就越好，企业规模与经济效益成正比变化。同时，应急装备制造业要求生产高度专业化，因此，产业组织结构不合理现象在应急装备制造业表现得更加严重。

抗击"非典"、"5·12"抗震救灾的实践既说明我们的政治优势和组织优势在应对灾难中发挥了重要作用，但也说明我们应对巨灾的准备很不充分。关键应急装备发展滞后突出表现在航空应急救援产业与我国社会主义大国的地位不相适应，矿山井下关键救援和避险装备设施明显不足，应急通信产业、信息通信的安全性等方面存在许多问题。

2. 应急产业标准亟待完善，全社会的参与程度不高

产业标准化的顶层设计不够，使标准化工作不能有序进行；标准化工作体制和机制不尽合理，使标准化工作运行不顺畅；标准化宣贯、监督服务不到位，应急产业中小品牌林

立、假冒伪劣、以次充好等现象屡禁不止。

　　应急产业与人民群众的生命健康息息相关，要培育应急产业市场，必须增强全民族的忧患意识和自救互救能力，增强社会公众的保险意识。保险具有经济补偿、资金融通与社会管理等三大功能。我国保险业正处于起步阶段，保险密度和保险深度都比较低，保险的经济补偿功能和在预防中的作用尚未充分发挥，在各项巨大灾害损失中，保险公司通过支付保费承担的损失不超过 5%，远低于 36% 的国际平均水平。

　　3. 应急产业科技含量低，应急产业专业人才不均衡

　　《国家突发公共事件总体应急预案》强调，"依靠科技，提高素质。加强公共安全科学研究和技术开发，采用先进的监测、预测、预警、预防和应急处置技术及设施，充分发挥专家队伍和专业人员的作用，提高应对突发公共事件的科技水平和指挥能力，避免发生次生、衍生事件；加强宣传和培训教育工作，提高公众自救、互救和应对各类突发公共事件的综合素质"。

　　加快公共安全的科技研发，加快应急产业专业人才的培养，加快培养大批技能型应急产业人才已成为当务之急。

11.2.3　应急装备产业发展的影响因素分析

　　预防为主、预防与应急相结合的方针要求我们必须发展应急产业。现阶段，应急救援工作内容较多，很容易受到不确定因素影响，增加应急救援工作难度。与西方经济发达国家相比，我国应急装备生产能力分散、产业集中度低、没有规模经济、产业组织结构不合理现象十分突出。应急装备产业的发展受到政策支持、市场需求、技术进步、产业生态、资本投入和人才培养等多方面因素影响。

　　政府对应急装备产业的支持是推动该产业发展的重要因素。应急装备产业的发展离不开技术创新。随着新一代信息技术的融合应用，无人机、机器人等高端化、智能化装备在应急保障中发挥着重要作用。技术进步不仅提高了应急装备的性能和效果，也推动了产业升级和产品创新。一个健康、完整的产业生态对产业发展至关重要。应急装备产业需要各个环节的协同配合，包括研发、生产、销售、服务等领域。通过搭建公共服务平台、推进试点示范等措施，可以促进产业链上下游企业的合作，形成良好的产业生态。应急装备产业的发展需要大量的资本投入。政府资金、企业投资、金融机构支持等多渠道的资金投入，可以支持企业进行技术研发、扩大生产规模、提升产业竞争力等，从而推动整个产业的发展。应急装备产业的发展还需要高素质的人才支持。通过人才培养、引进和交流，可以提高产业从业人员的专业素养和创新能力，为产业发展提供人才保障。

11.2.4　应急装备产业发展建议

　　随着社会各方对应急产品和服务需求的不断增长，国内应急产业显露出极大的发展潜力。而发展应急装备产业是一项系统工程，需要结合我国的实际情况，从产业规划与顶层设计、政策与标准制度建设、科技创新等方面入手，全面提升应急装备保障系统能力水平。

　　1. 加强应急装备产业规划和顶层设计，促进应急产业基地发展

　　2006 年 10 月，我国政府颁布的《国家"十一五"科学技术发展规划》，把建立国家

公共安全应急技术体系、提升国家应对公共安全灾害事故与突发公共事件能力作为未来发展的重点任务之一。2007年8月，我国政府颁布的《国家综合减灾"十一五"规划》明确要求地方政府将综合减灾纳入当地经济社会发展规划。应急管理事业的发展为应急产业的发展提供了良好机遇和广阔空间，并相互促进。我国应急管理的实践对应急产业提出了迫切需求，应急管理的法律法规和文件为应急产业的发展提供了重要依据，应急产业的发展将进一步提升应急管理能力和水平。

2007年11月13日，时任国务委员兼国务院秘书长华建敏同志《在全国贯彻实施突发事件应对法电视电话会议上的讲话》中明确提出，"要进一步加快发展应急产业"。2009年9月27日，工业和信息化部《关于加强工业应急管理工作的指导意见》中提出，"应急产业是新兴产业，要加快发展"。

为鼓励和支持应急产业发展，《中华人民共和国国民经济和社会发展第十二个五年（2011—2015年）规划纲要》《国家综合防灾减灾规划（2011—2015年）》对加强公共安全体系建设，发展应急产业均提出了明确要求；《国家中长期科学和技术发展规划纲要（2006—2020年）》、发展改革委《产业结构调整指导目录（2011年本）》中分别将"公共安全""公共安全与应急产品"作为重点领域和鼓励发展产业类别；工信部《关于加强工业应急管理工作的指导意见（2009年）》中明确提出加快制定应急工业产品相关标准，促进应急工业产品推广；国务院办公厅在《安全生产"十二五"规划》中，做出了促进安全产业发展，建立国家安全产业基地的规划。

同时，还应加快应急产业集聚发展，推动应急产业基地建设，建立上下游企业配套、服务机构健全、关联企业相互协作支撑的产业格局。在政府的大力引导下，企业以培育自主知识产权、自主品牌和创新性产品为重点，加强应急产业的科技创新能力建设，应急装备科技水平逐步提高，新产品开发、新技术应用范围日益广泛。广东、安徽、重庆、浙江等地方政府，将应急产业作为战略性新兴产业重点发展，结合经济结构调整、产业升级和企业转型，一批产业基地正在形成。

2. 强化政策支持和制度建设，推动应急产业健康、持续发展

党的十八大报告提出，坚持走中国特色新型工业化、信息化、城镇化、农业现代化道路。加快完善城乡发展一体化体制机制，着力在城乡规划、基础设施、公共服务等方面推进一体化。十八届三中全会指出："要加快构建新型农业经营体系，推进城乡要素平等交换和公共资源均衡配置，完善城镇化健康发展体制机制。"

发展具有战略意义的应急装备产业化项目，这种项目通常具有投入巨大、技术和知识密集、风险高等特点，一般的经济实体很难胜任，必须上升为政府行为，坚持政府主导原则，由政府组织相关部门和单位共同完成。而后，由政府致力于科研院所和企业等的转制工作，使部分从事公共安全相关工作的企事业单位进入市场。同时，政府应该通过提供技术支持、市场保证、政策和制度供给来推动应急产业的健康、持续发展。

同时，我们要立足于我国幅员辽阔、城乡差异大的具体国情，着力解决标准化、大众化、实战化问题。标准化，即实施标准化装备、规范化操作，有限的应急资源（人员、装备）最大程度地利用；大众化，即最有效的救援是自救、互救，应急知识的社会化普及培训至关重要；实战化，即装备简单、易学、可靠、实际，开展实战演练培训。

3. 加快应急装备科技创新，推动装备科技化水平不断提升

当前，全球科技创新进入密集活跃期，呈现高速发展与高度融合态势。信息技术、新能源、新材料、生物技术等新兴技术向各领域加速渗透、深度融合，正在急速推动着以数字化、网络化、智能化、绿色化为特征的新一轮产业与社会变革。我国发布的《中国工程科技 2035 发展战略》中也提出了与应急装备相关的技术，包括先进计算技术、人工智能、城市安全运行保障与韧性增强关键技术、大数据多元感知与实时协同处理等。相信云计算、大数据、物联网以及人工智能等新兴技术与应急装备的结合，将为公共安全与应急救援提供更好的技术支撑。应急装备也将随着科技变革和救援实践的发展不断向智能化深度演进，进入新一轮产业变革。

4. 立足现有产业基础，优化应急装备产能保障和调度区域布局

关键重要物资生产的空间布局和科学配置是实现应急装备调度快速反应的重要前提，需要立足现有产业基础，优化应急装备产能保障和调度区域布局。2024 年 6 月 28 日新修订的《突发事件应对法》明确提出"国家按照集中管理、统一调拨、平时服务、灾时应急、采储结合、节约高效的原则，建立健全应急物资储备保障制度，动态更新应急物资储备品种目录，完善重要应急物资的监管、生产、采购、储备、调拨和紧急配送体系，促进安全应急产业发展，优化产业布局（第四十五条）。设区的市级以上人民政府和突发事件易发、多发地区的县级人民政府应当建立应急救援物资、生活必需品和应急处置装备的储备保障制度。县级以上地方人民政府应当根据本地区的实际情况和突发事件应对工作的需要，依法与有条件的企业签订协议，保障应急救援物资、生活必需品和应急处置装备的生产、供给。"（第四十六条）"国家建立健全应急通信、应急广播保障体系，加强应急通信系统、应急广播系统建设，确保突发事件应对工作的通信、广播安全畅通。"（第四十九条）"国家加强应急管理基础科学、重点行业领域关键核心技术的研究，加强互联网、云计算、大数据、人工智能等现代技术手段在突发事件应对工作中的应用，鼓励、扶持有条件的教学科研机构、企业培养应急管理人才和科技人才，研发、推广新技术、新材料、新设备和新工具，提高突发事件应对能力"（第五十六条）等。《中华人民共和国安全生产法》《中华人民共和国消防法》《中华人民共和国防震减灾法》等也有明确规定。

【本章重点】

1. 应急装备在产品技术与配备标准、种类型号繁多与配套互补性差、配备结构不够科学合理、新技术新产品应用滞后、装备现代化进展缓慢等方面的问题阻碍了应急救援效率和水平的提升，需要引起各方的关注和重视。

2. 我国应急装备的发展受到人类需求变化、科技发展水平、社会分工等因素的影响，具有鲜明的社会特征。

3. 紧密跟踪应急装备发展趋势，遵循应急装备发展科学规律，加强标准化体系建设与关键技术研发，加大先进适用装备的配备力度，提高突发事件响应和处置能力。要适应科技智能化、信息化发展大势，以智能化、信息化推进应急管理现代化，提高监测预警能力、监管执法能力、辅助指挥决策能力、救援实战能力和社会动员能力。优化整合各类科技资源，推进应急装备科技自主创新，依靠科技提高应急管理的科学化、专业化、智能

化、精细化水平。

4. 国外发达国家尤其是美国、日本的应急管理工作起步较早，加之应急产品和服务的市场化程度也较高，目前其应急产业已经达到相当成熟的阶段；而国外发展中国家的应急产业则相对较慢。我国工业基础薄弱，应急产业起步较晚，大部分应急产品还没有摆脱低技术含量、低附加值的状况，特别是大型、关键性应急装备，难以适应应急需要，直接影响了应急处置效果。

5. 与西方经济发达国家相比，我国应急装备发展还处在起步阶段，生产能力分散，产业集中度低，没有规模经济，产业发展问题和组织结构不合理现象十分突出。

6. 发展应急装备产业是一项系统工程，需要结合我国的实际情况，从产业规划与顶层设计、政策与标准制度建设、科技创新等方面入手，全面提升应急装备保障系统能力水平。

【本章习题】

1. 谈谈应急装备发展中存在的问题有哪些。
2. 概括应急装备发展的影响因素有哪些。
3. 总结应急装备发展趋势及特点是什么。
4. 简述国内外应急装备产业发展的现状。
5. 谈谈应急装备产业发展中存在的问题有哪些。
6. 加快应急装备产业发展，应该从哪些方面入手？

参 考 文 献

[1] 赵杰超, 金浩, 陈健, 等. 水上应急救援关键装备技术现状与发展 [J]. 中国机械工程, 2022, 33 (4): 432-451+458.

[2] 董炳艳, 张自强, 徐兰军, 等. 智能应急装备研究现状与发展趋势 [J]. 机械工程学报, 2020, 56 (11): 1-25.

[3] 张新, 徐建华, 陈彤, 等. 面向重大自然灾害的救援装备研究现状及发展趋势 [J]. 科学技术与工程, 2021, 21 (25): 10552-10565.

[4] 师尚红, 于雷, 许阳, 等. 日本应急装备技术现状研究及启示 [J]. 中国安全生产, 2021, 16 (8): 58-59.

[5] 杨颖, 薛艳杰, 王霞. 美国应急救援标准体系及关键标准研究 [J]. 中国标准化, 2019 (13): 199-203.

[6] 吕伟, 韩业凡, 周雯楠, 等. 避难场所适宜性评价及服务范围空间相关性分析 [J]. 安全与环境学报, 2022: 1-10.

[7] 谭爽, 许明欣, 王泽玮. 知识生产视角下应急管理学科建设的使命与路径 [J]. 中国安全科学学报, 2022, 32 (2): 1-9.

[8] 刘继川, 桂蕾. 城市公共安全风险评估与控制对策研究: 以武汉市为例 [J]. 中国安全科学学报, 2022, 32 (1): 164-171.

[9] 王宏飞. 城市公共安全风险防控体系建设中的法律问题探讨: 评《城市公共安全风险防控体系研究》[J]. 中国安全科学学报, 2022, 32 (1): 211.

[10] 段容谷, 庄媛媛, 张克勇, 等. 突发公共卫生事件下多阶段应急救援物资配置研究 [J]. 中国安全生产科学技术, 2021, 17 (12): 142-148.

[11] 宋慧宇. 协作共治视角下公共安全网状治理结构研究 [J]. 社会科学战线, 2021 (10): 204-211.

[12] 周素红, 廖伊彤, 郑重. "时—空—人" 交互视角下的国土空间公共安全规划体系构建 [J]. 自然资源学报, 2021, 36 (9): 2248-2263.

[13] 周斌, 陈雪梅. 新冠疫情影响下我国公共安全管理战略体系构建 [J]. 技术与创新管理, 2021, 42 (4): 363-367.

[14] 徐坚强. 应急装备灾害环境适应性研究 [D]. 合肥: 安徽建筑大学, 2020.

[15] 孙兴达. 北京高端装备制造业科技创新效率与产出影响因素研究 [D]. 北京: 北方工业大学, 2020.

[16] 薛艳杰, 李勇, 王莉莉. 我国应急装备及标准的需求分析 [J]. 中国标准化, 2020 (5): 63-68.

[17] 卢逸群. 基于 DE 算法的应急物资调度建模与方案调整 [D]. 南京: 南京信息工程大学, 2019.

[18] 黄东方. 我国应急装备体系的构建 [J]. 消防科学与技术, 2019, 38 (1): 134-137.

[19] 黄东方. 我国应急装备配备现状、依据与优化 [J]. 中国应急救援, 2018 (4): 29-32.

[20] 钟金花. 他山之石: 美国、日本应急管理体系面面观 [J]. 湖南安全与防灾, 2018 (5): 20-21.

[21] 瑞伟杰. 中国装备制造业品牌国际化影响因素研究 [D]. 天津: 天津财经大学, 2018.

[22] 季旭. 中国古代灾荒文献研究 [D]. 西安: 陕西师范大学, 2018.

[23] 蔡冬雪, 朱建明, 王国庆. 基于情景分析的应急装备多层级协同布局问题研究 [J]. 中国管理科学, 2017, 25 (10): 72-79.

[24] 王亚良, 金寿松, 董晨晨. 应急物资储备选址与调度建模研究 [J]. 浙江工业大学学报, 2014, 42 (6): 682-685, 698.

［25］杨彬，梅涛 . 我国应急装备发展趋势［J］. 劳动保护，2014（12）：22-24.

［26］蒋明，张世富，张冬梅，等 . 美国应急装备体系分析［J］. 中国应急救援，2014（5）：39-43.

［27］张洋 . 我国应急产业的 SWOT 模型及发展对策研究［D］. 长春：吉林大学，2012.

［28］黄亚杰，欧景才 . 突发灾害应急装备现状与发展趋势［J］. 中国医院，2011，15（12）：52-53.

［29］樊丽平，赵庆华 . 美国、日本突发公共卫生事件应急管理体系现状及其启示［J］. 护理研究，2011，25（7）：569-571.

［30］游志斌 . 英国政府应急管理体制改革的重点及启示［J］. 行政管理改革，2010（11）：59-63.

［31］陈彪 . 中国灾害管理制度变迁与绩效研究［D］. 武汉：中国地质大学，2010.

［32］李军，马国英 . 中国古代政府的政治救灾制度［J］. 山西大学学报（哲学社会科学版），2008（1）：39-43.

［33］中华人民共和国国家质量监督检验检疫总局，中国国家标准化管理委员会 . 消防应急救援装备破拆机具通用技术条件：GB 32460—2015［S］. 北京：中国标准出版社，2015.

［34］中华人民共和国国家质量监督检验检疫总局，中国国家标准化管理委员会 . 消防应急救援　装备配备指南：GB/T 29178—2012［S］. 北京：中国标准出版社，2012.

附录　国外应急装备及标准体系

A　德国应急装备及标准体系

A1　德国应急救援组织

1. 德国消防协会（DFV）

德国消防协会是一个救援组织，其任务是帮助在火灾、事故、洪水和类似事件中救助人类、动物，保护和抢救财产，还承担除传统灭火之外的新任务，如防止环境破坏。新任务的性质与消防队的结构因地区而异。德国消防协会分为专业队与志愿队两部分，志愿率达到90%以上，是目前世界各国中志愿率最高的国家。

德国联邦消防条例（FwDV）是德国消防部门活动的准则与指导，用于确定一个统一的援助标准，有利于有序高效地使用消防部门的作战单位。由消防部门及民防委员会（AFKzV）共同制定，推荐给联邦各州的消防队实施，并通过各州的法令实施，各州的实际消防条例略有不同。现行的德国联邦消防条例主要内容见表A-1。

表A-1　德国联邦消防条例

编号	内　　容	版本年代
FwDV 1	基本活动消防与救助 个人防护装备及应急装备 在消防与救助活动中操作与使用的消防设备 易碰撞处的安全 救援与自救 交通安全 手势信号	2006， 2007 增补
FwDV 2	消防志愿者的培训 规定任职资格、不同的课程目标与课时	2012
FwDV 3	消防与救援中的单位 战术部队独立小分队、中队、组及排的纲要 座椅和入口要求 车辆安排 灭火器的操作程序 使用火车救火 救助部队的行动程序	2008

表A-1(续)

编号	内　　　　容	版本年代
FwDV 7	呼吸防护 FwDV 说明呼吸器佩戴者的要求，培训和继续教育，以及使用原则、任务分配和呼吸保护的重要性	2005
FwDV 8	潜水	2014
FwDV 10	便携式梯子	1996
FwDV 100	救援行动指导	1999
FwDV 500	ABC 部署单元 该条例规定了针对核、生物和化学（Atomaren，Biologischen und Chemischen，ABC）危险的特殊消防组的处理行动	2012
PDV/DV 800	电信应用	1986
PDV/DV 810	电信运营服务	

2. 德国联邦民众保护与灾难救援署（BBK）

联邦民众保护与灾难救援署成立于 2004 年，它的工作包括处理联邦政府有关民事保护的任务，制订突发事件预案并实施。特殊及重大事件发生时，负责协调联邦及各州紧急救援，负责关键基础设施、公民医疗保护、民事保护研究、应急管理培训、技术装备补充以及公民自我防护等事件，为民事保护提供信息、知识与服务平台，在参与国际救援时负责所有民防机构的协调。

3. 德国汽车协会（ADAC）

德国汽车协会成立于 1903 年，拥有 18 个地区性汽车俱乐部，是欧洲最大的汽车俱乐部，是世界最大的摩托车俱乐部。早前是公路汽车救援的主要力量，后成为德国空中救援的核心力量之一。有关资料显示，ADAC 在过去的 30 年中，空中救援飞行 100 多万次，有近 90 万人获得急救，其中 10 多万人因得到空中快速抢救而得以生还。

4. 德国联邦技术救援署（THW）

德国联邦技术救援署成立于 1950 年，有 668 个地方协会、66 个区域分局、8 个州协会及 1 个联邦培训中心，基本实现了救援力量在全国范围的有效覆盖，是德国联邦为扩展和补充各州的救援保障而设立的联邦直属机构，负责技术救援。

A2　德国应急救援法规

《德意志联邦共和国基本法》（简称《基本法》）是德意志联邦共和国的宪法。《基本法》第二章第三十五条第二、第三款对灾难救助作出规定："为抵御自然灾害或特别严重事故，一州可要求他州警察部队、其他行政机构以及联邦边防部队和武装部队给予人员和设备援助。如自然灾害或事故危及地域超过一个州的范围时，凡属有效抗灾必需的，联邦政府可指令州政府向其他州提供警力支援，并动用联邦边防部队和武装部队援助警察部队。"该规定奠定了德国灾难救助的基本格局和法律依据。

德国现行的紧急状态制度是根据 1968 年颁布的《基本法第十七次修改法》（即所谓的

"紧急状态宪法"）规定设立的。根据《基本法》，德国先后制定了一系列单行法。如，1997 年修订颁布的《公民保护法》，是德国政府应对各类突发事件的一部重要法律。该法指导国家各部门在出现对公民生命财产造成威胁的公共危机事件时采取相关措施，为公民提供各种保护和保障。其中，有关报告制度、公开透明度、公民知情权和接受舆论监督、接受联邦议员与州议员的质询建议等规定，为紧急状态下公民各项权益的保护提供了有力保障。2002 年，德国联邦政府各州内政部长和参议员常设会议通过了《公民保护新战略》。此外，德国有关灾难救助的单项法律还有《灾难救助法》《紧急状态重建法》《德国联邦技术救援志愿者法》《交通保障法》《铁路保障法》等。德国各州都有完备的有关公民保护和灾难救助法律，如《黑森州救护法》《黑森州公共秩序和安全法》《巴伐利亚州灾难防护法》等。

在救援操作阶段，德国制定颁发了多项有关应急救援操作程序方面的制度规定，如《报警与救援指挥程序》《THW 操作规程》等。在应急救援过程中要遵循"指导程序"，即在接受救援任务以后要依次经过确定灾情、作出规划和下达命令三个步骤。首先是进行调查，确定灾情。只有对事件进行全面及时的调查才能正确分析险情。其次是作出规划，包括判断和决定。在对危险的原因、种类、数量、严重性、迫切性等进行判断的基础之上，作出救援决定。最后是下达命令，安排应急救援人员实施应急救援"战术任务"，并告诉他们所有已发现的危险，以及有关联络人。

A3　德国应急救援装备

德国在应急救援上的投入金额巨大，以亚琛地区的应急救援为例，救援体系完善，设备先进齐全。全区共有 16 个应急救援服务站，2 个调度中心，9 所具备应急救援能力的医院。平均约每 12500 人有 1 辆应急车，约每 500 人有 1 辆消防车。接警调度中心共有 4 个值守调度工作台，标准配置是 1 个综合语音调度系统、4 块电子显示屏和广播系统，平时有两人负责 24 小时值守，其余两人机动。一旦遇到突发事件，90% 以上的应急响应都能够在 10 分钟以内启动。第一响应均为专职力量，共有 26 辆应急车；如果灾情较大，则出动第二响应，即志愿者力量，共有 16 辆应急车；如果碰到大量伤亡和灾害救援，则有 8 家志愿者救援组织作为第三响应力量加入。

1. 技术救援装备

技术救援装备包括便携式梯子、救援毛毯、液压救援装置如吊具、切割机和气缸、石油黏结剂、有害物质泵、环保专用收集容器等辅助装备，典型装备见表 A-2。

表 A-2　德国技术救援典型装备示例

序号	名称	用途	图片
1	Bindemittel（Gefahrenabwehr）石油黏结剂	润滑剂或石油黏结剂用于黏结施工场地、道路养护和消防部门的矿物油。最常见的应用领域是消除交通事故中的设备泄漏物或者汽车油污	

表A-2(续)

序号	名称	用途	图片
2	Eisschlitten 冰滑梯	冰滑梯是水上救援的工具，例如雪橇，用于安全地救出陷入冰中的人。冰上救援雪橇也越来越多地用于快速部署小组（SEGs），并通常装载在水上救援车（DLRG/消防队）、水上救援专用车辆（Wasserwacht）或其他应急车辆上	
3	Gefahrstoffpumpe 危险物质泵	危险物质泵是一种便携式泵，消防部门用它来从事故现场抽取酸、碱和其他有害物质，具有耐腐蚀、防爆保护性质	
4	Glassäge 玻璃锯	玻璃锯是消防员技术援助用具，用于锯切复合安全玻璃，主要用于汽车挡风玻璃。该工具是锤子和锯子的组合	
5	Halligan-Tool 哈利根铁铤	哈利根铁铤在德国也被称为杠杆破拆工具，是一种特殊的撬棒设计。在钢筋的一端连接一个刀片和一根刺，另一端连接一个牛角状结构	
6	Hebekissen 起重用袋	起重用袋（也称为起重垫、压缩空气垫、压力垫或气动升降装置）是两个连接边缘的橡胶/织物垫，充入压缩空气，用于提升负荷	
7	Hydraulischer Rettungssatz 液压救援套件	液压救援套件是一系列带有附件的液压装置。主要用于道路、铁路或其他事故中对受挤压人员的抢救，如液压剪、液压杠杆。要求符合DIN/EN 13204 和 NFPA 1936	

表A-2(续)

序号	名称	用途	图片
8	Jason's Cradle	Jason's Cradle 是一个品牌，是灵活的救援平台系列产品，常配备在救生艇、航运公司、商业航运和救援组织（如搜救 SAR、皇家国家救生艇机构 RNLI），以及海上作业结构	
9	Karlsruher Ringe Karlsruher 环	Karlsruher 环是为被淹没的人员开发的公共救援系统。它用于救助涉及散装物料和滑动介质造成的事故，由 5 个伸缩式金属圆筒组成。该系统进入散装物料，借助抽吸挖泥机将介质挖出或从内部取出，以保护人员。该系统是由 Karlsruher 专业消防队发明的。今天它已成为一些消防部门的标准装备	
10	Mehrzweckzug 多功能连接器	多功能连接器是一种提升或拉动载荷的设备，通常用于事故后的障碍物清理，应符合 DIN 14800-5 消防车辆技术装备　第 5 部分多功能连接器	
11	Ringsäge 环形锯	像混凝土链锯一样，建筑工业中使用环形锯在石头或混凝土墙上开口。专业救援队也使用它来救援倒塌建筑物中的受害者	
12	Schachtabdeckung（Feuerwehr）井盖封	井盖封，耐化学品，通常是用水或沙填充的袋子，供消防部门用来防止有害液体进入下水道。近年来发明磁性薄膜型井盖封，只需放置在井盖上即可实现密封。通常顶部是红色和白色条纹，作为警示与提醒	

表A-2(续)

序号	名称	用途	图片
13	Sinkkastens chnellversc hluss 管道快速封闭	管道快速封闭也被称为（下水道或管道）密封袋，是由塑料或橡胶制成的密封系统，适用于密封沟渠和类似设备。 将封闭件插入排水管/井道，泵入压缩空气，可防止诸如石油、汽油、受污染的灭火水或其他有害物质渗入污水系统	
14	Tauchpumpe 潜水泵	潜水泵用于污水池或浸没在桶内的泵，通常由电力供能，所有带电部件都与环境隔离	
15	Twinsäge 双锯	双锯是圆锯的一种设计，其中两个硬质合金锯片以相反的方向旋转一小段距离，使两个锯片的切割力均衡。可切割各种材料，如金属、玻璃、木材、塑料和纸张	
16	Ziehfix 毁锁器	Ziehfix 是 A Wend 公司的注册商标，用于破坏锁芯，在消防部门该工具可用于紧急开门	

2. 技术救援署 THW 装备

THW 是由行政主席与委员会共同管理的机构，共有任务部 E1、国际部 E2、培训部 E3、物流部 E4 及技术部 E5 五个部门，另有中央服务部下设五个组别，分别是志愿者与员工组 Z1、组织机构组 Z2、财务组 Z3、安全及健康防护组 Z4、信息及通信组 Z5。拥有 668 个地方协会、66 个区域分局、8 个州协会。每个地方协会拥有一个或多个技术救援排，每个排都由 1 个任务班、4 名志愿者、2 个救援组（每个组有 9~12 名志愿者，1 类组为 9 人，2 类组为 12 人）及 1~3 个技术组（每组有 4~18 名志愿者）构成。2/3 的 THW 组为 1 类或 2 类救援组，装备有重型工具，例如液压剪、链锯及气动锤等。救援组的装备在标准规程中有所规定，例如，1 类救援组的车辆为技术设备卡车（GKW1），2 类救援组的车辆为 GKW 2。THW 的结构及装备的标准化，使得救援部署快速而有效。THW 技术救援组包括：建桥梁、指挥、控制及通信、狭小空间、爆破、电力供应、照明、基础设施、物流、油污处理、搜救、水资源破坏/泵、水危害、饮用水供给及处理。每一个技术救援组都有相应装备，包括救援车辆及各类重型机械。除了船只、小型车辆、个人防护及救援工具，官方网站还公布了超过 40 种车辆及机械装备，见表 A-3。

表 A-3　THW 的常用通用机械车辆

名称	功能	名称	功能
MTW	运输设备、工具、个人防护装备及救援材料	FmKW/ GKW	运输工具、通信设备等
Lkr	随车起重机，符合 DIN EN 1846-2	LKW	自卸卡车，1+2 座
BRmG B gr	多功能救援挖掘机，带附加工作装置：挖斗、抓斗、液压锤、货叉、起重吊钩	BRmG	多功能轮式装载机，带附加工作装置：四合一铲斗、货叉、带挖斗的动臂、两板抓斗、聚拢式抓斗及液压剪
BRmG R kl	小型多功能轮式装载机，用于土木工程中挖掘、推土、抓取、提升、搬运、拉拔、修剪、破碎及打捞	Stapler	叉式装卸机

表A-3(续)

名称	功能	名称	功能
AnhH AB	高空作业平台，符合 EN 280 	Anh LiMa	照明桅杆拖车 
Anh SwPu	污水处理拖车 		

3. 特色机械

(1) 可更换装载运输车辆，带起重臂，可以进行吊装；带液压挂载拉臂钩，可以更换其底盘上的运输箱。配合不同的工具运输箱，实现灭火剂、洗消工具、呼吸保护等装备的运输与该机械配套使用的可更换车厢。

(2) 牵引绞盘回收车，可以用以牵引和回收重物，既拥有起重臂，也有可用以牵引拖曳重物的绞盘，是意外事故发生后清理现场的重要利器。

(3) 模块化组合车辆，根据需求对底盘、上车功能及装载物、消防设备进行组合的模块化车辆，通过轨道底盘的安装，实现消防车辆在轨道上的应用。

(4) 路轨两用运输车，是三轴的两用运输车辆，用以运输隧道救援使用的整套装备。

(5) 全地形狭小地域消防摩托，适用于狭小或地形不适用于大型救援车辆的场景。

(6) 多功能救援车，具备运输、起重、提拉等多功能，适用于多种机具的救援车辆。

(7) 森林消防车，用以扑救森林火灾，适用于森林、牧场等地形。

德国特殊应急救援车辆见表 A-4。

表 A-4　德国特殊应急救援车辆示例

序号	特殊车辆	示例图
1	可更换装载运输车辆	

表A-4(续)

序号	特殊车辆	示例图
2	牵引绞盘回收车	
3	模块化组合车辆	
4	路轨两用运输车	
5	全地形狭小地域消防摩托	

表A-4(续)

序号	特殊车辆	示例图
6	多功能救援车	
7	森林消防车	

A4　德国应急救援装备标准体系

各装备符合的标准主要是欧盟标准与德国标准。

1. 欧盟标准

欧盟有三大标准委员会：欧洲标准化委员会（CEN）、欧洲电子标准委员会（CEN-ELEC）和欧洲电信标准协会（ETSI）。其中，CEN 专注于产品标准，其标准活动由 CEN 技术董事会（BT）管理，负责 CEN 的工作项目运行。技术委员会（TC）负责起草标准。每一个 TC 都有其工作范围。TC 工作组由来自各个成员国的成员组成，代表各个国家的观点。开展大型项目时，TC 可以下设子委员会。起草工作由委员会下的各个工作组（WG）进行。CEN 共有 439 个技术委员会（TC）及研讨组（Workshop），与应急救援有关的有 31 个，可以分为 6 类，如图 A-1 所示。

以上 31 个技术委员会一共发布了 884 个标准，其中基础标准、消防工具与车辆装置的标准值得关注与借鉴，共计 244 个，详细标准分类见表 A-5。

2. 德国标准

德国标准化协会（DIN）是德国的国家标准化组织。目前有约 70 个标准委员会，覆盖了几乎所有技术领域。在欧洲及国际标准方面，DIN 标准委员会推荐专家在 CEN 及 ISO 的标准活动中代表德国的利益。DIN 成员协调标准化过程，负责项目整体管理，确保德国标准的格式一致与相容。70 个 DIN 标准委员会中有 7 个关于技术救援，包括消防及火灾保护、个人防护设备、路面机械工程等，其标准体系如图 A-2 所示。

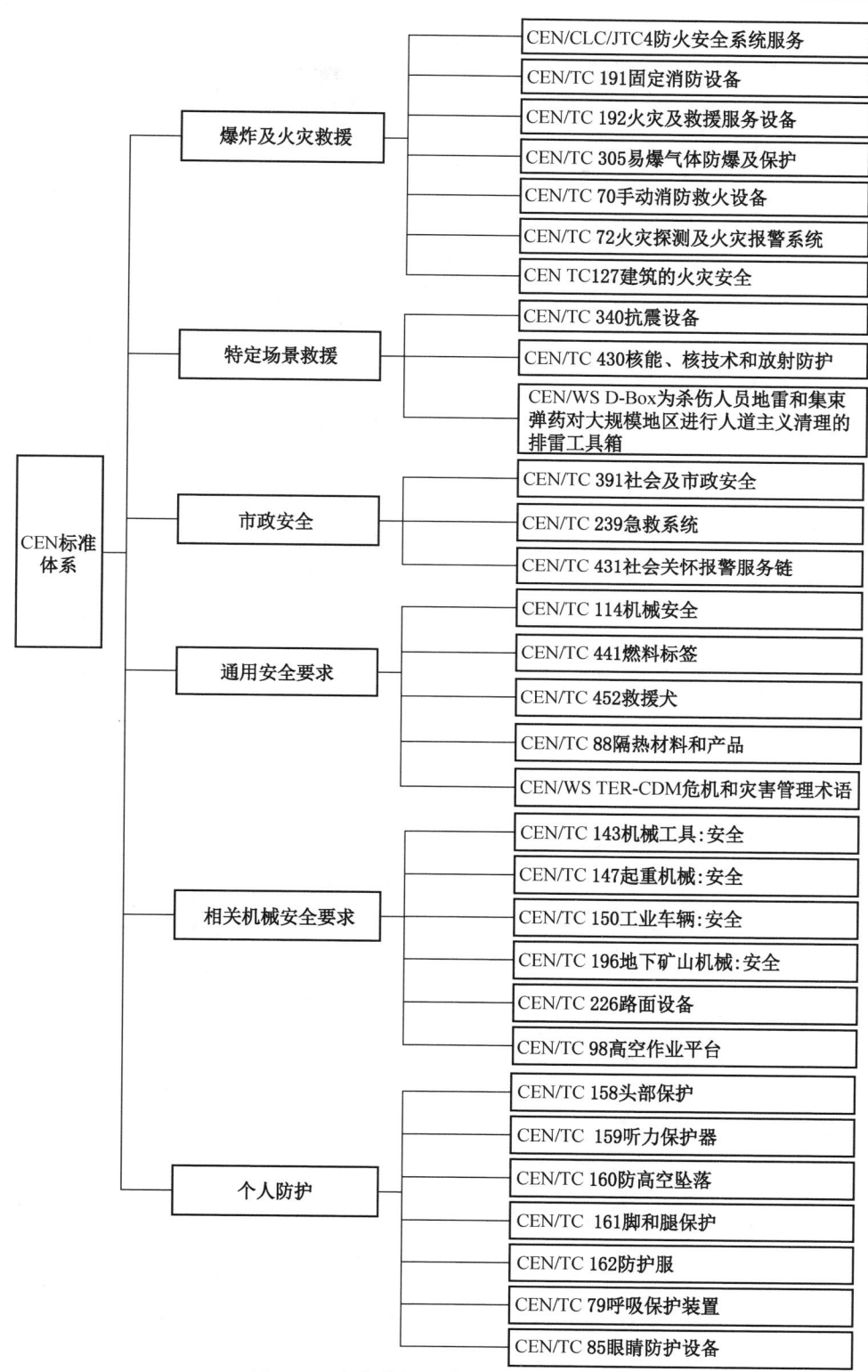

图 A-1　应急救援相关的 CEN 标准体系

表 A-5 相关 CEN 标委会标准分类

标委会编号	标委会名称	合计	基础	管理	固定装备	防护工具	消防工具	车辆装置	其他
CEN/CLC/JTC4	防火安全系统服务	1		1					
CEN/TC 191	固定消防设备	59	7		52				
CEN/TC 192	火灾及救援服务设备	35	3		2		14	16	
CEN/TC 305	易爆气体防爆及保护	37	20	1	14		1	1	
CEN/TC 70	手动消防救火设备	12	1				11		
CEN/TC 72	火灾探测及火灾报警系统	29			29				
CEN TC127	建筑的火灾安全	80	1		79				
CEN/TC 340	抗震设备	1			1				
CEN/TC 430	核能、核技术和放射防护	31	31						
CEN/WS D-Box	为杀伤人员地雷和集束弹药对大规模地区进行人道主义清理的排雷工具箱	2		2					
CEN/TC 391	社会及市政安全	11		11					
CEN/TC 239	急救系统	10						10	
CEN/TC 431	社会关怀报警服务链	0							
CEN/TC 114	机械安全	40	40						
CEN/TC 441	燃料标签	1	1						
CEN/TC 452	救援犬	0							
CEN/TC 88	隔热材料和产品	99	4		95				
CEN/WS TER-CDM	危机和灾害管理术语	1		1					
CEN/TC 143	机械工具：安全	16							16
CEN/TC 147	起重机械：安全	29						29	
CEN/TC 150	工业车辆：安全	29						29	
CEN/TC 196	地下矿山机械：安全	8			3			5	
CEN/TC 226	路面设备	49			39			10	
CEN/TC 98	高空作业平台	10						10	
CEN/TC 158	头部保护	20				20			
CEN/TC 159	听力保护器	13				13			
CEN/TC 160	防高空坠落	20				20			
CEN/TC 161	脚和腿保护	16				16			
CEN/TC 162	防护服	144				144			
CEN/TC 79	呼吸保护装置	55				55			
CEN/TC 85	眼睛防护设备	26				26			
合计		884	108	16	314	294	26	110	16

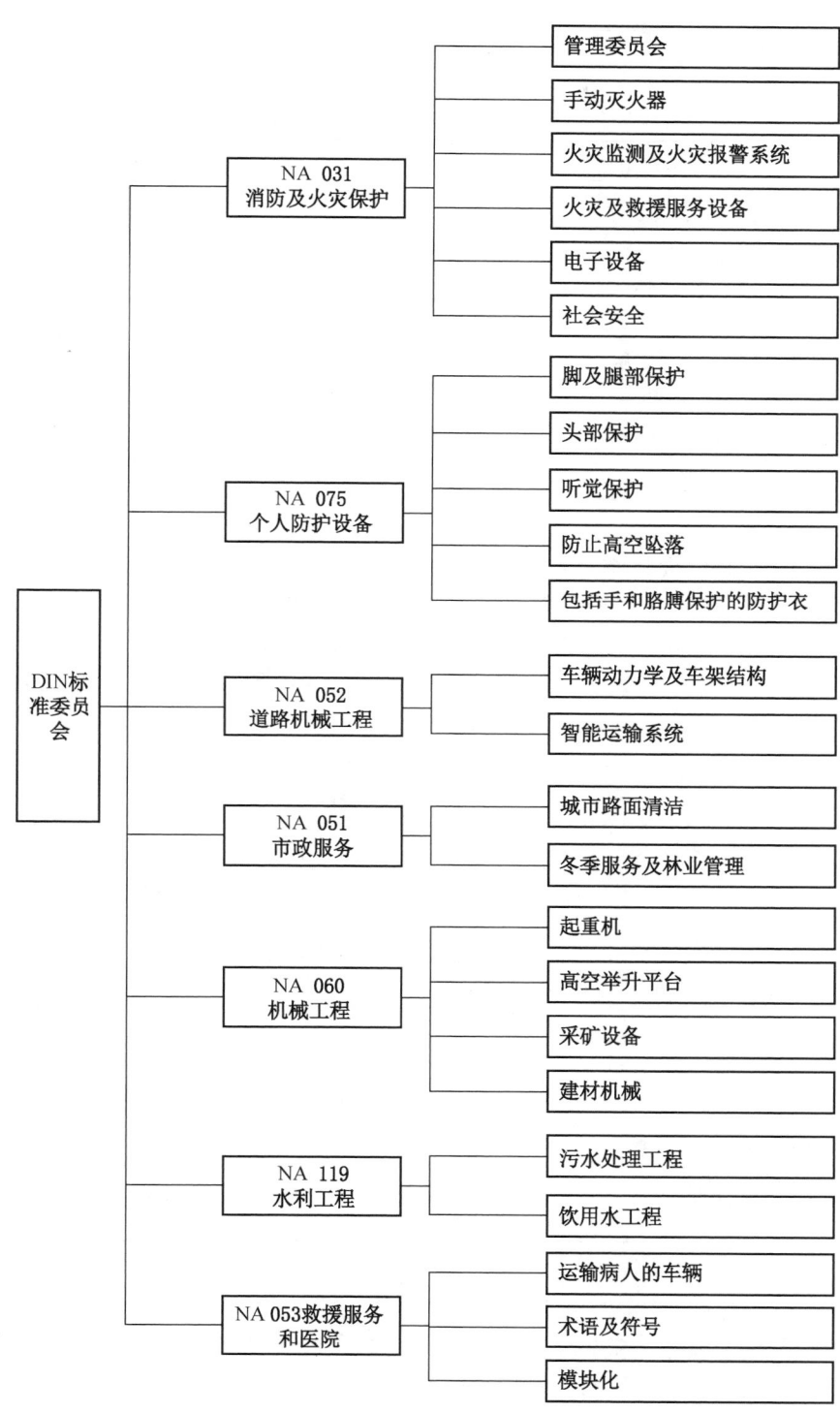

图 A-2　应急救援相关的德国 DIN 标准体系

以上 7 个标准委员会共发布 6569 个标准，见表 A-6。

表 A-6　DIN 7 个相关标准委员会发布的标准

标委会编号	标委会名称	合计	DIN	DIN EN	DIN ISO 及 ISO
NA 031	消防及火灾保护	419	190	123	106
NA 075	个人防护设备	286	28	120	138
NA 052	道路机械工程	1270	206	57	1007
NA 051	市政服务	107	28	51	28
NA 060	机械工程	2520	518	432	1570
NA 119	水利工程	1783	356	482	945
NA 053	救援服务和医院	184	20	20	144
总计		6569	1346	1285	3938

由于 1/3 的欧盟标准技术委员会秘书处设在德国，这 6000 多个标准中 DIN 标准有 1346 个，占总数的 20%，而 DIN EN 标准有 1285 个，DIN ISO 及 ISO 标准有 3938 个，占总数的 80%，即有超过 80% 的标准被全欧盟乃至全世界采用，为了不与 CEN 标准及 ISO 标准的分类重复，以下数据分析了 1346 个 DIN 标准，其中基础标准、消防工具及车辆装置标准共计 730 个，约占 54%，分类详见表 A-7。

表 A-7　相关 DIN 标委会标准分类

标委会编号	标委会名称	合计	基础	管理	固定装置	防护工具	消防工具	车辆装置	其他
NA 031	消防及火灾保护	190	12	6	21	1	54	96	0
NA 075	个人防护设备	28	3	0	0	24	1	0	0
NA 052	道路机械工程	206	3	4	0	0	0	198	1
NA 051	市政服务	28	4	0	0	0	0	24	0
NA 060	机械工程	518	217	0	30	0	0	108	163
NA 119	水利工程	356	3	0	5	0	0	0	348
NA 053	救援服务和医院	20	0	2	0	0	0	7	11
总计		1346	242	12	56	25	55	433	523

从目前的欧盟标准及德国标准体系分析中可以看出，欧盟标准与德国标准体系中仅消防标准委员会是完全服务于救援工作的，其余与救援相关的标准分散在其他标准委员会中，因此可以说德国没有专门的救援装备标准体系。德国的 THW 使用各类工具规程，对装备的性能与使用进行规定，有时不可避免地会出现使用者需要自行从整个标准体系中寻找适用的标准的情况。

B 英国应急装备及标准体系

B1 英国应急救援组织

英国建立了完善的应急管理体系，积累了丰富的应急管理经验，值得学习和借鉴。英国政府规定，突发事件处置、突发事件发生后的恢复与重建工作以地方政府为主，实行属地管理；在涉及较大规模的灾难等突发事件时，中央政府根据突发事件发生地政府的要求提供帮助。其中，公共基础设施的恢复重建资金 80% 由中央财政提供，其余部分由地方财政负担。

建立"金、银、铜"三级处置机制。"金级"是战略层，主要负责制定方针、策略、长期规划，调度应急资源；"银级"是战术层，主要负责应急处置的组织与协调；"铜级"是操作层，具体负责事件发生现场有关处置措施的执行。三个层级的组成人员和职责分工各不相同，通过逐级下达命令的方式共同构成一个高效的应急处置工作系统。突发事件发生后，"铜级"处置人员首先到达现场，指挥官需立即对情况进行评估，如果事件超出本部门处置能力，需要其他部门的协作，迅速向上一层级报告，上级按照应急预案立即启动"银级"处置机制；如果事件影响范围较大，则按需要启动"金级"处置机制。

在突发事件实际处置中，一般由警察部门牵头，消防救援、医疗救护等一类应急部门，紧密协作单位和事发地政府在第一时间参与，供水、电力、油气、交通、通信、气象、环境、食品等部门，应急志愿者等广泛的社会力量及军队积极参与。

（1）警察部门负责控制和警戒灾害、事故或事态现场，维持现场秩序，协调各部门工作职责的执行与落实，根据需要做好现场保护工作。

（2）消防部门负责现场控制、清理与终止，对灾害、事故或事态现场受害人员实施营救和疏散，并确保现场工作人员的安全。

（3）医疗急救负责现场的紧急救护、伤员医疗输送转运和对公众的健康问题进行专家咨询与指导等。

（4）环保部门负责保护所在地区的水、土资源和大气环境，在发生污染事故时，收集相关证据。

（5）海上及海岸警卫署负责处理涉及海事的突发事件，包括海上搜救活动，海上污染事故的处理工作。

（6）军事部门主要提供直接或间接的营救与支援行动，特别是大规模突发事件或影响较大的紧急事态中的应急增援行动。

B2 英国应急救援法规

英国注重应急管理文件体系建设，形成了以规程为中心的动态文件体系。

1. 《民事紧急状态法》

规程中的最高规范是《民事紧急状态法》，一切其他规程和知识都是对它的解释、完善。该法强调预防灾难是应急管理的关键，要求政府把应急管理与常态管理结合起来，尽可能减少灾难发生的危险。该法也明确规定了地方和中央政府对紧急状态进行评估、制订应急计划、组织应急处置和恢复重建的职责。

2. 有关补充法案

在《民事紧急状态法》下，先后出台了《2005年国内紧急状态法案执行规章草案》《2006年反恐法案》等，作为基本应急法案的补充。此外，还出台了《中央政府应对紧急状态安排：操作框架》，类似于我国《国家总体应急预案》的文件，规定了中央政府及其部门的应急行为规范，明确了中央与地方政府战略层的具体权责界面。

3. 指南与标准

各种应急管理指南与标准作为强制性或者指导性文件，是应急管理规程体系的重要组成部分，各种预案、计划、指挥行为、评价标准要依据这些指南、标准来制定。按照官方的分类，规程主要有三种：强制性规程、非强制性规程和软规程。强制性规程是指中央政府要求必须遵从的规程。非强制性规程是指应该做的。软规程是指可以做、可能要做的规程。此外，英国还有大量半官方和民间机构出版的各种推荐性标准，应急领域操作规程、规划方法、演练指南、培训资料等。

4. 应急规划文件

中央和地方政府制定的各类应急相关规划文件是以上述规程为依据，具体指导系统抗灾实践的重要动态文本。它们包括：

（1）风险登记书，是各应急管理主责部门都要做的。现在各地每两年都要重新审视修订风险登记书。

（2）应急计划书，或称应急预案，是各级应对灾害主责部门都要做的。所有预案都是多部门共同制定的，事件导向，而非部门导向。

（3）业务持续性计划书，是每个政府部门和相关组织都要做的。它是政府或企业在业务分析基础上，对于灾害发生时如何保证关键性业务不中断、保证持续提供必要服务的一种系统安排的预案。

（4）灾后重建计划书，通常由地方政府主导的灾后恢复战略小组制定。

5. 经验教训总结材料

官方要求或认可的应急实践中的经验教训总结材料是系统抗灾能力提高的必要基础建设，分为三种类型：

（1）经验类：主要是指好实践的总结。对应急管理好实践进行总结有利于交流经验，积累有价值的实践知识。英国官方发布了指南性的《好实践的期望和指标》，供有关机构在评估好实践和撰写好实践报告时掌握。

（2）教训类：包括中央和地方应急演练后、各种应急事件的事后评估报告。

（3）研究类：包括应政府邀请开展研究的成果和独立研究成果，这些来自学术机构的报告更深层次地总结经验教训，对于提高国家系统抗灾能力非常重要。

B3　英国应急救援装备

应急救援装备以消防最为典型，包括消防车、高空平台车、越野运输车等，见表B-1。

表 B-1 国家消防部门常用应急救援车辆示例

序号	应急救援车辆及图示	序号	应急救援车辆及图示
1	 高空平台车辆	4	 八轮越野车
2	 通信指挥车	5	 消防车辆
3	 越野运输车	6	 水罐运输车

B4 英国应急救援装备标准体系

英国标准化协会（BSI）作为全球第一个国家性质的标准化组织，成立于 1901 年，是世界上最早和最具权威的标准制定、测试、注册和认证机构，创立了 ISO 系列管理体系。目前被广泛运用的 ISO 9000、ISO 14000、ISO 17799 及 OHSAS 18000 是由 BSI 颁布制定的质量管理体系（BS 5750）、环境管理体系（BS 7750）、信息安全管理体系（BS 7799）和职业健康安全管理体系（BS 8800）标准转化而来。

BSI 组建标准委员会，然后由标准委员会组建部级委员会，一个部就是一个标准化领域。以部级委员会进行分类，分为航空航天、农业牧业、建筑业、能源基础设施、工程类、餐饮、保健及医疗、创新设计、制造业、材料、压力容器、服务以及运输业 13 类。

各个部级委员会再增设多个技术委员会，通常技术委员会是起草 BS 标准的直接组织。以标准技术委员会类别，分为航空航天、建筑、电子电气、工程、餐饮、健康及安全、卫生保健、信息技术、材料、风险、可持续以及其他共 12 类。

以对象进行分类，分为无障碍设施、生物识别技术、企业永续经营、CE 标志指令、企业责任与治理、客户服务、数据保护、环境管理、欧盟指令、火、绿色 IT、健康和安全、ICT 信息通信技术、信息治理、医疗设备、纳米技术、质量和采样、再生医学、风险、安全、供应链、可持续发展以及焊接共 23 类。应急救援的相关内容散落在各个标准技术委员会中，最为相关的是以对象进行分类的"火"类。

C 美国应急装备及标准体系

C1 美国应急救援组织

美国是世界上突发事件应急救援管理体系发展完善、应急技术设备先进、标准建设较为完备的国家。联邦民防管理局（FCDA）于 1953 年成立，旨在协调多个机构应对大规模自然灾害。20 世纪五六十年代，至少有 4 个联邦机构负有应急责任，包括应急计划办公室等。这些是美国联邦紧急事务管理局（FEMA）的前身，后来将多机构反应标准化。然而，部门和机构有权力重叠，没有发展成全国范围内统一的一种模式。1978 年第 3 号重组计划，提议将国防部、商务部、住房和城市发展部以及总务署的 5 个机构合并为一个新的独立机构，即联邦紧急事务管理局。1979 年，整合组建联邦应急管理局，有责任和权利应对范围从恶劣天气和洪水到森林火灾和核辐射。机构负责人直接向联邦政府的行政部门报告，新的重点放在预测、准备和减轻未来的紧急情况上。简化了联邦程序，既减轻了各种危害造成的灾害影响，又通过直接指挥系统向总统及其政府通报了该领域的发展情况。美国模式可以总结为：统一管理，属地为主，分级响应，标准运行。1992 年 9 月，国会授权美国国家公共行政学院（NAPA）对地方、州和联邦政府的应对方案进行全面审查。该报告于 1993 年发布，对联邦应急管理局的领导和运作提出了各种建议。1997 年成立了多学科训练基地，后来发展为应急管理学院（EMI）。美国国家事故管理系统（NIMS）的事故指挥系统（ICS）版本在全国范围内被推广和采用。

C2 美国应急救援法规

1950 年通过了《民防法》和《联邦救灾法》。《联邦救灾法》是第一个不限于单一类型的威胁或危害的全国性立法。联邦政府开始制定统一的国家政策，1966 年的《救灾法》将民防系统和机制与自然灾害的威胁直接联系起来。1974 年的《救灾法》有助于减少突发事件后公共援助和个人援助之间的差距，还规定了紧急状态宣布程序，使得总统能够分配联邦援助。

《斯塔福德法案》于 1989 年实施，取代了之前的民防条例和指南。该法案的核心是授权行政部门发布重大紧急事件和灾难声明，设定广泛的资格标准，并规定联邦政府可提供的援助类型。规定的援助范围包括对州和地方政府的援助、废墟清理以及对受灾个人的补助。美国重要应急管理立法见表 C-1。

表 C-1　美国重要应急管理立法

年份	立法名称	摘要
1934 年	《防洪法》	授予工程兵团防洪减灾的权利
1950 年	《联邦救灾法》	允许州和地方政府获得联邦资源
1968 年	《国家洪水保险法》	创建国家洪水保险计划
1974 年	《救灾法》	开始形成联邦所有灾害模型
1978 年	《重组计划》	第 3 号演变为联邦紧急事务管理局
1988 年	《斯塔福德法案》	设定灾难宣布程序和联邦
2002 年	《国土安全法》	创建了国土安全部
2003 年	《国土安全部总统令5》	建立了国家事故管理系统
2006 年	《卡特里娜飓风后应急管理认识到自然灾害》	确认了 FEMA 的多阶段改革法案责任

C3　美国应急救援装备

　　美国联邦紧急事务管理局（FEMA）构建了信息技术基础设施，开发了应急处理系统。应急管理信息系统不仅是应急管理工作的平台，也是对突发事件的处理平台。其中针对救援装备建立了完备的救援设备信息管理系统，对各种应急装备进行编号分类，建立应急设备型号、性能、操作人员资料库，可根据灾害类型迅速调集相应的救援装备。《标准化装备目录》分为 21 个部分、84 个大类、213 个子类、707 项装备，涵盖了个人防护装备、搜救装备、检测设备、信息技术、事件响应、机动车辆等应急救援装备，部分详情见表 C-2。

表 C-2　新标准化装备目录21个部分详情

序号	名称	主　要　装　备
1	个人防护装备	呼吸保护装备、核生化放射环境反恐防护服、核生化放射环境执法防护服、近火消防服、水中作业个人防护装备等
2	爆炸装置处理与补救装备	便携式爆炸物处理容器、便携式 X 射线装备、机器人平台工具、拆弹工具、电子干扰设备、远程检查/处理工具等
3	核生化、放射、爆炸环境搜救装备	执法机器人及遥控车辆、气动/手动/电动搜救工具、搜救犬、受限空间空气检测、水域作业警戒装备、防水罩等
4	信息技术及装备	计算机辅助调度、地理信息系统、风险管理软件、应急事件管理系统等

表C-2(续)

序号	名称	主 要 装 备
5	网络安全增强装备	指纹/掌纹/视网膜等生物学用户验证装备、远程认证验证装备、数据传输加密装备、恶意软件防护装备、入侵检测系统装备等
6	互操作通信装备	蜂窝电话、双向文本发送装备、卫星电话基站、电台基站、内部对讲系统、视频会议系统、电台远程控制微波系统等
7	检测装备	野外化验套件、光学生物检测装备、DNA/RNA生物检测装备、化学检测装备、手持式爆炸物探测装备、放射物质检测装备等
8	洗消装备	个人洗消工具箱、液体洗消围堵设备、洗消区域照明装备等
9	医疗装备	医疗工具箱、多伤亡事故装备、供氧装备、心电监护装备、医疗器械、人类学工具箱、训练/伤亡急救模拟装备等
10	动力装备	燃料电池、燃料发动机、充电保护装备、不间断电源装备、动力调节系统、短路保护装置等
11	核生化、放射、爆炸参考资料	核生化放射爆炸参考资料数据库、野外应急参考资料、非核生化放射参考资料等
12	核生化、放射、爆炸救援车	供水挂车、装备挂车、大量伤亡人员运输车辆、应急现场指挥车
13	恐怖事件预防装备	数据采集系统、恐怖分子威胁信息数据库、信号情报调查软件等
14	人身安全保护装备	应急作业系统、信息交换系统、抗爆垃圾桶、非法入侵检测系统、消防监测系统、远距离语音监测系统等
15	检查与扫描系统	脉冲中子活化系统、墙体穿透雷达、移动搜索与检查系统、门户检查系统等
16	动植物应急事件处理装备	大型动物抓捕控制装备、焚化装备、血样取样装备、动物处理装备等
17	核生化放射爆炸事件预防与响应船只	专用核生化放射爆炸事件预防与响应船只
18	核生化放射爆炸事件航空装备	专用飞机、大规模伤员运输机等
19	核生化放射爆炸事件后勤保障装备	呼吸用空气压缩机、水净化系统、救援力量住所、野外推车、叉车、气罐推车、装载平台等
20	武装干涉装备	犯罪现场处理装备、证据收集系统与装备、紫外线探测装备、战术进攻装备等
21	其他授权装备	基本医疗保障工具包、应急行动中心补给装备等

C4　美国应急救援装备标准体系

美国属灾害多发国家,且灾害种类多样。美国很早就开始研究应急救援管理,从单项防灾减灾、综合防灾减灾,发展到现在的系统应急管理模式的应急救援。美国已成为世界上突发事件应急救援管理体系发展完备,应急技术、设备较为先进,应急救援标准建设较为完善的国家。

从应急救援标准体系建设来看，美国是从政府部门到设立的众多技术委员会、标准协会等组织机构针对应急缓解及风险管理、应急准备、应急响应、应急恢复几个阶段，制定了涵盖风险评估及安全、应急管理、应急设施建设、应急救援技术和装备、应急救援队伍建设及人员专业资格认证、应急救援符号等各个层面的应急救援指南、规程及标准。

从应急准备、应急响应、应急恢复全流程应急救援模式来看，美国围绕应急管理体系的高效运行建立了完善的应急救援管理标准。美国设立了众多技术委员会来制定自己管辖范围内的相关应急救援管理标准，针对性及专业性很强。从美国突发事件应急救援标准分类统计结果来看，从机构建设、应急计划与资源调度、应急通信与信息、救援技术与方法、队伍建设、救援人员资格认证、救援培训、标志标识等，美国应急救援标准、指南、规范等涵盖完备。标准分类明确，操作性强，有很强的实用价值。美国应急救援标准分类框架图如图 C-1 所示。

（1）在风险评估层面，美国建立了一整套风险评估与管理标准。

（2）在应急管理层面，美国建立了一个标准化的应急管理体系。其中美国国土安全部制定的《国家突发事件管理与处置系统（NIMS）》建立了美国各级政府对突发事件应急的统一标准和规范，为美国联邦、州、地方各个层面提供一整套全国统一的方法，使各级政府都能协调一致和快速高效地对各类事故进行预防、准备、应急和恢复。《美国国家应急响应体系（NRF）》描述了美国开展各种灾害事故应急响应的主要体制，建立了应对国内各种灾害的综合普适性方式，明确了主要的响应原则、国家响应的组织结构和任务。《突发事件应急指挥系统》作为 NIMS 的重要组成部分，规定了应急指挥的角色、组织结构、职责、程序、术语和实际操作的表格格式等，使应急指挥过程规范、明确、有序、高效。《国家应急准备指南》将美国国家反应计划、突发事件管理体系等许多计划、战略和系统整理归入美国应急准备体系中，针对所有的灾害提出了可检验的应急准备系统框架和基于能力的应急准备方法。该指南的目的是强化各级政府应急准备能力，指导国家在应急准备上的投资，推进基于能力和风险的投资计划，建立评估全国范围内应对突发事件的准备能力指标体系。《应急准备目标》及《应急准备目标能力表》则确定了包括区域合作、应急管理体系和应急反应计划、基础设施保护计划、信息共享、通信、危险品处置、医疗救助和应急预案制定等 37 项核心的各级政府、社区、企业应当具备的应急能力。美国消防协会制定的《灾害、突发紧急事件管理和业务连续性计划标准》被美国国土安全部列为全国应急准备标准，该标准提出了应急管理和业务连续性计划的评价准则，以及针对现有计划在应急准备、减灾、应急响应、应急恢复的开展评估及发展、实施和维护的准则。美国应急管理认证计划（EMAP）制定的《应急管理认证标准》针对各级政府及企事业单位的应急管理计划制定了最低性能要求，主要用于对各级政府部门、机构、团体及企业的业务持续发展的应急管理计划进行评估鉴定。为强化应急处置中资源的整合和有效利用，《应急管理与国土安全中的资源管理标准》确定了应急突发事件中资源管理的指南，包括紧急事件处理中资源管理计划常用术语、参考资料、定义以及过程模式、政策和程序等。

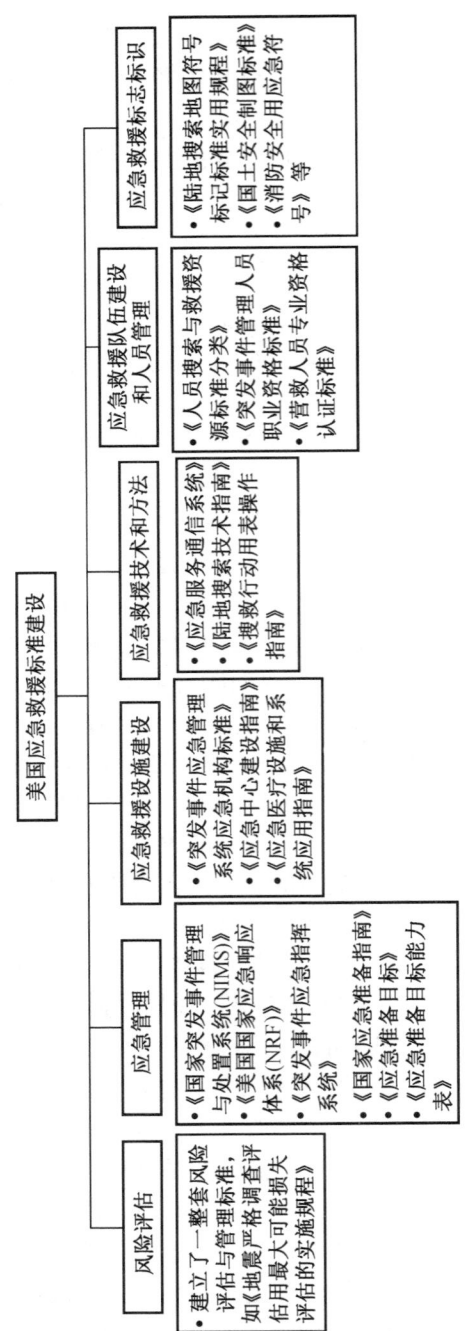

图 C-1 美国应急救援标准分类框架图

（3）在应急救援设施建设层面，《突发事件应急管理系统应急机构标准》提出了突发事件应急管理系统中应急机构建设的最低标准，并对应急管理系统中关键部位和作用进行了描述，如应急指挥、指挥人员组成、运行、计划、后勤及财务等，对多部门协调、培训及应急管理队伍组成也提出了要求。《应急中心建设指南》则为区域或各级政府应急中心建设提供了建设指南。《应急医疗设施和系统使用指南》为个人、机构、部门设计和建设应急医疗设施和系统提供了建设标准。

（4）在应急救援技术和方法层面，从陆地搜救、水上救援到飞行事故的救援技术和方法等均有标准或规范。其中《陆地搜索技术指南》给出了陆地搜索中用到的搜寻失踪人员或物品的各种技术和方法，如人工搜索、仪器搜索、犬搜索等，并指出了各种技术和方法的局限性。《事故救援和搜救技术训练与操作标准》建立了突发事件技术搜救的操作和培训标准，用于安全开展搜救工作所需的搜救能力评估和分级，包括救援小组如何开展响应与现场处置等技术类救援，确定培训救援小组的 3 个级别，规定了队长在救援行动中的作用及权限，确定了 7 大类技术救援科目和 9 大必备救援技能。7 大类技术救援包括绳索救援、塌方搜救、壕沟搜救、溺水救援、车辆及机械事故救助、狭小空间救助、荒野救助。9 大必备救援技能分别是综合结绳法、坍塌救援、狭小空间救援、交通工具及器械事故处置、壕沟救援、水上救援、潜水救援、荒野救援、地下（地铁）搜救。《搜救行动用表操作指南》制定了救援人员与上级部门、救援队之间以及救援队从日常准备到启动动员及救援行动各个阶段的标准表格格式。其中包括搜救队任务分配和派遣表、搜救培训、现场调查、救援简报、救援日志、意外伤亡报告、通信、搜救行动计划、后勤、费用结算等表格的格式。该指南旨在加强和规范搜救过程的信息报送及管理。

（5）在应急救援队伍建设层面，美国制定了救援队伍和搜索犬队能力分级分类标准。如《人员搜索与救援资源标准分类》定义了 4 个级别和 12 大种类的搜救资源能力分级分类标准。4 个级别分别是：受过搜索与营救技术培训的救援队、受过搜索技术培训的队伍、受过营救技术培训的队伍以及没有受过任何搜索与营救技术培训的队伍。12 大种类的搜救资源分别是：野外搜救、城镇搜救、山地搜救、灾害/倒塌建筑物搜救、内陆水救援、海上水救援、坍塌救援、矿山救援、雪崩救援、尸体搜寻、飞行器救援，以及没有任何以上技能的救援资源。该标准旨在辅助搜救管理人员在搜救行动中更好地利用搜救资源以便有针对性地分派任务，适用于各类突发事件应急管理中评估搜救队伍。《搜救犬分队/队的标准分类》定义了 2 个级别和 9 大种类的搜索犬队能力分级分类标准。2 个级别分别是：接受过辨别人体气味培训和没有接受过辨别人体气味培训的搜索队。9 大种类分别是：各种无建筑物地面上的搜索、雪崩搜索、尸体搜索、灾害/倒塌建筑物及废墟搜索、证据搜索、追踪搜索、跟踪搜索、水上搜索。该标准为搜救行动中搜救管理人员选用搜索犬队提供了参考。

（6）在应急救援人员管理层面，美国针对应急管理人员、专业技术搜救人员制定了岗位资格认证标准、技术操作与最低培训标准。如《突发事件管理人员职业资格标准》给出了突发事件管理岗位人员能力要求的最低标准，将管理人员分为 5 个级别和 30 个种类的岗位。5 个级别分别为：国家级应急管理、州及联邦多部门应急管理部门、地区或州的多部门应急管理、地区多部门应急管理、地区单部门应急管理。30 种应急管理岗位包括：突发事件指挥官、安全官、联络官、行动部门负责人、后勤部门负责人、通信部门负责人、医疗部门负责人、财务部门负责人、资源管理部门负责人、装备部门负责人、情报及灾情部门负责人等。标准非常详细地给出了每个岗位必需的知识和技能。《营救人员专业资格认证标准》则给出了技术救援人员的最低能力要求，并将技术救援分成Ⅰ级和Ⅱ级2个级别13个种类。13种技术救援包括绳索救援、狭小空间救援、沟渠救援、倒塌建筑物救援、车辆及机械救援、水上救援、激流救援、潜水救援、冰上救援、冲浪救援、荒野救援、矿山及隧道救援、洞穴救援。《Ⅰ级陆地搜寻队队员培训指南》《Ⅱ级陆地搜寻队队员培训指南》《后备级陆地救援小组成员（LRT支援）培训的标准指南》则给出了不同级别陆地搜寻人员的培训指南。

（7）在应急救援标志标识层面，美国非常重视通过制定标志标识标准来更快、更规范和更直接地传递信息。《陆地搜索地图符号标记标准实用规程》《灾害搜索过程中建筑物标志标识标准实用规程》《国土安全制图标准——应急管理用点符号法》《消防安全用应急符号》《绳索救援中口哨信号指南》等标准分别给出了陆地搜索地图上所采用的标出资源、搜索范围、状态和结果的符号标记规范、救援行动中被搜索建筑物的标志标识方法、可以快速解释地图数据并连续传送有用的信息地图标识方法、消防安全、应急及相关灾害的统一符号指南以及绳索救援中利用口哨进行交流和通信的方法。

美国有众多科研机构、标准协会及委员会制定自己管辖范围内的相关应急救援装备标准，标准的专业性及针对性很强。包括美国国家标准学会（ANSI）在内，美国现有标准协会50多个（数据来源于ANSI官网），通过研究标准协会职责领域、发布标准类别、分标委会及发布标准简介，与应急救援装备相关的标准协会见表C-3。

表 C-3　国应急救援装备标准相关协会

序号	协会名称	主要领域
1	美国国家标准学会（ANSI）	核工业安全、应急反应及设计
2	美国机械工程师学会（ASME）	航空航天与国防
3	美国消防协会（NFPA）	消防应急救援标准
4	美国材料与试验协会（ASTM）	消防、装备及装备管理和操作、危险化学品救援技术

目前美国针对应急救援装备，并没有建立专门的标准体系。应急救援装备的相关标准，如消防领域、核工业安全等，零散分布在各专业标准协会下某一分技术委员会下。

无论是美国联邦紧急事务管理局（FEMA），还是负责应急装备管理的美国跨机构委员会（Inter Agency Board，IAB），或是其他社会团体或企业，均未组织制定专门的应急救援装备标准体系。IAB是由应急准备和应急响应从业者组成的志愿协作组织，组织的专业学科广泛，代表不同等级的政府部门及志愿者组织，涉及联邦、州、地方应急管理机构、高等院校、研究机构、一线救援力量等，主要任务是协调联邦、州、地方应急管理机构和一线应急救援力量，为应急装备的性能指标、标准、测试标准，以及技术研发、操作要求、培训要求等的发展和实施提供一个探讨交流的平台，目前发布的应急救援标准化装备目录（SEL）下虽有针对此装备的标准或法规要求，但也是根据装备类别，将涉及本装备的标准名称列上，所以整体仅能看出装备的分类。

从消防应急救援领域来看，主要消防装备标准出自两个标准协会——美国消防协会（NFPA）及美国材料与试验协会（ASTM）。

截至目前，美国消防协会发布的现行标准有 380 项，其中与应急救援装备相关的有 35 项，见表 C-4。

表 C-4　NFPA 与应急救援装备相关的标准统计

序号	标准号	标准名称
1	NFPA 1：2015	消防统一规范
2	NFPA 3：2015	消防和生命安全系统调试的推荐实施规程
3	NFPA 4：2015	消防和生命安全系统综合测试标准
4	NFPA 10：2013	手提灭火器
5	NFPA 11：2016	低中高倍数泡沫灭火系统
6	NFPA 11A：1999	中高倍数泡沫灭火系统
7	NFPA 11C：1995	移动式泡沫灭火设备
8	NFPA 12：2015	二氧化碳灭火系统
9	NFPA 12A：2015	哈龙 1301 灭火系统
10	NFPA 17：2017	干粉灭火系统
11	NFPA 17A：2017	湿粉灭火系统
12	NFPA 170：2015	消防安全符号
13	NFPA 402：2013	飞机救援与灭火操作指南标准
14	NFPA 408：2017	飞机用手提式灭火器标准
15	NFPA 412：2014	评定用于飞机营救和灭火泡沫器材性能的标准
16	NFPA 414：2017	用于飞机营救和灭火的车辆标准
17	NFPA 422：2010	飞机事故处理指南
18	NFPA 471：2002	危险品事故防范对策推荐实施规程
19	NFPA 550：2017	消防安全概念树指南
20	NFPA 551：2016	火灾风险评估评价指南
21	NFPA 750：2015	水雾防火系统标准
22	NFPA 1451：2013	消防车辆操作训练项目标准
23	NFPA 1901：2016	自动灭火器材标准
24	NFPA 1906：2016	野外灭火设备标准
25	NFPA 1911：2017	灭火设备中消防泵运行测试标准
26	NFPA 1912：2016	灭火设备的更新标准
27	NFPA 1914：2002	消防云梯车检测标准
28	NFPA 1915：2000	消防设备预防性维护程序标准

表C-4(续)

序号	标准号	标 准 名 称
29	NFPA 1917：2016	救护车
30	NFPA 1925：2013	海用消防艇标准
31	NFPA 1936：2015	动力营救工具系统标准
32	NFPA 1961：2013	消防水带标准
33	NFPA 1963：2014	消防水带接口标准
34	NFPA 1983：2017	消防救生索及配件系列
35	NFPA 2001：2015	洁净气体灭火系统标准

总的来说，NFPA标准覆盖了消防应急救援准备、应急救援响应、应急救援装备产品，且在应急救援队伍建设、培训和演练、应急救援人员岗位资格方面的标准也比较多，在应急救援技术和方法方面的标准也更加系统科学。

美国材料与试验协会设158个技术委员会，其中E05技术委员会是消防标准技术委员会；F32技术委员会负责有关搜索与救援方面的标准（其中F32.01是设备、测试和维护分技术委员会，F32.02是管理和操作分技术委员会，F32.03是人员、培训和教育分技术委员会，F32.90是行政分技术委员会）；E54技术委员会负责有关国家安全运用方面的标准，其下设9个分技术委员会，其中与应急救援标准相关的分技术委员会有4个（其中E54.01是生物、化学、辐射、核和爆炸传感器和探测器分技术委员会，E54.02是应急准备、培训与程序分技术委员会，E54.03是净化分技术委员会，E54.08是操作装备分技术委员会）。截至目前，美国材料与试验协会E05消防标准技术委员会发布的现行标准有76项，其中试验方法标准46项，评估及操作指南标准29项，术语标准1项。

通过对消防应急救援装备标准的综合分析，可以看出国内外对于此类装备标准体系有所不同。美国NFPA官网显示的所有标准并无明确分类，标准是根据救援对象来进行分类的。

D 日本应急装备及标准体系

D1 日本应急救援组织

日益频发、多发的自然灾害和突发事件影响着日本民众的生产生活，增加了社会的不安全感，也在客观上促使日本政府高度重视应急救援工作，建设了具有一定规模、数量和较高水平的专业化应急救援队伍和组织，并积累了丰富的可供借鉴的经验。

日本专业化救援队伍由消防、警察、自卫队和医疗机构等基本力量构成。其中，日本消防队伍是应急救援的最主要力量，担负着灾害信息收集整理和公开发布、医疗救助以及伤员急救等重要职能。中央层面，日本消防厅成立了由8支专业化部队构成的灾害紧急消防救援队，各地消防署也设有相应的消防救援队，开展各类事故灾难的抢险救援工作。日本要求其消防队员除参加救援活动外，70%以上的时间用于救援训练，每年都举行全国性消防救援技术比赛。值得注意的是，日本法律规定消防队应承担医疗救援职能，其医疗救援次数几乎占到80%以上的出动任务。在救援现场，消防队员可以诊断患者基本症状，尽快与就近急救中心联系，确定诊断医生后迅速将患者送往医院。对于一般的社会消防员，日本也有着较高的要求。日本政府规定，所有消防员都需要参加培训并取得资格证书后方可上岗。日本政府开设了消防员培训班，进行防火知识、防灾责任、设备操作等内容的培训。警察是日本救灾抢险的又一支重要力量。日本警察制度设立于1874年，二战后制定了《警察法》，确立了其警察制度框架。《灾害对策基本法》规定：警察不但要参与防灾减灾计划制订，在灾难来临时还要担负维持社会秩序、迅速收集灾害信息、传递灾害情报、征用和保管救援物资、指挥受灾群众避难、寻找失踪人员和验尸等救援职能，依托其警察制度建立了专门的应急部队。

日本结合国际国内形势又在应急部队中设立了爆炸品处理、枪支应对、灾难救助、机动救助、反恐等功能性分支力量；都道府县则依托警察制度建立了常设机动队，除履行治安警备、巡视维稳、防暴护卫等职能外，还积极与市民互动。遇到大规模灾害时，还可以从全国机动队队员中组编新的机动队，直接参与应急救援和处置突发事件。日本自卫队成立于20世纪50年代，它既是国家防卫力量，也是装备精良、训练有素的救援队伍。日本1957年制定的《国防基本方针》将承担防卫、海上警卫、防止领空侵犯、治安和灾害救助列为自卫队五大基本任务，是世界上第一个将"灾害救援"作为军事力量基本任务的国家。1996年《防卫大纲》围绕加强灾害应对能力对自卫队进行了调整。其中，陆上自卫队建立了一支约3000人的救灾派遣变动部队；海上自卫队建立了紧急出动机制；航空自卫队在全国5个地区部署了机动卫生班。如遇异常剧烈的大规模灾害时，自卫队最多能迅速集结7万人，可以派出军舰60艘，侦察机、救护机和运输机等120架。日本自卫队灾害救援范围涵盖防洪抢险、疫病防控、飞机残骸处理、伤员搜寻营救、急救医疗救助、救援物资投放和救援人员及受灾群众输送等方面。医疗机构也是日本应急救援的重要专业性力量。日本《灾害对策基本法》规定：应建立全国性灾害医疗救护中心和地方医疗救护中心。医疗机构一旦被确定为医疗救护中心，均应当配备救援所需的药品和专门器械，其建筑要有专门的抗震设计和加固，确保在灾害中正常运转。灾害来临之时，各中心即可转化为专门救助医院，最大限度满足应急救援需求。

日本将应急工作视为政府"一把手工程"，各级政府首脑是应急救援的总负责人。日本构建了以首相为最高指挥官，内阁官房负责总体协调，各种安全会议负责决策，消防厅、警察厅、防卫厅、海上保安厅等密切配合的应急救援组织体系，为应急救援队伍建设提供组织保障。其中，各级防灾会议和决策本部是应急救援的决策机构。日本防灾会议分为中央、都道县府和市町村三级。各级政府首长都可以召集本级政府防灾会议就应急救援作出决策，组织应急救援队伍实施灾害应对措施。中央防灾会议设有专门委员会，负责制订灾害应对基本计划和业务计划；都道县府和市町村两级防灾会议则负责制订地区灾害应对计划，如需跨区域应急救援还会设立防灾会议协调会。决策本部是灾害暴发时应急救援的决策核心。在灾害面前，先是市町村成立灾害决策本部并投入一线救援，快速搜集有用信息并及时上报，推动该层级防灾会议所订立的应急救援措施。若灾害发展到一定程度，都道府县层级会设立灾害对策本部，指挥应急救援。如是重大灾害或者灾情更加严重，内阁总理大臣会依据一定程序在内阁设置非常灾害对策本部或紧急对策本部，指挥调度应急救援队伍。各级各类灾害对策本部均需在现场设立灾害本部，领导指挥一线救援队伍。

D2　日本应急救援法规

　　日本有比较完善的应急管理法规体系，是全球较早制定灾害管理基本法的国家。作为地震等灾害高发国家，为应对地震等灾害，日本政府用数十年的时间建立了一套地震预防、准备、救援和重建的战略规划并予以法律化、制度化。每当发生大规模地震等灾害后，日本就会颁布相应的地震对策法规，弥补防震抗震的缺陷。在 1947 年，日本颁布了《灾害救助法》。1964 年新潟地震后，1965 年日本通过了地震保险等相关法；1995 年阪神大地震后，日本通过了《地震防灾对策特别措施法》。1999 年发生的核事故，推动了日本《原子能灾害对策特别措施法》的颁布。这些防震抗震的法规集中收录在《日本现行法规总览》中。截至 2008 年，《日本现行法规总览》中关于地震灾害的法规共有 132 部，分为防灾基本法、地震防灾减灾及应急援助法、灾后重建法和建筑抗震法规等 4 个类别。

　　从 20 世纪 20 年代开始，日本就针对地震等灾害和安全问题，制定了较为完善的指南和标准 30 多项，如日本经济产业省制定的《业务持续性计划指南》、日本规格协会制定的《风险管理体系指南》和《信息技术和信息安全管理体系规范》、国际社会经济研究所制定的《企业危机管理手册》、日本中部经济联合会制定的《企业地震对策指南》等。进入 21 世纪后，日本则加强了战争等突发事件的应急对策。

　　部分日本防震减灾法规及应急救援标准目录见表 D-1。

表 D-1　日本防震减灾法规及应急救援标准目录统计

序号	法规标准代号	法规标准名称
	防灾基本法	
1	NKR 25-19-1-1-1-2007	灾害对策基本法
2	NKR 25-19-1-1-2-2007	灾害对策基本法实施令
3	NKR 25-19-1-1-3-2006	灾害对策基本法实施规则
4	NKR 25-19-1-1-4-2003	根据灾害对策基本法第二条第三款规定内阁总理所制定的行政机关
5	NKR 25-19-1-1-5-2005	根据灾害对策基本法第二条第三款规定内阁总理所制定的行政机关
6	NKR 25-19-1-1-6-2006	根据灾害对策基本法第二条第三款规定内阁总理所制定的行政机关
	……	……
	地震防灾减灾及紧急救助法	
1	NKR 25-19-2-61-2003	根据地震防灾政策特别措施法规实施令第三条第一项第五号规定总务大臣决定消防用设施
2	NKR 25-19-2-63-2000	根据地震防灾政策特别措施法规实施令第三条第一项第五号规定总务大臣决定设备及材料器材
3	NKR 25-19-2-76-1980	消防设施标准
	……	……

表D-1(续)

序号	法规标准代号	法规标准名称
	灾后重建法	
1	NKR 14-9-4-87-2003	关于全国律师会受灾后重建事业的支援规程
2	NKR 14-9-4-88-2003	关于全国律师会受灾后重建事业的支援规则
3	NKR 26-20-3-87-2007	关于顺利重建公寓的法律实施规则
……	……	……
	建筑抗震法规	
1	NKR 26-20-1-1-2007	建筑标准法
2	NKR 26-20-1-2-2007	建筑标准法实施令
3	NKR 26-20-1-3-2007	建筑标准法实施规则
……	……	……
	安全与应急救援标准	
1	SES E 0503-3-2009	红外遮断式报警器标准
2	JIS Q2001-2001	风险管理系统的开发与实施导则
3	JIS B9703-2000	机械安全性　紧急制动装置　设计原理
4	JIS Q0073-2010	风险管理　词汇表
5	JIS C8105-2-22-2000	照明器　第2部分：安全的特殊要求　第22节：应急照明用照明器
6	SES E 0001-5-2009	安防术语
7	SES E 0003-2-2009	安防警报设备一般标准
8	SES E 0005-2006	安防警报音标准
9	SES E 0508-2-2009	安防紧急通报开关标准
10	SES E 1501-3-2009	报警控制面板标准
11	SES E 1502-2-2009	安防报警发生器标准
12	SES E1504-2-2009	安防警告灯标准

　　在日本，消防及应急救援等相关业务由消防部门组织并开展，由《消防组织法》确立责任主体及业务开展的分工。日本的消防是指《消防法》第一条规定的以警戒及镇压，保护国民生命、身体及财产免受火灾侵害，降低火灾及地震等灾害带来的影响，对灾害中受伤的人员进行运送，维持稳定秩序，促进社会公共福利的增进为目的的活动。

　　1948年，日本颁发了《消防组织法》，自此日本消防部门脱离了警察机关，开始实行以市、町、村为中心的自治体消防机制。在当今日本，消防任务由《消防组织法》所规定。消防任务包括消防、急救、应急救援、预防4个主要部分。

　　日本政府十分重视消防法规的制定。目前已拥有一套健全的消防法治体系。除《消防组织法》《消防法》《消防法施行令》《消防法施行规则》这几种主要消防法规外，还先后颁布了若干专项消防法令、法规。例如《市町村火灾预防条例及实施规则》《危险品规则》《建筑基准法》《建筑基准法施行令》《建筑基准法施行规则》《火灾预防条例准则》《重大地震灾害对策特别措施法令》《液化石油气相关法令》等。各地方政府还根据本地实情制定地方条例。在高层建筑、地下工程的防火设计与管理上，日本有较完整的全国性和地方性法令规范，而且都是强制执行。例如，凡 3000 m² 以上的建筑内必须配置报警、喷淋设备（指水喷淋设备与泡沫喷淋设备等），否则不予审批验收。日本消防法规的显著特点是修改频繁，有些法规几乎每年修改。这使得消防法规能够适应不断变化的实际情况。

D3 日本应急救援装备

日本消防由"常备消防"和"非常备消防"两部分组成，"常备消防"由消防员 24 小时值勤备战；"非常备消防"也称"消防团"，主要从事初期火灾灭火以及协助消除二次灾害等工作，平时对社区居民进行必要的防火、急救指导，巡回宣传，并在举办大型活动时进行警戒。日本的消防装备精良，大部分消防部门都配有 GPS 定位系统。一般一个消防救助中队配有一辆专门消防救助工作车，配有一般救助、障碍排除、切断、破坏、测定、呼吸保护、队员保护、搜索救助等系列救助器材。东京消防厅消防救助队配有地震专用救助车、特殊化学车、无人喷水车、高空喷水车、远距离大量送水装备车、照明电源车等具有各种特殊功能的救助车辆，并配有图像探测机、红外线探测仪、声音探测机、夜视仪、生命探测仪等各种高科技救助器材。横滨市特别消防救助队还装备了特别救助工作车、耐热救助车、大型机动支援车等。部分消防部门还在消防救护车上安装了全球卫星定位系统（GPS），以提高效率。每个城市都专门配有消防直升机和机器人，有水域的地方就有水上消防救援队。现在全日本的消防飞机有 76 架，而消防船艇则有上百艘。每一个救援队都配备了相应的装备，包括救援车辆及各种特种装备。

救援队的种类根据保有装备分为救援队、特别救援队、高级救援队、特别高级救援队，见表 D-2。

表 D-2 日本救援队装备配备统计

种类	救援装备配置	车辆配置	区域级别及人口要求	组成队员
救援队	救援活动必要装备的最低要求	救援工作车或其他消防车 1 辆	人口不满 10 万人的区域	5 名以上接受过生命救援专门教育的人员组成，可以是兼职救援队
特别救援队	比救援队增加一部分救援装备	救援工作车 1 辆	人口超过 10 万人的区域	5 名以上接受过生命救援专门教育的人员组成
高级救援队	高端救援装备（电磁波生命探测装置、二氧化碳探测装置、水中探测装置等高端设备，根据地区实际情况配备）	救援工作车 1 辆	中心城市或消防厅长官指定的同等规模城市或没有中心城市县的管辖代表城市的消防本部	5 名以上接受过生命救援专门教育的人员组成
特别高级救援队	高端救援装备及根据地区实际情况配备的设备，如水刀和风机	救援工作车 1 辆、特殊灾害救援车	政令指定都市及东京都	5 名以上接受过生命救援专门教育的人员组成

D4 日本应急救援装备标准体系

1. 日本国家标准化体制

日本经济产业省产业技术环境局基准认证政策科统管有关工业标准的制定、普及等一切相关事务。日本的工业标准化制度是在《工业标准化法》的框架下构建的。其国家工业标准 JIS 的制定程序是，由相关行业的标准化机构接受国家委托或者自发起草 JIS 标准草案，之后由主管大臣（经济产业省等 7 省大臣）送交日本工业标准调查会（JISC）审议，审议通过后的 JIS 草案在政府公报上进行公示。截至 2017 年 3 月底，日本有各种行业标准化委员会 200 余个，JIS 标准 10616 个，其中产品标准约 4200 个，方法标准约 1800 个，基础标准约 3000 个。JIS 应急救援相关标准均为通用标准，无专用标准。

2. 日本的标准体系

日本的标准体系可以分为 4 类：国家标准、行政标准、团体标准、企业标准。

（1）国家标准：日本工业标准 JIS 和日本农林标准 JAS。

（2）行政标准：中央行政机关为了调配物资而制定的标准。

（3）团体标准：在某一协会、学会成员内实施的标准，它是国家标准的一种补充，可以视为国家标准的准备阶段。

（4）企业标准：企业内执行的标准。

JIS 与应急救援装备相关的标准见表 D-3。

表 D-3　JIS 与应急救援装备相关的标准统计

序号	标准号	详 细 分 类
1	JIS A 1322	建筑薄型材料的阻燃性测试方法
2	JIS A 4302	升降机检验标准
3	JIS A 4303	排烟设备检验标准
4	JIS B 0134	机器人和机器人设备　术语
5	JIS B 0187	机器人　术语
6	JIS B 9690	高空作业车　设计、计算、安全要求和试验方法
7	JIS B 9703	机械安全性　紧急制动装置　设计原理
8	JIS B 9911	插入式消防水带接口技术标准
9	JIS B 9912	消防用拧紧式接头接合部种类及尺寸
10	JIS B 9913	消防用喷嘴头接合部的种类及尺寸
11	JIS C 60721-2-8	环境条件分类　第 2-8 部分：自然环境条件　火灾

表D-3(续)

序号	标准号	详 细 分 类
12	JIS C 8105-2-22	照明灯具 第2-22部分：应急照明设备的安全要求
13	JIS C 8147-2-7	灯控制装置 第2-7部分：应急照明控制装置的个别要求
14	JIS F 0051	船救生和灭火设备的标识
15	JIS F 1026	船用救生衣
16	JIS F 3610	船用消防斧
17	JIS M 7611	一氧化碳自我保护仪（CO面具）
18	JIS Q 0073	风险管理 词汇表
19	JIS Q 2001	风险管理系统的开发与实施导则
20	JIS T 8005	防护服一般要求事项
21	JIS T 8006	防热防火服装 关于选择、管理和使用防护服的一般事项
22	JIS T 8024	防热和防火服 暴露于火焰和辐射热时的热传递性测量方法
23	JIS T 8031	化学防护服 防护服材料压力下的液体渗透性试验
24	JIS T 8050	防护服 机械性能 抗穿刺和材料动态撕裂的试验方法
25	JIS T 8150	呼吸用保护器具的选择、使用及保管方法
26	JIS Z 0200	包装货物 性能试验方法通则
27	JIS Z 2150	薄材料防灾性试验方法
28	JIS Z 8113	照明用语
29	JIS Z 9101	安全颜色和安全标志 工业环境和指导安全标志的设计规则
30	JIS Z 9103	安全色 一般要求
31	JIS Z 9104	安全标识 一般要求
32	JIS Z 9107	安全标识 性能分类、性能基准及试验方法

3. 安防产品技术标准化体系

在日本，法律规定警察是应急救援队伍的主要构成力量，那么警察管辖范围内的安防也就成了应急救援中的关键一环。日本安防产品标准机构设在日本防范设备协会，分为技术标准委员会和施工标准委员会两个机构，标准编号为SESS。安防标准化机构由技术标准委员会和施工标准委员会组成。其中，技术标准委员会设委员长、副委员长各一名，分别由东洋技术的石桥总太郎和松下电工的高桥亚吾担任。技术标准委员会下设报警系统分会和图像系统分会。委员包括日本的著名企业如松下、NEC等公司。随着互联网的迅速普及和最新防范设备技术的不断出现，反映在标准化工作上就是日本安防产品技术标准委员会正在着手有关自动报警通报装置、网络摄像机、软件等产品的标准制修订新课题。施工标准委员会的工作是制定并审议有关设置安防系统的施工标准和编写施工标准书与说明书。安防技术标准（SESE）见表 D-4。

表 D-4　安防技术标准（SESE）一览表

类别	序号	标准编号	标 准 名 称
通用标准	1	SES E0001-4	防范术语
	2	SES E0002-3	防范图标
	3	SES E9901-4	SES E 标准化的标准
	4	SES E9902-3	SES E 标准编写式样
	5	SES E9903-3	SES E 标准处理步骤（解说）
	6	SES E9904	SES E 暂定标准化规定
	7	SES E9905	防范术语登录标准
	8	SES E9906	防范图标登录标准
	9	SES E9907	图标登录阅览标准
	10	SES E9908	SES E 信息公开标准
技术标准	11	SES E0003	防范警报设备一般标准
	12	SES E0004-2	环境检测标准
	13	SES E0005-1	防范警报音标准
	14	SES E0501-2	探测器通用技术基准
	15	SES E0502	磁接触开关标准
	16	SES E0503-2	红外遮断式报警器标准
	17	SES E0504-2	被动红外探测器标准
	18	SES E0505	超声波探测器标准
	19	SES E0506	玻璃破碎探测器标准
	20	SES E0507-221	卷帘门探测器标准
	21	SES E0508	防范紧急通报开关标准
	22	SES E0509	按键式出入口操作标准
	23	SES E1501-2	报警控制面板标准
	24	SES E1502	防范报警发生器标准
	25	SES E1503	防范用直流电源装置标准
	26	SES E1504	防范警告灯标准
			黑白可视对讲门铃标准（与 E3015 合并）
	27	SES E1506	电子式物品监视装置标准
	28	SES E1507	电缆探测报警器标准

表D-4(续)

类别	序号	标准编号	标准名称
技术标准	29	SES E1508	自动通报机标准
	30	SES E1901	防范灯照度基准
	31	SES E2001	出入管理装置一般基准
	32	SES E2002	出入管理装置通用技术基准
	33	SES E2003	门管理装置标准（办公室用）
	34	SES E2004-2	磁条卡读卡装置标准
	35	SES E2005	门管理装置标准（饭店）
	36	SES E2006-2	出入管理控制器标准
	37	SES E2007	钥匙管理装置标准
	38	SES E2008	IC卡读卡装置标准
	39	SES E2009-2	非接触式读卡装置标准
	40	SES E2010	门禁键板装置标准
	41	SES E2011	指纹比对装置标准
	42	SES E2012	出入管理记录打印装置标准
	43	SES E2013	出入管理用电动卷帘门接口装置基准
	44	SES E2014	出入管理装置串行接口（RS-232C）基准
	45	SES E2015	出入管理用自动门接口基准
	46	SES E2016	出入管理用软件基准
	47	SES E2501	出入管理用电锁标准
	48	SES E3001	防范用图像监视装置普通基准
	49	SES E3002	防范用图像监视装置通用基准
	50	SES E3003	图像用监视摄像机
	51	SES E3004	图像监视器标准
	52	SES E3005	图像记录播放器标准
	53	SES E3006	图像控制机器标准
	54	SES E3007	图像处理器标准
	55	SES E3008	图像用旋转机器标准
	56	SES E3009	监视器机架标准
	57	SES E3010	图像传输装置标准
	58	SES E3011	监视摄像机镜头标准
	59	SES E3012	电动半球监视摄像机标准
	60	SES E3013	防范摄像机系统评价图标标准
	61	SES E3014	图像用硬盘记录重放机器标准
	62	SES E3015	可视门铃标准
	63	SES E3101	网络摄像机标准

表D-4(续)

类别	序号	标准编号	标 准 名 称
施工标准	64	SES E7002-2	阻止侵入的标识
	65	SES E7003-2	基本警戒线的设定
	66	SES E7004-2	对保护对象物件的防护线选择
	67	SES E7005-2	防护方式中的探测范围
	68	SES E7006-2	对象物件的设施等级
	69	SES E7007	对象物件的地理环境
	70	SES E7008	对象物件的重新评估
	71	SES E7009	对象物件的防入侵
	72	SES E7102-2	防范报警设备的设计
	73	SES E7103-2	防护线的设计
	74	SES E7104-2	机器的选择方法
	75	SES E7202-2	添加设施的电路电压
	76	SES E7203-2	添加设施的电路电流
	77	SES E7204-2	添加设施的电路绝缘阻抗
	78	SES E7205-2	添加设施的电路接地
	79	SES E7206-2	添加设施的电路电线
	80	SES E7207-2	电线的接续
	81	SES E7208-2	添加设施的电路保护装置
	82	SES E7209-2	添加设施的电路充电保护
	83	SES E7210-2	机器的设置场所
	84	SES E7211-2	电线铺设方法
	85	SES E7212-2	机器的安装
	86	SES E7602-2	检查、测试、安装说明
	87	SES E7702-2	维护管理

4. 日本规格协会（JSA）

日本规格协会是致力于标准化和质量管理知识技能开发及宣传普及的公益性民间组织，总部设在东京，在全国设有7个分部。1945年12月6日，日本航空技术协会和日本管理协会合并，成立日本规格协会，其主要任务是出版发行JIS标准和标准化刊物、标准化与质量管理图书；制作和发行JIS标准样品；举办各种标准化与质量管理培训班；研究制定技术术语和管理通则等JIS基础标准草案；举办标准化与质量管理宣传普及和交流活动，每年定期举办全国标准化大会、标准化与质量管理大会和质量月活动；质量体系和环境管理体系审核员等级注册工作；参与国际标准化活动。

通过对日本国家标准及应急救援管理的研究分析，日本亦无独立的应急救援装备标准体系，相关标准由日本工业标准调查会及各团体协会制定。但是，日本有非常完善和健全的灾害应对法律、相关管理制度及应急救援队伍，对灾害的控制能力较强，并且具有丰富的应急经验，民间应急思想根深蒂固。在应急救援标准体系建设方面，可以借鉴日本较为成功的经验，包括制定完善的灾害应对法律制度，着重于应急思想的宣传；由国家标准化委员会统筹规划制定应急救援基础标准；鼓励协会制定应急救援相关装备的标准。

【本章重点】

1. 欧盟标准与德国标准体系中仅消防标准委员会是完全服务于救援工作的，其余与救援相关的标准分散在其他标准委员会中，德国没有专门的救援装备标准体系。德国的THW 使用各类工具规程，对装备的性能与使用进行规定，有时不可避免地会出现使用者需要自行从整个标准体系中寻找适用标准的情况。

2. 英国作为世界应急管理先进国家，建立了完善的应急管理体系，包括由警察部门牵头，消防救援、医疗救护等一类应急部门、紧密协作单位和事发地政府在第一时间参与的三级处置机制，形成了以规程为中心的动态文件体系，创立了广泛认可的 ISO 系列管理体系，积累了丰富的应急管理经验。

3. 从应急准备、响应、恢复全过程来看，美国围绕应急管理体系的高效运行建立了统一管理、属地为主、分级响应、标准运行的应急救援管理以及装备标准体系。

4. 日本没有独立的应急救援装备标准体系，相关标准由日本工业标准调查会及各团体协会制定，但具有非常完善和健全的灾害应对法律、相关管理制度及应急救援队伍，对灾害的控制能力较强，具有丰富的应急经验，民间应急思想根深蒂固。

【附录习题】

1. 谈谈欧盟、德国、英国的应急装备标准体系的联系与区别。
2. 简述美国是如何建立应急救援管理标准和装备标准体系并高效运行的。
3. 日本是如何开展应急装备法规标准、装备与应急救援队伍建设的？